本书为教育部重点研究基地重大项目《中华非物质遗产与"中华美学精神"》
（项目号：16JJD720002）成果。

木 典

——中国古代家具用材研究

周默　著

江苏凤凰美术出版社

图书在版编目（CIP）数据

木典：中国古代家具用材研究 / 周默著. –– 南京：
江苏凤凰美术出版社, 2022.4

ISBN 978-7-5580-9335-7

Ⅰ.①木… Ⅱ.①周… Ⅲ.①家具材料－木材－研究
－中国－古代 Ⅳ.①TS664.02

中国版本图书馆CIP数据核字(2022)第032860号

责任编辑 王左佐
助理编辑 孙剑博
特邀编辑 张智杰
责任监印 张宇华　唐　虎
责任校对 韩　冰
书名题写 方　池
书籍设计 武　迪
书名翻译 Mr. Michael Glenn Back

书　　名 木典：中国古代家具用材研究
著　　者 周　默
出版发行 江苏凤凰美术出版社（南京市湖南路1号　邮编210009）
制　　版 江苏凤凰制版有限公司
印　　刷 南京互腾纸制品有限公司
开　　本 718 mm × 1 000 mm　1/16
印　　张 50
版　　次 2022年4月第1版　2022年4月第1次印刷
标准书号 ISBN 978-7-5580-9335-7
定　　价 368.00元

营销部电话　025-68155675　营销部地址　南京市湖南路1号
江苏凤凰美术出版社图书凡印装错误可向承印厂调换

周　默

教育部人文社会科学重点研究基地、北京大学美学与美育研究中心研究员。

长于木材的历史与文化及中国古代家具的研究，主要著作有：

《木鉴》(山西古籍出版社)、

《中国古代家具五十问》(中国大百科全书出版社)、

《紫檀》《黄花黎》(中华书局)、

《雍正家具十三年》(上下册)(故宫出版社)、

《中国古代家具用材图鉴》(文物出版社)，

及相关学术论文数十篇。

序

《论语·八佾》有一段文字一直深植于心："哀公问社于宰我，宰我对曰：'夏后氏以松，殷人以柏，周人以栗，曰使民战栗。'"

当然，对于这一问一答也有不同的解读，以后汉何休《论语义》最为经典："夏后氏以松，殷人以柏，周人以栗。松，犹容也，想见其容貌而事之，主人正之意也。柏，犹迫也，亲而不远，主地正之意也。栗者，犹战栗谨敬貌，主天正之意也。"由松、柏、栗而生出"主人正之意""主地正之意""主天正之意"，以树寓意，一字如画，夏、殷、周气象见也。

木如君子。升卦（䷭）（巽上坤下），《象》曰：地中升木，升。君子以顺德，积小以高大。《毛诗》曰：黄鸟于飞，集于灌木。《诗》曰：出自幽谷，迁于乔木。荏苒柔木，君子树之。《论语》曰：子曰："岁寒，然后知松柏之后彫也。"《庄子·让王篇》：天寒既至，霜雪既降，吾是以知松柏之茂也。

木为精灵。《文赋》：石韫玉而山辉，水怀珠而川媚。《荀子·劝学》：玉在山而草木润，渊生珠而崖不枯。《玄中记》：百岁之树，其汁赤如血；千岁之树，精为青羊；万岁之树，精为青牛。《太平御览》：撖海有鱼，抱大树能语，精名灵阳。午日称仙人者，老树也。

木生祥瑞。《艺文类聚》瑞应图曰：木连理。王者德化洽，八方合为一家，则木连理。一本曰：不失小民心则生。孝经援神契曰：德至于草木，则木连理。《酉阳杂俎》：异木，大历中，成都百姓郭远，因樵获瑞木一茎，理成字曰"天下太平"，诏藏于秘阁。娄约居常山，据禅座。有一野妪，手持一树，植之于庭，言此是蜻蜓树。岁久，芬芳郁茂，有一鸟，身赤尾长，常止息其上。

木分阴阳。《周礼·山虞》："山虞，掌山林之政令，物为之厉，而为之守禁。仲冬斩阳木，仲夏斩阴木。"郑司农云："阳木，春夏生者。阴木，秋冬生者，若松柏之属。"玄谓阳木，生山南者；阴木，生山北者。《本草纲目》：银杏生江南……

其核两头尖，三棱为雄，二棱为雌。其仁嫩时绿色，久则黄。须雌雄同种，其树相望，乃结实；或雌树临水亦可；或凿一孔，内雄木一块泥之亦结。阴阳相感之妙如此。《洞天清异录》：盖桐木面阳日照者为阳，不面日者为阴。如不信，但取新旧桐木置之水上，阳面浮之，阴必沈，虽反复之再三，不易也。《广东新语》：广中松多而柏少，以其地乃天之阳所在。松，阳木，故宜阳而易生。其性得木气之正，而伏金其中，故为诸木之首，凌冬不凋。梁氏云：松为阳而柏为阴。松木鬆，色白而多脂，象精；柏木坚，色赤而多液，象血。精以形施，血以气行，故松出肪而柏生香。然以类言，松似夫而柏非妇，柏得阴厉之气胜也，似妇而为血属者。其惟漆乎，况松文从木从公，木之公也。漆从水，水含金为女，木生火为男，亦有夫妇之义。大均谓：柏树向西，西方白，故字从白，金之木也；松向东，木之木也，木之木为夫，金之木为妇。金之木向阴，受月之精多，是则柏终乃松之配也。又曰：岭南枫，多生山谷间，罗浮连亘数岭皆枫，每天风起则枫鸣。语曰：栖喜雨，枫喜风。凡阳木以雷而生，阴木以风而生。枫，阴木，以风而生，故喜风，风去则枫声不止，不与众林俱寂，故谓之枫。凡草生于雷，木生于风，故文雷上著草为蕾，有雷无蕾；风旁著木为枫，有枫无葴。枫者，风之所聚，有瘿则风神聚之，曰枫子鬼。嵇含云：枫老有瘿。中夜大雷雨，瘿即暗长，一枝长可数尺，形如人，口眼悉具，谓之枫人。越巫取之作术，往往有神。予有《枫人歌》云：小雨枫人长一尺，大雨枫人长一丈。女巫取得水沉薰，一夕枫人有精爽。

木以鸟名。《新增格古要论》：鸂鶒木，出西蕃，其木一半紫褐色，内有蟹爪纹；一半纯黑色，如乌木，有距者价高。西蕃作骆驼鼻中纹子，不染肥腻。尝见有作刀靶者，不见其大者。谢惠连《鸂鶒赋》曰：览水鸟之万类，信莫丽乎鸂鶒。服昭晰之鲜姿，粲玄；黄之美色，命俦旅以翔游。憩川湄而偃息，超神王以自得。不意虞人之在侧，网罗幕而云布。摧羽翮以翻翻，乖沉浮之谐豫，宛羁畜于笼樊。温庭筠《菩萨蛮》：翠翅金缕双鸂鶒，水文细起春池碧。卢炳《清平乐》：只欠一双鸂鶒，便如画底屏帏。

木以色称。《古今注》：紫梅木，出扶南而色紫，亦曰紫檀。《新增格古要论》：乌木，出海南、南蕃、云南，性坚，老者纯黑色，且脆，间道者嫩。

木以文论。《新增格古要论》：虎斑木，出海南，其纹理似虎斑，故谓之虎斑木。《广东新语》：有飞云木，文如波浪到心。《新增格古要论》：人面木，出郁林州，春花夏实秋熟，两边似人面，故以名之。

木以香别。《崖州志》：香樀，皮厚寸许，绉如蛙皮。质白气香，虽久不蚀。《广群芳谱》：檀香，一名旃檀，一名真檀，出广州、云南及占城、真腊诸国。今岭南诸地亦皆有之。树叶皆似荔枝，皮青色而滑泽……其木并坚重清香，而白檀、黄檀尤盛，宜以纸封固，则不泄气。《清异录》：同光中有舶上檀香，色正白，号雪檀，长六尺。地人买为僧坊刹竿。僧继颙住五台山，手执香如意，紫檀镂成，芬馨满室。继元时在潜邸，以金易致。每接僧，则顶帽具三衣，假比丘秉此挥谈，名为握君。《舟车闻见录》：紫榆来自海舶，似紫檀，无蟹爪纹。刻之其臭如醋，故一名"酸枝"。

文木与散木。《庄子》：匠石之齐，至于曲辕，见栎社树。其大蔽数千牛，絜之百围，其高临山，十仞而后有枝，其可以为舟者旁十数。观者如市，匠伯不顾，遂行不辍。弟子厌观之，走及匠石，曰："自吾执斧斤以随夫子，未尝见材如此其美也。先生不肯视，行不辍，何邪？"曰："已矣，勿言之矣！散木也，以为舟则沉，以为棺椁则速腐，以为器则速毁，以为门户则液樠，以为柱则蠹。是不材之木也。无所可用，故能若是之寿。"匠石归，栎社见梦曰："女将恶乎比予哉？若将比予于文木邪？夫柤梨橘柚果蓏之属，实熟则剥，剥则辱；大枝折，小枝泄。此以其能苦其生者也，故不终其天年而中道夭，自掊击于世俗者也。物莫不若是。且予求无所可用久矣，几死，乃今得之，为予大用。使予也而有用，且得有此大也邪？且也若与予也皆物也，奈何哉其相物也？而几死之散人，又恶知散木！"匠石觉而诊其梦。弟子曰："趣取无用，则为社何邪？"曰："密！若无言！彼亦直寄焉！以为不知己者诟厉也。不为社者，且几有翦乎！且也彼其所保与众异，而以义喻之，不亦远乎！"

庄子在这里提出了"文木"与"散木"、"有用"与"无用"这两对概念，社树之所以全生远害，正因其"无用"；而文木，即所谓有用之木"以其能苦其生者也，故不能终其天年而中道夭"。故无用即为大用。黄花黎、紫檀因其珍稀、贵重，故上千年来不断招致毁灭性采伐！而榕树、白杨、旱柳有大尺寸者仍立于乡野而茂盛，正因其材不材，即无用。人也如此，自觉有材而应受大用，故棱角凸出，锋芒毕露，则必受大难。正如苏轼《示儿诗》所言：人皆养子望聪明，我被聪明误一生。惟愿孩儿愚且鲁，无灾无难到公卿。

庄子继而用南伯子綦游于商之丘的寓意进一步深入阐释"不材之木"之"无用之用"与所谓"有用"之木"中道之夭"：南伯子綦游乎商之丘，见大木焉，有异，结驷千乘，将隐芘其所藾。子綦曰："此何木也哉！此必有异材夫！"仰而视其细枝，则拳曲而不可以为栋梁；俯而视其大根，则轴解而不可以为棺椁；咶其叶，则口烂而为伤；嗅之，则使人狂酲，三日而不已。子綦曰："此果不材之木也，以至于此其大也。嗟乎神人，以此不材。"宋有荆氏者，宜楸柏桑。其拱把而上者，求狙猴之杙斩之；三围四围，求高名之丽者斩之；七围八围，贵人富商之家求樿傍者斩之。故未终其天年而中道之夭于斧斤，此材之患也。故解之以牛之白颡者与豚之亢鼻者，与人有痔病者，不可以适河。此皆巫祝以知之矣，所以为不祥也。此乃神人之所以为大祥也。

《庄子·马蹄》直指 "真性"："我善治木。曲者中钩，直者应绳。""故纯朴不残，孰为牺尊！白玉不毁，孰为珪璋！道德不废，安取仁义！性情不离，安用礼乐！五色不乱，孰为文采！五声不乱，孰应六律！夫残朴以为器，工匠之罪也；毁道德以为仁义，圣人之过也。"

庄子认为"我善治木"而毁灭了木材之天性，"曲者中钩，直者应绳"本不是木材的愿望与理想，而是治木者强加的。完整的木材，你不锯解、雕刻花纹，怎么可能成为酒樽呢？解木为器，这是工匠的罪过。我们必须尊重自然，尊重树木本有的"真性"，而不是任意人为的曲解、雕琢。马之"蹄可以践霜雪，毛可以御风寒。龁草饮水，翘足而陆"而应无"橛饰之患""鞭筴之威"；至淳之时，"民居不知所为，行不知所之，含哺而熙，鼓腹而游。"这应是民之"真性"。

本书写作之目的，即尽量接近中国古代家具所用木材之"真性"。木材之辨识或木材之真假鉴定并不是本书的重点，异于 2020 年新出版的《木鉴》。除了探讨木材的历史与文化之外，本书最重要的内容即木材的利用，说清楚"为什么"即"之所以然"的问题。每一种木材的颜色、光泽、比重、油性、纹理、手感、香味各异，每一个人的身份、学养、审美、贫富、眼界、偏好各异，对于家具所用木材的种类、颜色及其他因素的选择也是不一样的；同样木材因其不同的特征，不适合用一种木材做同一件家具，或所有家具用同一种木材。家具所用木材或其他材料的使用，应阴阳契合，冷暖关照。

明式家具滥觞之地应为苏州周边相近地区，与其文化、经济的发达是有很大关系的，特别是苏州、扬州、无锡风格迥异的园林艺术，也是促成明式家具形式多样化的重要原因。园林最重要的是园林背后真正的主人，其修为和情趣决定了这些的园林之独特风格。自宋至明、清，江南园林有其共性，但更应关注的是其个性的张扬。人、园林与其内部的装饰、陈设应是浑然一体而不可分割的，故其陈设主体之家具所用木材、形式，乃至尺寸大小、工艺均别具一格。这也是我们很少见到明代苏州优秀、经典家具模仿、重复的直接原因。

《韩诗外传》曰："独视不若与众视之明也，独听不若与众听之聪也，独虑不若与众虑之工也……诗曰：'先民有言，询于刍荛'"。

我自1983年始与木材纠缠，一直不曾断绝与树木的来往互访。各地珍稀木材的主要林区，存有中国古代家具的博物馆、寺庙，都刻有我的印记与目光。向书本学习，与日本的专家入山，与海南的黎族百姓同饮"醢酒"，都是串起本书一页一页可爱的文字与图片最初的草稿。

我在《黄花黎》章节中毫不掩饰地流露出对"公安三袁"五体投地的追捧，无论其流连于"山色如娥，花光如颊，温风如酒，波纹如绫"的西子湖，还是往返于烟霞蒲柳或"五快活"真性之境，似乎成了梦中"社栎"，以为目标，或为榜样。袁石公云："长安风雪夜，古庙冷铺中，乞儿丐僧，齁齁如雷吼；而白髭老贵人，拥锦下帷，求一合眼不得。"当然，松间明月与石上清泉从未拒我，我也并不是"拥锦下帷"者，使我不能于雪夜古庙中"齁齁如雷吼"，应为本书之浅薄与残缺。

周默

北京·大屯

二〇二〇·秋

目　录

第一部分 传统用材

The Encyclopedia of Wood
A Study of the Timber Constituting Ancient Chinese Furniture

紫 檀

RED SANDALWOOD

国有紫檀林（2007年9月24日） 安德拉邦蒂鲁帕蒂林区的国有紫檀林，每一棵都编号保护。

基本资料	中 文 名 称	檀香紫檀
	拉 丁 文 名 称	*Pterocarpus santalinus* L.f.
	中 文 别 称	紫檀、紫檀木、小叶紫檀、旃檀、紫旃檀、紫旃木、赤檀、紫榆、酸枝树、紫真檀、金星紫檀、金星金丝紫檀、牛毛纹紫檀、花梨纹紫檀、鸡血紫檀、老紫檀、犀牛角紫檀、紫檀香木
	英 文 别 称 或 地 方 语	Red sanders，Red sandalwood，Chandanam，Yerra chandanum，Chandan，Rakta chandan
	科 属	豆科（LEGUMINOSAE）紫檀属（*Pterocarpus*）
	原 产 地	印度南部、东南部，集中分布于安德拉邦南部及泰米尔纳德邦北部的林区
	引 种 地	印度本地已有大量紫檀人工林，斯里兰卡、巴基斯坦、孟加拉国、缅甸、泰国及中国广东、海南岛、云南均有数量不等的人工林

释名　　紫檀一词，最早出现于西晋·崔豹《古今注》："紫旃木，出扶南林邑，色紫赤，亦谓紫檀也。"明·李时珍《本草纲目》称："檀，善木也，其字从亶以此。亶者善也。"明·王佐《新增格古要论》将紫檀木的产地、硬度、颜色、用途及识别特征描述得十分具体，也是对"紫檀"一名来历的最佳注释："紫檀木，出交趾、广西、湖广，性坚，新者色红，旧者色紫，有蟹爪纹，新者以水湿浸之，色能染物，作冠子最妙。近以真者揩粉壁上，果紫，余木不然。"

木材特征	边　　材	浅白透黄或呈黄色，心、边材区别明显
	心　　材	心材新切面呈橘红色，旧材则色深，久则呈深紫或黑紫，常带浅黄或黑色条纹，也有金黄似琥珀的宽窄不一条纹或形状不一的团块状，这一形态在存放时间较长或腐烂而仆倒于野外的紫檀木、建筑用材中常出现。人工林心材除密度较差外，网状腐或心腐居多，且心材端面呈红黄相交圆圈形或蜂窝状腐朽特征，这些都是紫檀人工林的显著特征
	气　　味	香气无或很少有，在新伐材及人工林之新切面常有微弱香气
	纹　　理	紫檀多数密而无纹，除了前述特征外，最为可爱的便是满布金星金丝，纹理细如发丝，自然卷曲，如用放大镜观察，则如万里星空、流星如雨。这一特征在老旧紫檀中比较明显，而在人工林中极少显现。也有的纹理粗大，颜色呈浅紫褐色，这是等级较低的紫檀
	荧 光 反 应	木屑水浸液呈紫红色，有荧光
	划　　痕	紫红色划痕明显
	油　　性	一般紫檀油性强，有滑腻之感；人工林加工后油性差，干涩
	光　　泽	光泽可鉴，内敛外透
	气 干 密 度	$1.05 \sim 1.26 \ g/cm^3$

分类

1. 按颜色分

（1）猩红：紫檀木心材表面大片或局部为猩红色，没有金星金丝或其他纹理，多见于人工林或新伐材。

（2）深紫：有两种情况：第一，采伐后存放时间超过10年以上者；第二，生长条件恶劣的干旱林区之褐色岩石地带所采伐的紫檀。

（3）紫黑：符合（2）之条件，具油性重、密度大者，或开锯后存放时间较长的A、B级紫檀易呈紫黑色，与产自同一区域的乌木几乎相似。

2. 按纹理分

（1）金星金丝：颜色越深、油性越重、密度越大的紫檀木，一般均布满金星金丝。有些新开料之金星金丝并不明显，与空气、阳光接触时间长，则逐渐显现这一特征。

（2）牛毛纹：紫檀心材表面布满细长卷曲如牛毛的金色纹理。

（3）鸡血紫檀：心材表面成片无纹，不透明、光泽差，色如鸡血暗红，易与产于泰国的老红木相混，故硬木行业称之为鸡血紫檀。

（4）花梨纹紫檀：指紫檀老家具的一种特殊颜色、纹理，多因长期接触光照或置于阳光照射的窗前，紫檀表面会泛黄或灰白色，如花梨木之颜色、纹理。

（5）豆瓣紫檀：这一特殊纹理在紫檀木中出现的概率极低，其纹理一反紫檀之普遍特征，极有规律地反复出现似金色豆瓣形状的花纹，连绵不断。

3. 按空实分

（1）空心料：第一类，空心不深或贯通，但可锯出一定尺寸的家具用料，材性稳定，材质优异；第二类，不能锯出家具，但可用于雕刻、文房用具或其他工艺品的制作，故也称其为"雕刻料"。

（2）实心料：真正不空的实心料很少，有的原木表面、端面不空，不能保证内部不空。空洞或腐朽内藏其中，一般通过敲击、探听回音可以判断。

4. 印度政府

（1）A 级　有极好的水波纹（Wavy grain）：

Ⅰ. 短且由里而外透之水波纹明显；

Ⅱ. 原木表面有波痕反射；

Ⅲ. 健全材或接近健全材（允许少量缺陷）。

（2）B 级　有良好的水波纹：

Ⅰ. 中等长度或深度的水波纹清晰可见；

Ⅱ. A 级半健全材（允许部分有缺陷）；

Ⅲ. 半健全材（允许有一些缺陷或无缺陷）；

Ⅳ. A 级材，但弯曲率超过 10%。

（3）C 级　具有一般水波纹或直纹：

Ⅰ. 有长而浅的水波纹或直纹；

Ⅱ. 健全材或半健全材（允许有一些缺陷或无缺陷）；

Ⅲ. 非健全材，但可以利用的 A 级材（有较多缺陷）；

Ⅳ. 非健全材，但可以利用的 B 级材（有很多缺陷）；

Ⅴ. B 级材，但弯曲率超过 10%。

（4）N 级等外材（Non-grade，NG）

各级原木中不可利用的原木。

5. 印度民间

（1）按权属分

① 私有紫檀林（Private Forests）

自然生长的，一般生长于平地及土壤肥沃的地方，用以划分地界。紫檀木因土壤肥沃、生长较快，故密度、颜色及油性均较差。

② 国有紫檀林（又称"邦有林"，State Forests）

自然生长于条件恶劣的干旱山区，土壤为岩石风化带或褐色岩石，极少有花草生长。地下多富铁矿，铁矿带几乎与紫檀的分布区域重叠。

（2）按长度及径级大小，一般分为四级：

A 级：长度 260 ~ 400 cm，小头直径 20 cm 以上，无腐朽、空洞、节疤，油质感强；

B 级：长度 180 cm 以上，小头直径 20 cm 以上，其他同 A 级；

C 级：长度 140 cm 以上，小头直径 16 cm 以上，允许有少量空洞及其他缺陷；

D 级：长度与小头直径不限，缺陷允许。

利用

1. 用途

（1）家具：中国紫檀家具的产生至少不晚于唐。民国学者王辑五认为："圣武天皇奉献于东大寺卢舍那佛之螺钿紫檀阮咸、木画紫檀棋局及银壶等，亦均由唐输入者也。"（王辑五著《中国日本交通史》第 92 页，商务印书馆，1998 年 4 月）。除紫檀乐器、棋桌外，还有紫檀金钿柄香炉、紫檀木凭几、紫檀金银绘书几等。至清雍乾两朝，宫廷的家具与器物几乎均与紫檀有关。

（2）建筑：元忽必烈时期之元大都便建有紫檀殿，所需木材几乎全部源于印度西海岸马巴尔港。据《元史·亦黑迷失传》载："至元二十四年，使马八儿国……行一年乃至……又以私钱购紫檀木殿材，并献之……按大内建筑紫檀殿为至元二十八年，其所用，殆即此材。"据史籍记载，元忽必烈时期，元大都内建有紫檀殿、楠木殿，并陈设紫檀御榻、楠木御榻等多种家具。（参考《中国营造学社汇刊》第一卷第二册，阚铎编《元大都宫苑图考》，民国十九年十二月）

（3）工艺品：佛像（如西藏古格王朝时期的紫檀佛像）、刀柄、裁纸刀、笔杆、笔筒、官皮箱、手饰盒、镇纸、底座（盖）、算盘（算盘珠）、砚盒、念珠、如意、扇骨、酒杯等器物。

（4）乐器：二胡、琵琶、板胡、响板、琴键等。

（5）染料：古代主要用于等级较高的官员服饰的染色，也用于铁力木家具或色浅不匀的紫檀木家具表面染色。唐宋时期的"紫檀衣"便是用紫檀染色而成，故有唐·曹松《青龙寺赠云颢法师》"紫檀衣且香，春殿日尤长"之诗句。

（6）药用：《本草纲目》认为"紫檀［气味］咸、微寒、无毒。［主治］摩涂恶毒风毒。刮末傅金疮，止血止痛。疗淋。醋磨，傅一切卒肿……紫檀咸寒，血分之药也。故能和营气而消肿毒，治金疮。"

2. 应注意的问题

（1）造型与榫卯结构

造型优美与合理科学的榫卯结构是优秀的明式家具最主要的特征。王世襄在《明式家具研究》中对于两件明朝的紫檀家具评价极高。第一件"甲77、扇面形南官帽椅"，称其为"尺寸硕大，紫檀器中少见，造型舒展而凝重……不仅是紫檀家具中的无上精品，更是极少数可定为明前期制品的实例。"论及造型与结构极为准确："椅的四足外扒，侧脚显著，椅盘前宽后窄，相差几达15 cm。大边弧度向前凸出，平面作扇面形。搭脑的弧度则向后弯出，与大边的方向相反，全身一律为素混面，连最简单的线脚也不用……管脚枨不但用明榫，而且索性出头少许，坚固而并不觉得累赘，在明式家具中殊少见。"（王世襄著《明式家具研究》第55页，生活·读书·新知三联书店，2007年1月）。另一件即"乙109、无束腰裹腿罗锅枨加霸王枨画桌"："将罗锅枨改为裹腿做，用料加大，位置提高，直贴桌面之下，省去了矮老。削繁就简……干净利落，效果很好。腿内用霸王枨，正是因为罗锅枨提高后，腿足与其他构件的联结，过于集中在上端，恐会出现不够牢稳，是以采用此枨来辅助支撑。"（同上，第128页）。这两件紫檀重器，除了造型优美外，无论是扇面椅四脚外扒、管脚枨外凸明显，还是画桌霸王枨的巧用，均是明式家具结构科学、牢固的最好例证。

至于雍正朝还能坚守这一传统。乾隆开始，紫檀家具力求气势磅礴、厚重，明及清早期紫檀家具的简约、大方、朴拙几乎不见踪影。今天的紫檀家具多模仿清中期或清晚期、民国初期的风格，鲜有模仿优秀的明式或生产其他让人耳目一新的式样。紫檀家具只有在优秀的传统基础上，即明式家具的基础上有所探索、生出新意，这才是必由之路。另外，必须坚持传统、科学、合理的榫卯结构，不能减省。

（2）紫檀工

紫檀工指紫檀成器过程中的高超、精美工艺之简称，包括器物的造型与工艺，造型优美是第一位的。加工工艺即选料、开料、干燥、配料、榫卯、雕刻（起线）、包镶、镶嵌、刻字、刮磨、细磨、蜡活、铜活等诸方面。紫檀工应是硬木加工中等级最高的一种工艺，可以从两方面概括：

第一，浑圆素朴。

紫檀扇面形南官帽椅及紫檀无束腰裹腿罗锅枨加霸王枨画桌之主要特点为浑圆素朴，南官帽椅除背板开光牡丹花浮雕外，其余部位均光素无纹，"椅盘下三面安'洼堂肚'券口牙子，沿边起肥满的'灯草线'"。画桌全身连线条也不见，腿、罗锅枨、霸王枨无任何纹饰，正圆饱满、通直或曲折有度。紫檀的沉穆、大气、尊贵、古意在这两件家具中得到了充分的表现。

第二，精美的雕刻与多种装饰手法。

① 雕刻，紫檀雕刻之至美者应为浅浮雕，往往起平地。浅雕起地必须平整。雕刻纹饰的选择与器物所要表达的主题思想一致，突出主题。如紫檀扇面形南官帽椅背板开光浮雕一朵牡丹花，春风徐徐、花叶微卷、生意即起，是以表达此器之富贵、庄重与华丽，此乃点睛之笔、着意之处。也有满面雕刻、密不透风者。如北京保利2017年春拍"5145 明晚期御制紫檀雕云龙纹文具盒"，应为精美绝伦、标准的"紫檀工"，"盒盖、四面满浮雕菱形回纹带为锦地，空处雕卍字纹，于锦地之上，浮雕云龙纹。……雕刻手法采用薄浮雕，与木刻版画工艺接近，近乎竹雕之中的薄意留青，层次分明，各处干脆利落，雕刻、磨制精细，无一懈怠处"。(参考北京保利《御翫——明清宫廷文玩珍藏》)

② 装饰，主要以镶嵌为主，如明末华丽妍秀的百宝嵌。清·钱泳在《履园丛话》中称："周制之法，惟扬州有之。明末有周姓者，始创此法，故名周制。其法以金、银、宝石、珍珠、珊瑚、碧玉、翡翠、水晶、玛瑙、玳瑁、砗磲、

青金、绿松、螺钿、象牙、蜜蜡、沉香为之，雕成山水、人物、树木、楼台、花卉、翎毛，嵌于檀、梨、漆器之上。大而屏风、桌、椅、窗槅、书架，小则笔床、茶具、砚匣、书箱，五色陆离，难以形容，自古来未有之奇玩也。"百宝嵌有隐起者，有平顶者两种表现形式，前者外凸，后者与胎地齐平。现存日本正仓院的唐代紫檀美器镶嵌技艺已达到一个很高的水平，并不逊于明及清乾隆朝。韩昇在《正仓院》中描述"螺钿五弦琴琵琶"："正反两面均有精美的螺钿装饰，背面全部施以鸟蝶花卉云形及宝相华文，花心叶心涂上红碧粉彩，描以金线，上覆琥珀、玳瑁等。正面有紫檀捍拨，用来保护弦拨之处，上面有螺钿树木，下方是骑在骆驼背上的胡人，手执琵琶，边走边弹，曲声悠扬，引来飞鸟起舞、骆驼回首"。

紫檀工，起于何时还没有确切的年代，从唐至宋、元、明，有实物，有文献佐证。至于乾隆朝紫檀工运用于器物之上，用料之珍奇、技艺之高超已臻于巅峰。但很遗憾的是器物造型、榫卯结构在较大程度上得以忽略，审美情趣几乎尽失。一体两面的错位，不仅在学术界没有引起重视，当今紫檀家具制作的实践者也没有足够关注，这也是对"紫檀工"的误解。

（3）紫檀家具与其他材料搭配及紫檀家具的陈设。

紫檀多单独成器，但从遗存下来的紫檀经典家具来看，紫檀多与暖色木材相配，如黄花黎、金丝楠或瘿木，也与大理石及其他文石相配，穿带多用格木。紫檀与上述材料相配除了色彩合理的需要外，也可极大地节约珍稀材料。紫檀大料稀少，心板拼接过多、过窄，有零碎杂乱之感，且易起拱或产生裂缝，故多以暖色木材取代，也增加了器物的审美情趣。紫檀大器之面心也用紫檀或黄花黎小木片拼成冰裂纹、龟背纹等，也与大漆工艺结合。《明式家具研究》载"乙109、无束腰裹腿罗锅枨加霸王枨画桌"，"桌面黑漆，精光内含，有如乌玉，断纹斑驳，静穆古朴，与黝黑的紫檀十分协调，是明代上乘的紫檀家具"。紫檀家具的陈设，满堂为紫，则显单一、沉闷、阳气过盛，应与其他暖色家具相陈设，位置、器物的选择更为重要。

（4）干燥

紫檀的人工干燥极易产生明显的蚂蚱纹或开裂，一些厂家采用蜡煮法，其优点是几乎不开裂，缺点为紫檀木变脆、使用寿命缩短、紫檀素流失、颜色发暗，久则产生颜色深浅不一的块状，天然的色泽几乎不见，僵滞而呆板。紫檀只有采取低温蒸气干燥，最好在裁成家具部件后进行第二次干燥或锯板后自然干燥半年以上再进行低温干燥，木材的稳定性才会比较理想。

（5）紫檀阴沉木

有关紫檀贸易史中从未见到紫檀阴沉木的记录，被紫檀贸易商人认为阴沉木的多为古建用材，不应列入紫檀阴沉木。1976 年，韩国西南全罗南道新安郡防筑里海底发现中国元代沉船（船舱中一木简写有"至治叁年"，即 1323 年），被命名为"新安号"。在船舱内发掘大量的中国陶瓷、高丽青瓷，800 多万件重达 28 t 的铜钱，还有银、铁、白铜、石制品、金属制品及桂皮、胡椒等香料。最为引人关注的还有一批紫檀原木，长者为 2 m，短者仅为几十厘米，长短不齐、粗细不一。令人惊讶的是 14 世纪的印度，紫檀数量巨大，质量优良，但从韩国国立中央博物馆所存紫檀来看，长度、径级并非理想，空洞、腐朽、弯曲者所占比例较大，小径材、短材居多。是否与采伐或运输条件有关？"新安号"的目的地是日本，是否与日本特殊的工艺有关？如制作乐器、文房用品及其他工艺品。

紫檀阴沉木包括沉入海底、河流及其他原因而掩埋于地下的紫檀，如考古发掘棺材等。发现紫檀阴沉木应首先研究其形成原因，并进行正确分类，除用于科学研究与博物馆陈列外，可少量用于室内装饰或工艺品制作，当然应以原状保存为主要方式。棺材或炭化过度者，慎用为上。

（6）紫檀建筑用材

元史有紫檀用于建筑的记录。印度古代的佛寺、神庙、别墅及其他建筑也大量采用坚硬承重、耐腐的紫檀，多见于立柱、门框、楣板或建筑部件雕刻。楣板及建筑部件雕刻多以神话人物、佛像或花卉纹见长；立柱外涂不同颜色的漆，黑、黄、绿、褐、紫、白、粉各色均有。长度 160 ~ 200 cm 较多，短者以中间挖眼并用铁棍或简单榫卯连接。上端用铁或铜做成圆箍，有的刻上花纹或涂为金色加以装饰，下端立于岩石之上或深埋于泥土。自印度佛教衰败以来，寺庙破损，即使印度教之神庙也缺乏维护。2005 年后，印度佛寺、神庙及别墅的紫檀建筑用材陆续进入中国，2012 年后数量持续增加。大量紫檀建筑用材材质优良，干形饱满，但也有不少明显缺陷。从解剖的建筑用材来看，主要缺点有：①木材干涩；②颜色呈条状红黑分布，长久不变；③夹带边材、空洞（用水泥、石块填补）、过度心腐等现象，且涂有彩漆不易分辨，导致出材率极低；④紫檀原本大小头明显，致使对开大边的可能性降低。故建议花板（建筑部件雕刻）尽量保持原貌用于室内装饰或其他艺术陈设，立柱也应有效、巧妙地用于室内建筑装饰。用于器物的制作，则应反复观测其尺寸、缺陷、材质、色泽，然后依材成器。

1　野生紫檀树（摄影：韩汶，2007年12月8日）印度东南部安德拉邦（Andhra Pradesh）野生的紫檀，高挑孤立，卓尔不群。树冠较小，状如松菌，枝叶稀疏，分权较高，故树木之主干可有效利用部分增多。除此之外，从活立木外表看，主干上下尺寸变化不明显，而内部之心材大小头差异较大，从根部至顶端，尺寸递减，这也是紫檀无大料、出材率低的主要原因之一。

2　树皮（摄影：韩汶，2007年12月8日）野生紫檀树皮呈灰黑色，形如龟甲或海贝，纹理螺旋，沟壑自见。

| 1 | 3 |
| 2 | 4 |

1 紫檀树叶　紫檀树当年新生的树叶，浅绿色，叶脉延伸如田埂布网，秩序井然，"小叶3～5片，稀有6～7片。椭圆形或卵形，长9～15㎝"。（周铁锋主编《中国热带主要经济树木栽培技术》，中国林业出版社，2001年6月）据相关研究资料表明，檀香紫檀之树叶是紫檀属树种中最长、最大的，故将檀香紫檀俗称为"小叶紫檀"是没有依据的。

2 平原紫檀树（摄影：韩汶，2007年12月8日）安德拉邦平原所生紫檀，人称"私有林"，用于田地分界，树皮方形分割，浅槽清晰而规矩，这是平原所生紫檀或人工林的主要特征。土黄色为纠缠于树干之红蚂蚁携带地表黄泥来回爬行、蛀蚀所致。

3 西双版纳紫檀树皮（2007年12月7日）1964年植于中国科学院西双版纳热带植物园的紫檀，树皮呈不规则片状翘起，与印度野生林、人工林之树皮特征不符，表征相异，不知心材有何变异。（附着于树皮的植物为"王不留行"）

4 原木新切面（标本：北京梓庆山房）紫檀原木的新切面，材色金黄与艳红相衬，浅白透黄者即为边材，铁锈斑驳部分为树皮内层，黑色部分为朽烂炭化所致，网状纹为虫蚀后所留下的痕迹。右上角及左侧中间遇节疤，则呈鬼脸纹。此标本特征多样，诱因复杂，是认识与把握紫檀特征的样本。

1
2 3

1　短筒原木（2014年4月9日）　高1m左右、直径30～40cm的紫檀短筒原木，这种规格在历史上极为罕见，主因除了自重过大外，还有不便于走私及运输。据主人介绍，此批木材从印度用专机经阿联酋、迪拜及美国西雅图，最终卸货于天津。

2　紫檀书案面心（标本：北京梓庆山房）　包含成串鬼脸纹的紫檀书案面心。得此纹理，制材方法多为弦切，且原木本身生有树包或疤节。加工成器之初色泽鲜红炫丽，3～6个月后开始色变至深褐色。

3　印度古代建筑紫檀构件横切面（标本：杭州刘希尔）　印度古代建筑紫檀构件横切面，因年代久远陈化而致紫褐色，因其致密富富油而黝光反射，锯痕如波浪层递，凹凸起伏。在中国古代硬木家具中，能在硬度、材色、光泽、油性及观赏性方面超出紫檀者未见，故紫檀木及紫檀家具的市场价值在历史上无他者匹敌而为翘楚。

1　白漆紫檀原木（标本：北京程茂君）　周身涂满白漆的紫檀原木，长度在 120～160 cm，这种紫檀的伪装也是便于陆路的长途跋涉以避免海关与检查站的搜查。从其小片切口可见紫褐色与滑腻的油质。

2　横切面（标本：北京梓庆山房）紫檀原木横切面，金星及宽窄不一的深色纹理可见，右侧下端浅色如船桨之纹理斜切树心，阻隔两侧纹理的自然连接。此现象之发生似为侧枝在正常生长过程中被主干包裹、吸收而一同生长、变化所致。

3　树液（摄影：韩汶，2017 年 12 月 8 日）　紫檀树干之新切口，树液外溢，色浓如血。凡紫檀属树木多有此现象，如大果紫檀、印度紫檀及产于非洲的染料紫檀。

绞丝纹（标本：杭州刘希尔） 紫檀著名的绞丝纹如风行水上自然成纹。如此密集回旋之现象多产生于特级紫檀，一般生于石壁斜坡或砖红色风化岩石上，常用于传统乐器的制作。

金星金丝（标本：北京梓庆山房）金星金丝并夹杂所谓的鸡血紫檀。紫檀的表面特征并非单一出现，有几种特征同时集中于一根原木或一块木板之上，故并不能以某种独特现象或特征来区分紫檀的种类或材质之高下。

金屑文（标本：杭州刘希尔） 孟浩然《凉州词》"浑成紫檀金屑文，作得琵琶声入云。"此标本集金星金丝、牛毛纹及水波纹于一处，正是《凉州词》最美的注脚。

牛毛纹（标本：杭州刘希尔） 波纹皱褶，色如夕阳染空、新雨初霁。如此美纹，稀见于一般家具或器物。从古至今，这种顶级紫檀多珍藏于日本，用于乐器及高级工艺品。

鸡血（标本：北京梓庆山房） 所谓"鸡血"，除了成片呈现外，也常与其他表面特征相伴，如金星金丝或鬼脸纹，并非一成不变。

紫檀画案面心之豆瓣纹（标本：北京梓庆山房）

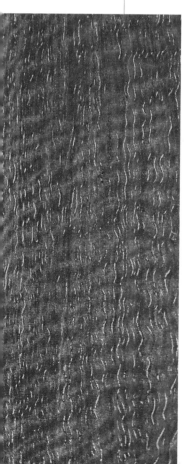

1 白紫檀 表面土黄泛白的紫檀戒尺，已不见紫檀本色，清晰的绞丝纹未脱紫檀之基本特征，清代文献将其称为"白紫檀"。

2 琴料（标本：杭州刘希尔） 杭州刘希尔先生为印度顶级紫檀收藏大家，所收藏的紫檀根根精绝，处处奇妙。此标本为源于日本的"琴料"，主要用于制作"三味线(shamisen)"即"三弦琴"。琴料据其初加工形状，分别称为 C 形料、L 形料、I 形料三种。日本对每一种器物的选料极为苛刻，非常注意琴料的 S 纹的密集程度、油性与致密度。据称印度政府紫檀 A 级料的标准即完全按日本的要求制定的。

1 ｜ 2

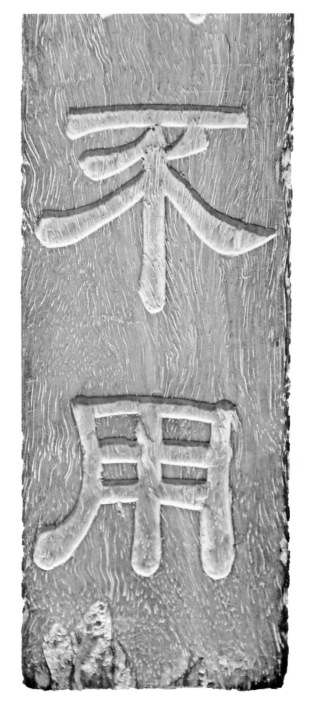

1 B级紫檀（摄影：韩汶，2007年11月23日） 用于拍卖的印度政府仓库的B级紫檀。

2 C级紫檀（摄影：韩汶，2007年11月23日） 用于拍卖的印度政府仓库的C级紫檀，几乎不空，长度也多在3 m以上。

3 N级紫檀（摄影：韩汶，2007年11月23日）
用于拍卖的印度政府仓库的N级紫檀，几乎不空，长度也多在3 m以上。

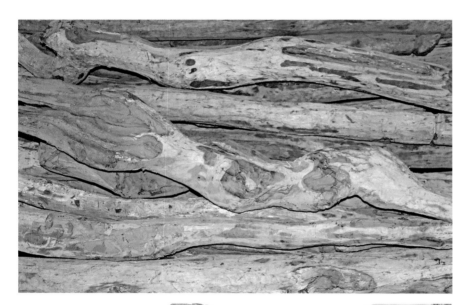

1　雕刻料　进口到中国的紫檀，多用于制作圈椅或其他小件。所谓"十檀九空"并非事实，好的、实的紫檀多被欧洲、日本商人首先挑选，剩下的只有"十檀九空"。不过近5年来这一窘境有所改变，中国商人高价从印度、日本、马来西亚、新加坡、阿联酋、美国等国和我国香港地区购买了不少高等级紫檀。

2　原木端面（2017年10月4日）　印度奇图尔林区 Kodur 镇人工种植的紫檀原木端面，色黄且生长轮较宽，材质疏松，径级大而较少空腐。

3　人工种植的紫檀（摄影：韩汶，2017年12月8日）　印度安德拉邦植于平原的紫檀树。

1 心材　人工种植的紫檀木之心材，浅白色部分为腐朽部分，极为松软，一般不宜于制作家具。有些厂商先将其染成紫檀色，再施硬化剂，然后掺入紫檀家具料之中。

2 原木垛（2007年10月4日）安德拉邦奇图尔林区Kodur镇，伐后弃于林地的人工林紫檀。

3 紫檀大径原木（2017年11月23日）天津蓟州区洇溜镇"明圣轩木业"的陈振清、杨乐升、陈彦合先生经营印度紫檀10多年，搜集了不少紫檀大料、好料，原木最长者达386 cm，小头直径最大者48 cm，锯好的板材最长达305 cm，最宽达48 cm（由小头58 cm的紫檀原木加工而出），这些上等好料集于一处，即使在印度也很难见。

1　A级紫檀（收藏：北京梓庆山房）　饱满、几乎无缺陷的 A 级紫檀。
2　B级紫檀（收藏：北京梓庆山房）
3　紫檀长板（收藏：天津蓟州区洇溜镇明圣轩）　长度在 250 cm 以上的紫檀板材。

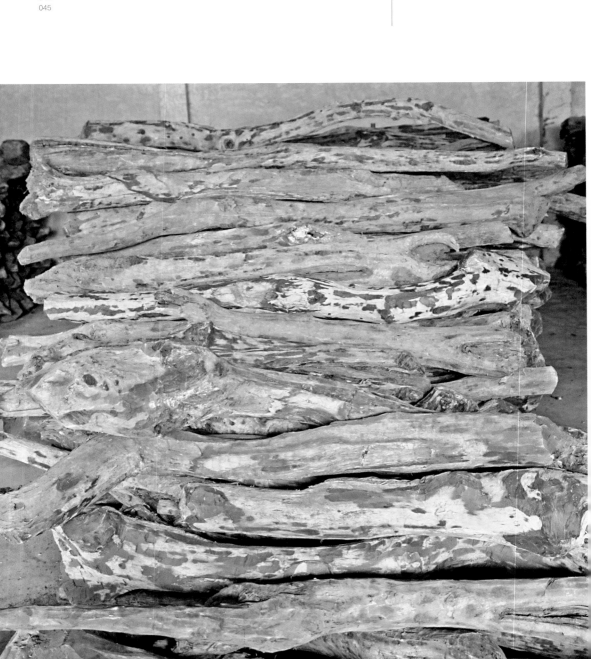

2
3
1   4

1 紫檀小料（天津马可乐家具博物馆，2016年3月2日）
用于紫檀家具的修复或工艺品制作的紫檀小料。

2 平头案构件（2017年10月16日） 北京胡生月
先生收藏的乾隆时期紫檀平头案构件。

3 明紫檀插肩榫大画案腿足局部（2009年5月23日）
原物照片见王世襄著《明式家具研究》第134～
135页，画案现存上海博物馆。

4 紫檀无束腰罗锅枨加矮老条桌（设计：沈平，工艺与
制作：北京梓庆山房周统、潘启富，摄影：北京韩振） 条
桌无任何雕饰，连线条也不见，动心之处即在桌面，
四周上下均取无纹纯色的紫檀，面心则如春雨触
荷，形成无数如人工扣印的"豆瓣纹"。慧心妙思，
并未着意于器之本身，原木春笋破土，树木上升
而已。

1　印度古建紫檀雕神像构件（收藏：杭州刘希尔）

2　明紫檀雕荷叶卷草纹佛龛（资料：南京正大拍卖公司）　紫檀木用于佛教器物，如佛像、佛龛及佛寺建筑、家具，已有不少文献记载，所存文物也很普遍。佛龛之顶采用荷叶纹饰也非鲜见，佛家取其"不染"，故有圣花之谓。佛教八宝，莲花也位列其中。有诗赞曰："其根如玉，不着诸色；其茎虚空，不见五蕴；其叶如碧，清自中生；如丝如缕，绵延不断；其花庄重，香馥长远；不枝不蔓，无挂无碍。更喜莲子，苦心如佛，谆谆教人，往生净土。"

1　清紫檀书箱（资料：南京正大拍卖公司）
紫檀木箱，多见于清代，特别是乾隆朝，用于盛经、书画及其他把玩之物。如此素雅而不见纹饰，且把握紫檀之性与制作技巧之娴熟，器物本身已作注解。

2　清紫檀书箱局部
一件器物的吸睛之处，往往是决定其审美情趣的紧要之处。此器企图用铜活之色与披散、活泼的枝叶弥补紫檀之凝重、高古所带来的沉寂，这一目的显然已经达到。

3　紫檀泥（资料：北京千里木紫檀，2016年10月28日）加工紫檀佛珠后留下的紫檀泥。

1 3
2

1　紫檀楠木搁板书架（工艺与制作：北京梓庆山房周
统、潘启富）

2　紫檀无束腰裹腿罗锅枨加霸王枨画桌局部（工艺与
制作：北京梓庆山房周统、潘启富）元·虞集《二十四
诗品》之"劲健"曰："行神如空，行气如虹。
巫峡千寻，走云连风。"清·杨廷芝《二十四
诗品浅解》称："如空，言行之神，劲气直达，
无阻隔也。如虹，极言其气之长无尽处也。"
画桌之罗锅枨厚度几乎与大边等同，且直接与
大边相连，四足浑圆，刚健而空阔。

3　紫檀书架一侧（工艺与制作：北京梓庆山房周统、
潘启富）

清紫檀带霸王枨内翻马蹄半桌（资料：南京正大拍卖） 半桌因岁月与阳光的摩挲已失其本色而近土灰黄色。各部件之尺寸、组合略显仓促，马蹄似未最终完成。

1 清紫檀带霸王枨内翻马蹄半桌桌面　古人为器，特别是家具之面心多喜一块玉之式。紫檀、乌木及其余尺寸较小的木材采用拼接的方式，所拼之板的数量以奇数为胜，即3、5、7、9，也有采用2、4、6、8者。老木匠数板念"有、无、有"，奇数永远为"有"，而偶数则为"无"。另外，也有人认为单数为阳，双数为阴，故取单数。

2 清乾隆紫檀百宝嵌长方盒局部

3 清中期紫檀龙纹"吉庆有余"顶箱柜局部（资料：北京保利拍卖）

清·紫檀八宝八仙纹四件柜（资料提供: 南京正大拍卖公司） 四件柜造型四平八稳，比例匀称，为"一封书"式方角柜，框架用格肩榫卯相接，顶柜和竖柜的正面均为对开双门，柜门为攒框作，心板有雕饰，顶柜门心板以云纹为地，上雕佛家八宝纹；立柜门心板亦以云纹为地，上雕道家暗八仙纹。柜的两侧面山墙板浮雕装饰蝠、磬、双鱼图案，四周以拐子龙纹转绕，寓意"福庆有余"。四件柜所有金属合页、面页、足套皆錾花，装饰与柜体统一的八宝八仙纹饰，做工考究，錾刻图案精美，既富装饰效果，又与紫檀柜体色泽形成强烈反差。如此级别与规格的家具在传世的清式家具中极为少见，代表了有清一代家具艺术的最高成就。

1　清早期紫檀嵌云石霸王枨方桌桌面（资料提供：南京正大拍卖公司）

2　清早期紫檀嵌云石霸王枨方桌（资料提供：南京正大拍卖公司）　方桌紫檀木制，木色沉稳静穆，纹理华美天成，包浆润泽古朴。桌面攒框打槽镶嵌天然云石，呈色如泼墨挥毫山水，既可借物赏景也适宜承托器物。桌面边抹冰盘沿，上舒下敛，简洁明快。桌面桌腿直角之间以四条霸王枨斜支，稳如霸王举鼎，曲直转折刚柔并济。

桌腿间牙板以壸门式线条装饰，边缘起流畅阳线至腿足。桌腿作内翻马蹄足。此器形经典，用材精美，造型古朴清雅，稳重中而不失灵秀，无需雕饰，尽显凝练之美。

3　清·紫檀刀牙板平头案案面（资料提供：南京正大拍卖公司）

4　清·紫檀刀牙板平头案（资料提供：南京正大拍卖公司）　平头案为紫檀木制，木质致密细腻，木色沉穆浓郁，中隐金星万点，牛毛数缕，光辉星曜，使人见之心喜。桌面攒框镶四拼面板，冰盘沿，面板与腿足以夹头榫相连，用光素刀牙板。侧面腿间施双横枨，圆足直材落地。整器简约大方，线条清秀，粗细比例均匀调配，其素朴之气如清风萦绕，又似明月恬静。

1　日本正仓院藏中国唐代"螺钿紫檀五弦琵琶"之捍拨
（资料：《日本美术全集·5·天平的美术——正仓院》）
2　清中期紫檀龙纹"吉庆有余"顶箱柜局部（资料：北
京保利拍卖）

1　紫檀黄花梨龟背纹面心条桌（设计：沈平，制作
与工艺：北京梓庆山房周统、潘启富，摄影：韩振）
条桌由三种名贵木材制作而成，边、腿均采用
紫檀，面心由海南黄花梨拼龟背纹连接而成，
面心与边抹之间用乌木相隔，除了层次递进、
规矩面心外，主要还是让观者用心于面心，而
不是欣赏紫檀之名贵与择料之精致。
2　新安号所载紫檀原木（摄影：北京顾莹，2016年
8月31日）

1 印度古建紫檀立柱（收藏：北京梓庆山房）

2 色差　色差明显且极难色变的紫檀立柱剖面，制器时配料极为困难。

3 清理填充物（1）（2016年6月30日）北京梓庆山房的大木工潘启富师傅用凿子打开紫檀立柱之填补部分。

4 清理填充物（2）　立柱空洞内藏有水泥、石子，极易伤锯、伤人。

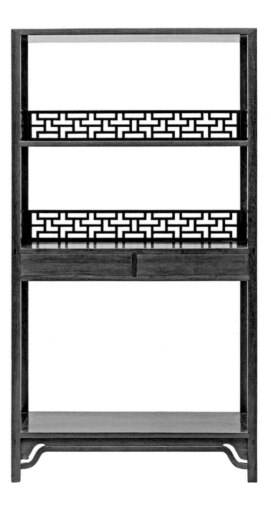

紫檀三层带抽屉攒接曲尺栏杆架格成组（工艺与制作：北京梓庆山房周统、潘启富） 架格四张成组，全部选用紫檀旧材，纹理、颜色、光泽、油性完全一致，全身布满金星金丝。架格为方材，三层。第一、二层间隔相等，栏杆由短材攒接成曲尺形，第二层安双抽屉，未设常见的白铜面叶，不让其成为器物的亮点而分散观者对整体的品位。素静、方正、棱角分明是其主要特征。第三层为底层，与第二层间隔较大，下设罗锅枨直接与牙条相连，并与直腿固定，使整体结构更加科学合理、牢固稳重。

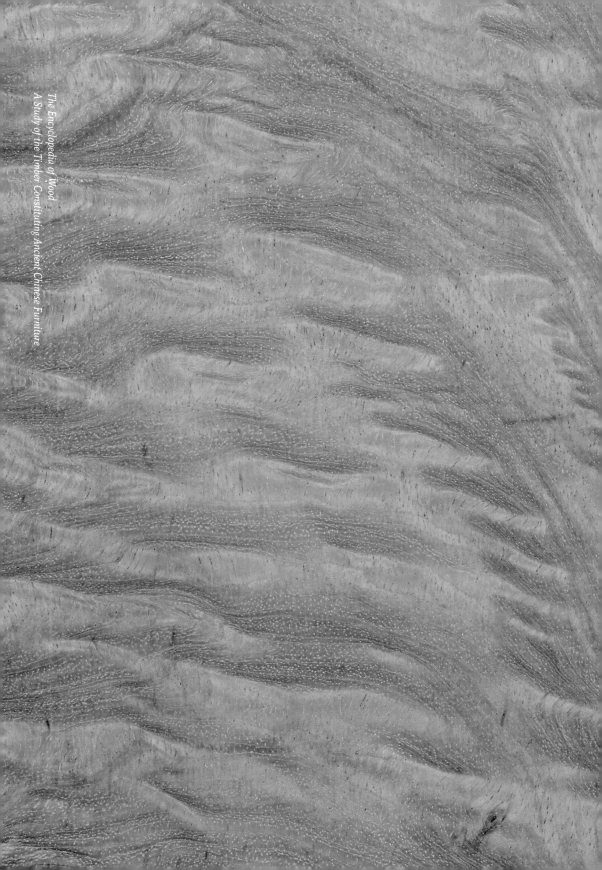

黄花黎

HUANGHUALI WOOD

西双版纳的降香黄檀（2014年8月4日） 20世纪60年代种植于中国科学院西双版纳热带植物园的黄花黎，因对生长环境的要求苛刻，故常常受到其他快速生长的树木挤压、遮蔽，形成侧弯，向有利于自己生长的空间伸展。

基本资料	中 文 名 称	降香黄檀
	拉 丁 文 名 称	*Dalbergia odorifera* T.Chen
	中 文 别 称	（1）榈、榈木、花榈、花榈树、花榈木
		（2）花梨、花梨木、花梨母、老花梨、花黎、花黎木、花黎树、花黎母
		（3）花狸
		（4）降香、降香木、降香檀、降真、降真香、杠香（广州）
		（5）黄花梨、黄花梨木、黄花黎、黄花黎木
		（6）香红木、香枝木、香玫瑰木、土酸枝
		（7）织腊（海南地方语）
	英 文 别 称	Huanghuali wood, Scented rosewood, Fragrant rosewood
	科　　　　属	豆科（LEGUMINOSAE）黄檀属（*Dalbergia*）
	原 产 地	中国海南岛
	引 种 地	福建、浙江、广东、海南岛、广西、云南、湖南南部、重庆、四川。越南、老挝近10年也有引种降香黄檀。另外，海南的降香黄檀已出现变异，可能与从越南引种所谓的东京黄檀与原产于海南的降香黄檀混种有关

释名　黄花黎之称谓较多，古籍及海南当地民众称为"花梨""花黎""花狸""花榈"或"花梨母""老花梨"。"黄花梨"一词应在清雍正末期或乾隆元年出现，据清宫造办处档案："黄字十四号。镀金作。十三年十二月二十九日奉旨：着做西洋黄花梨木匣贰件……"20世纪早期在北京硬木行业已有"黄花梨"之称，《北平市木业谭》记载慈禧后之陵："……当慈禧后生时，即已修陵，原估库银六百万两，后因寿永，经若干年未用，以致大殿之糙木材料，稍有槽朽，由执其事者，奏请重修。此项工程，除金井坑及砖石朝房未拆只加修葺外，其大殿东西两配殿完全拆毁，旧有糙木弃而不用，另自外洋购买形似糙木而细之木料，美其名曰黄花梨，因似花梨而色黄也……"。（王槐荫著《北平市木业谭》第24页，1935年10月）1940年日本驻北平的华北产业科学研究所编著的《北京木材业的沿革》也沿袭这一说法。（日本华北产业科学研究所编著《北京木材业的沿革》第16页）学术界对于"黄花梨"名称的来历与本意争论较大，但一般认为，当时为了区别进口的花梨木（也称草花梨）与原产于海南岛的花梨，故在海南岛所产的花梨之前加一个"黄"字，且明清时期的黄花梨家具多为黄色。而"黄花黎"一说始见于2005年第9期《收藏家》之《明清家具的材质研究之二——黄花黎（上）》，所述理由有三：

1.史籍多处有"花黎"之称。宋·赵汝适的《诸蕃志》、明·顾岕的《海槎余录》、明·黄省曾的《西洋朝贡典录》卷上"占城国第一"款及清·张庆长的《黎岐纪闻》中均用"花黎木"。

2."花黎木……皆产于黎山中，取之必由黎人。"（明·顾岕撰《海槎余录》）花黎木为中国之特产，唯海南岛"黎母山"及其周围生长。除"黎母""黎母山"外，黎民将许多产自海南岛的特产前均加"黎"字，如黎锦、黎幔、黎布、黎单、黎幕、黎毯、黎被、黎襜、黎兜鍪、黎弓、黎刀、黎金、黎茶等。

3.区别于其他进口的豆科紫檀属（*Pterocarpus*）花梨木类的树种。所谓的"新花梨""红花梨"多为产于非洲、东南亚、南亚及南美热带地区的豆科紫檀属的树种，与产于我国海南岛的属于豆科黄檀属的"黄花黎"是完全不同属的树种。大多不了解植物分类学的学者往往将两种木材混为一谈，弄不清楚的情况下只好将木材分为所谓的"新""老"。

花狸，主要指"其纹有鬼面者可爱，以多如狸斑，又名花狸"。(清·屈大均撰《广东新语》)

花榈，"榈木，出安南及南海，用作床几，似紫檀而色赤"。(唐·陈藏器著《本草拾遗》)"海南文木，有曰花榈者，色紫红，微香"。(清·屈大均撰《广东新语》)

花梨母，海南人将产于本地的黄花黎即降香黄檀（*Dalbergia odorifera*）称为花梨母，将同属的另一个树种海南黄檀（*Dalbergia hainanensis*）称为花梨公。

老花梨，清末及民国初期，外国进口的花梨木涌入，其颜色、花纹和香味均与产于海南岛之花梨近似，为了区别二者，将海南花梨称为老花梨，将进口花梨称为新花梨。

黄花黎还有降香、香红木、香枝木等多种称谓，在此不一一解释。

木材特征		
边 材		浅黄或灰黄褐色，与心材区别明显
心 材		黄、金黄色或红褐、深红褐、紫红褐色；颜色深浅不一，其黑色条纹因黑色素聚集不均匀而产生团块状或不规则带状
气 味		新切面辛辣香味浓郁，久则减弱。从旧家具或旧材上轻刮一小片，也能闻到辛香味，这往往是鉴别黄花黎的主要经验之一
生 长 轮		明显
纹 理		纹理清晰、张扬而不狂乱、交叉或重叠，由不同纹理产生多种生动、天然的图案，如著名的鬼脸纹、水波纹、动物纹等
光 泽		晶莹剔透，光芒内敛，由里及表，这是黄花黎与其他黄檀属木材的主要区别
油 性		油性强，特别是产于西部颜色较深的油黎，手触之而有湿滑润泽之感
荧 光 反 应		无
气 干 密 度		0.82 ~ 0.94 g/cm³

分类	1. 黎人分类法： （1）油黎，又称油格，主要指产于海南岛西部、西南部心材颜色深、密度大、油性强的黄花黎。 （2）糠黎，又称糠格，主要指产于澄迈、临高、儋州之色浅、密度轻、油性差的黄花黎。 2. 按地区分： （1）东部料：代表地区为琼山之羊山地区，又称羊山料。 （2）西部料：代表地区为昌江县王下地区，又称昌江料或王下料。 3. 按沉水与否分： （1）沉水（部分油黎密度大于 1 g/cm³）； （2）半沉半浮（东部料）； （3）浮于水（糠黎）。 4. 按木材形状、用途分： （1）原木（包括新料、老料）； （2）板方材； （3）小料（包括径级 10 cm 以下的树干、枝丫材等）； （4）旧家具料（包括各种日用家具、农具及其他器具）； （5）房料（包括房屋建筑各部位所用木材）； （6）阴沉木（如棺材板、埋入河流及地下的原木等）； （7）根料（即树苑）。 5. 按颜色分： （1）浅黄泛灰白者（主产于澄迈、临高、儋州，或包括部分人工林） （2）浅黄、黄、金黄（主产于东部、东北部之海口、琼山、定安） （3）浅褐色、红褐色、紫褐色（西部、西南部之昌江、东方、乐东、三亚）

利用

1. 用途

（1）家具

用黄花黎制作家具的历史较长，如唐·陈藏器的《本草拾遗》中即有"榈木……，用作床几"之记录。黄花黎家具兴盛于明朝，特别是明末及清初。不管是海南岛还是大陆地区，黄花黎家具的种类、型制多种多样，涉及家具的各个门类，几乎无所不包，如故宫现存有一件"黄花黎镂雕捕鱼图树围"。

（2）农具

如犁、牛轭、牛铃、牛车、斧头柄、弹棉花工具、织机及织布工具、木耙、玉米脱粒器、木锤（用于拍打坚果）、臼、舂棒、米柜、水桶、水瓢等。

（3）乐器

二胡、琵琶、唢呐、古琴、笛子、箫。

（4）建筑

海南的民居、寺庙有不少全部或部分采用黄花黎，如立柱、横梁、墙板、门框、门板、窗户或建筑雕件。

（5）药用

《本草拾遗》有："味辛，温，无毒。主破血、血块，冷嗽，并煮汁及热服。"

黄花梨心材行气化淤，止血止痛，辟秽。也用于风湿性腰腿痛、心胃气痛、吐血、咯血、金疮出血、跌打损伤及消炎。黄花黎的心材（特别是根部）常替代降香，是降香来源减少后之替代品。

2. 应注意的问题

（1）一木一器

有的人认为产于海南岛的黄花黎没有大料，这一认识是错误的。从目前所见板材宽度在 50～60 cm 者有不少，原木小头直径在 50～60 cm 的也有。从古代留存至今的黄花黎家具，颜色、纹理完全一致或接近一致者居多，特别是明朝或清早期优秀的明式家具。宫廷家具抑或文人家具，审美价值体现于黄花黎家具的则是颜色干净、纹理流畅、图案自然而完整。这一近乎苛刻的要求只有黄花黎才能达到，也只有一木一器或一木成堂才能臻至如此妙境。在大料稀少，原料尺寸、长短、颜色、密度或来源不一的条件下，尽量将颜色、花纹近似者归类成器；有大料则考虑一木一器。一木一器并非等同于所谓"满彻"的概念，明代优秀的家具之抽屉板、穿带、背板也多用其他木材。

（2）挑料与归类

黄花黎的颜色、纹理、油性、密度、光泽、尺寸差别很大，如何挑料与归类是第一步的工作。首先将新料、旧料分开，挑长料、大料，以确定制作什么样的家具；其次考虑颜色近似的归入一类，长短、尺寸近似的分开归类。黄花黎与紫檀家具有一个共同点，即以料的长短、大小、尺寸设计家具，很少长料锯短、宽料改窄。另外，将花纹奇美、包节连绵的特殊木料挑选出来，这些特点可以通过表面或刮、刨、磨的方法发现；纹理、颜色、油性，也可使用这一方法找出。

（3）开锯

开锯前，须据设计师的要求，逐一挑选适合于每一件家具制作的木料，一般长料裁成大边，宽料锯成薄板。边、牙子、腿，最佳的制材方法为径切，纹理顺直。而大料（特别是原木）以弦切为主，花纹变幻出人意料，图案完整。特别是有包节（具瘿纹）的木料，不能从包节中间下锯，应平行包节轻薄下锯，观察花纹的走向，再决定第二锯如何开。黄花黎材料珍稀难得，如同紫檀一样，长料不能截短，宽料不能锯窄，因材成器是最重要的用料法则。

（4）配料

由于黄花黎木材特征的特殊性决定其家具配料的复杂性，主要方法有：

①花纹：无论何种型制，其边、牙子、腿以直纹、同色者为佳，而心（面）板则以花纹美丽、多变、丰富者为妙。

②颜色：一木一器而同色最宜，以边、牙子、腿同色（或深色），心（面）板浅色而次之。绝不可心（面）板色深，而边、牙子、腿色浅，喧宾夺主、轻重颠倒。

（5）与其他材料的搭配

①紫檀：紫檀色深，黄花黎色浅，后者处于次要位置，故黄花黎可以做心（面），二者混配，以香几、小案、箱盒及椅凳等小型家具为宜，不宜制作柜类等家具，色差对比过于强烈，主次不分。

②金丝楠：取纹理奇美、光泽内敛之瘿木可做桌面、柜门心、案心或官皮箱门心。

③格木：别称铁力木，一般用作食盒底板，有金帮铁底之称。另外，格木也用作穿带及边、腿，广东、海南制作的黄花黎床、榻的床板也用格木，主要是其特有的稳定性所致。

④柴木：侧板、背板、顶板、抽屉板也常用柏木、杉木或松木，海南床、榻的床板多用沉香木。

⑤石材：祁阳石、五彩石、大理石、绿石、黄蜡石也常代替瘿木与黄花黎相配成器。

⑥斑竹：又称湘妃竹，也与瘿木的作用相似。

（6）干燥

黄花黎的干燥较为容易，黄花黎的显著特征即富集降香油而芬芳四溢，采用急干的人工干燥方法会流失大量的芳香物质。一般建议，旧料按设计要求制材后上架自然通风干燥，新材也以自然阴干为上，次之则采用低温窑干。

（7）雕刻

优秀的明式家具，特别是黄花黎家具所突出的重要一点便是颜色、纹理的自然美，黄花黎本身纹理如行云流水，自然延绵，不应以人工雕饰灭其天趣。如果有必要也应顺其纹理少雕、巧雕，所设计的雕刻图案与家具所要表达的语言、思想吻合，不必为突显高超的手艺而画蛇添足。

1　生于儋州的降香黄檀（2012年5月18日）　黄花梨的自然生长，除需合适的气候、土壤、海拔等条件外，对于伴生植物也有选择。野生的海南黄花梨很少成片生长，多与竹林、荔枝林、香合欢、鸡尖、厚皮树或麻楝、垂叶榕、幌伞枫、白茶等多种植物混生成群。有丰富经验的林农可根据这些伴生植物找到黄花梨，发现黄花梨又可找到相应的伴生植物。

2　树冠、主干或分枝（2014年8月4日）　黄花梨为落叶乔木。此树高约25 m，最大胸径可达80 cm。树冠呈广伞形，树皮暗灰色，有沟槽。"每年4月初雨季来到，黄花梨开始发芽，进入雨季后土壤湿润、肥沃，黄花梨开始加速生长；等11月雨季来临，雨水减少，黄花梨以落叶自闭而养生度过最不利于自己生长的痛苦季节"。（周默著《黄花梨》第168页，中华书局，2017年）一般黄花梨分杈较低，主干通直、饱满者较少，故活节、树疤较多，易致奇特而可爱之鬼脸纹。

1　荚果（2015年9月16日）　"种子成熟期为10月～翌年1月，荚果带状，长椭圆形，果瓣革质，有种子的部分明显隆起，厚可达5mm，通常有种子1～3粒。熟时不开裂，不脱落。种子肾形，长约1cm，宽5～7mm，种皮薄，褐色。"（周铁烽主编《中国热带主要经济树木栽培技术》第197页）

2　花与叶（摄影：海南魏希望）　"羽状复叶，除子房略被短柔毛外其余无毛。叶长15～25cm，有小叶9～13片；稀有7片；叶柄长1.5～3cm；托叶极早落；小叶近革质，卵形或椭圆形；基部的小叶常较小而为阔卵形，长4～7cm，宽2～3cm，顶端急尖、钝头，基部圆或阔楔形，侧脉每边10～12条。圆锥花序腋生，长8～10cm，宽6～7cm，花期4～6月，花黄色。"（周铁烽主编《中国热带主要经济树木栽培技术》第197页）

1

2

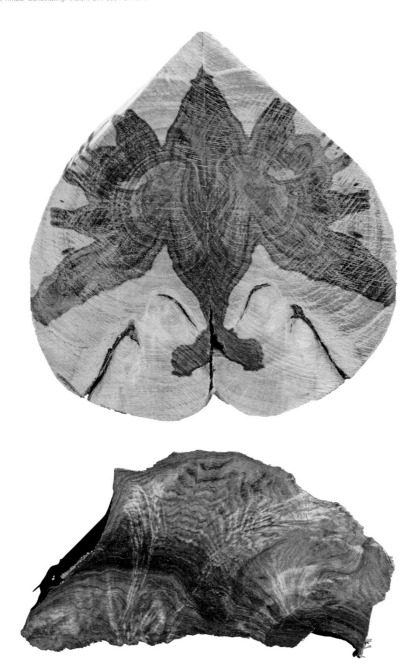

1 根的横切面（收藏与摄影：海南魏希望） 浅色部分为未转化为可用的心材之边材，深咖啡色部分呈不规则的形似飞鸟的怪图，其对应的部分应为生长于风化岩上分散的树根。黄花黎纹理形成机制，如从技术层面上研究应是一门极为复杂、费尽心思的学问。

2 形如刺猬之火焰纹（北京梓庆山房标本馆，2013年4月28日） 此种美纹多出现于枝根或树干曲折急转处，采用弦切的古法，才有可能清晰地看到火焰纹之本相。新伐材稀见此纹。

3 弦切之美（标本：北京梓庆山房）

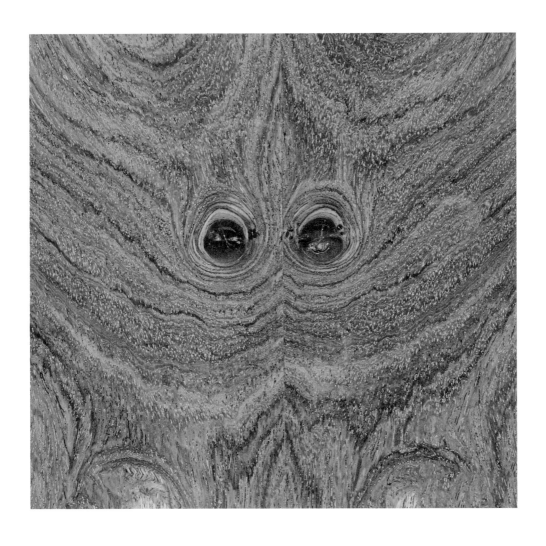

1 可爱的鬼脸纹（标本：海口冯运天 摄影：海南魏希望）
此纹即由尚未脱落的死节形成，漆黑而怪异的鹰眼
似乎直指人心。死节的定位而产生周围金色的图形
纹理，由此延展、激荡，如月到天心，风拂水面。
2 明·黄花黎圆角柜柜门心之局部（北京梓庆山房标本
馆） 唐·陈藏器在《本草拾遗》中说："桐木，
似紫檀而色赤。"此标本已近红褐色，左右曲线对
应，中间水波不兴，与树干表面活的包节是一种丝
丝入扣的对应关系，从外表特征即可知晓树木内部
世界的变幻。
3 丘壑之美（标本与摄影：海南魏希望） 王安石的《九
井》诗曰："山川在理有崩竭，丘壑自古相盈虚。"
形似丘壑，状如秋火，源自沉于河中被泥沙冲刷，
沟槽满身的黄花黎阴沉木。这种现象在黄花黎的
纹理之中并不多见，这也是黄花黎纹理不确定性的
又一例证。

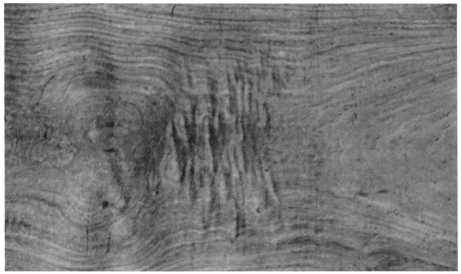

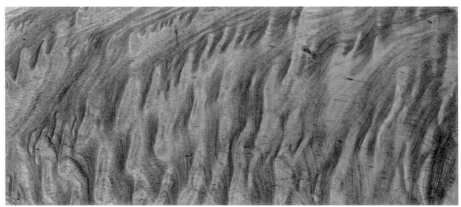

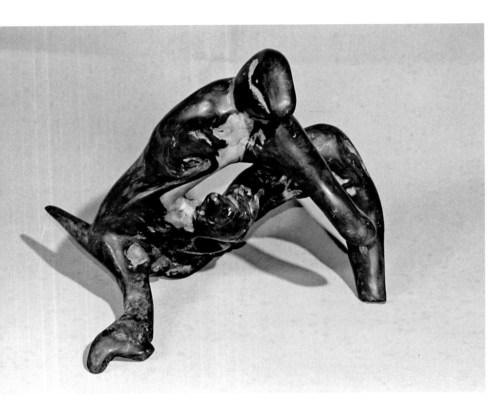

1 深色油黎根艺（收藏：海南魏希望）

2 产于海南琼山金黄色的黄花黎（标本：冯延天，2015年1月19日）色泽金黄、刨花自卷，手捻即碎，辛香绕指，是明代黄花黎制器的重要选择。

3 羊山地区的黄花黎横切面（标本：符集玉，摄影：于思群，2015年1月27日）产于琼山羊山地区的黄花黎，因火山爆发后形成的特殊地质现象，火山灰堆积，火山石密布，故其所生黄花黎密度较大、纹理华美瑰丽、质地柔腻。

4 王下料（标本：海口王名珍，2012年5月20日）王下料质地坚致硬重，材色泛紫，深褐色者多，与其特殊的地质环境有关。地下高品位的金矿、铁矿资源丰富，黄花黎生长的土壤之中微量元素发生变化，对其密度、材色、油性均有至关重要的影响。

1　沉水料（标本：海口郑永利，2013年5月29日）中间几近墨黑者为产于昌江的黄花黎，入水即沉，此种材色也极为稀有。两边红褐色的黄花黎，密度稍小，材色相异。

2　临高料（标本：符集玉，摄影：于思群，2015年1月27日）产于临高的黄花黎，色近土黄泛白，密度较小。

3　原材料（收藏：北京梓房山房）已除边材的黄花黎原木、板材老料。

4　沤山格（摄影：于思群，2015年1月26日）东方市大广坝地区的沤山格。所谓沤山格，即伐后遗留于山野的树苑，或掩埋于土的树干、枝丫，或枯死于岩石缝隙中的树根。

沤山格（收藏：邹鸿—柴艺坊海南黄花梨艺术馆）
此物生于岩石夹缝中，长约160 cm，通体扁平，因受岩石挤压，凹凸不平，色呈紫褐。

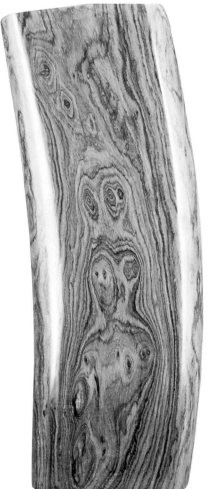

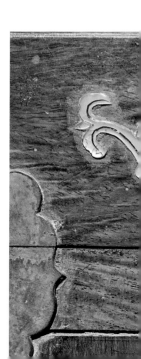

1　海口东湖市场（2010年4月29日）　东湖市场位于海口人民公园一侧，原为花鸟市场，进入21世纪初，每周六、日以摆地摊的形式出售海南黄花黎原料、摆件、沉香及沉香工艺品，南海出水砗磲、陶瓷及其他文物。2015年6月25日正式取缔。图中出售的主要为根料、折叠椅及家具残件和茶壶等工艺品，这也是海南黄花黎资源枯竭最好的注解。

2　狸斑纹（标本：王名珍，摄影：海南魏希望）　《广东新语》有："海南文木，有曰花榈者，色紫红，微香。其文有鬼面者可爱，以多如狸斑，又名花狸。老者文拳曲，嫩者文直。其节花圆晕如钱，大小相错，坚理密致……"

3　清嵌玉包铜角官皮箱之局部（收藏：北京刘传俊，摄影：崔憶，2017年12月2日）　官皮箱色泽金黄透红，纹理清晰。

4　紫油黎（2015年9月19日，海口鼎臻古玩市场）　紫油黎多分布于昌江、东方及乐东或崖城地区，材色深紫，密度大，油性也大。自然分布的数量极少，目前市场上的存量也屈指可数。

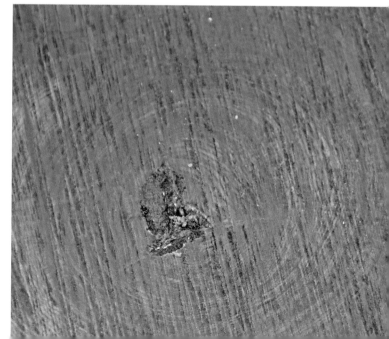

1 | 2

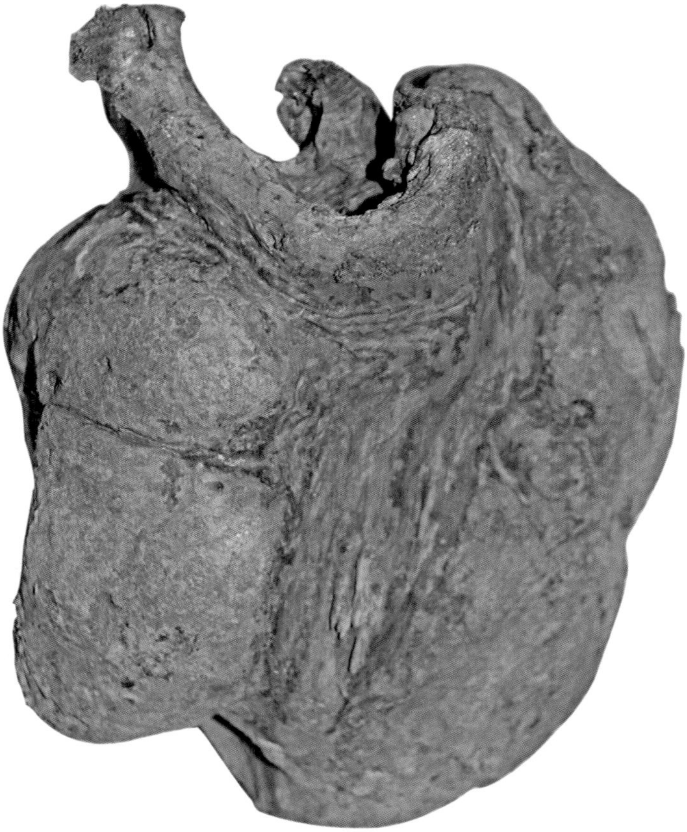

1 瘿（2015年8月23日）海南黄花黎极少生瘿，即使生瘿，尺寸也不大，与其自身生长缓慢、大径材较少有关。中国古代家具中所谓"黄花黎瘿"，特别是圆角柜之对开门心，一般为草花梨瘿，即豆科紫檀属花梨木类木材。
2 明·黄花黎插门式官皮箱（收藏：辽宁冯庆明 摄影：韩振）官皮箱方正周致，前后、上下、左右均用同色同纹之黄花黎独板，如一木整挖，用材素朴考究。铜活之转轴藏于内，平复齐整，任一角或边并未如平素之工艺安装漂亮的白铜活，而由天然的色彩与纹理自然勾连，看似巧合，实为用心。此器在明代及清初所制官皮箱中并不多见。

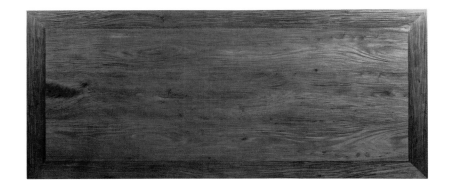

1 二十世纪黄花黎一木一器大画案案面（资料提供：南京正大拍卖公司）

2 二十世纪黄花黎一木一器大画案（资料提供：南京正大拍卖公司） 画案精选海南黄花黎制就，一木一器，全身光素，木性细密紧致，花纹绚丽恣肆犹如行云流水。案面攒框打槽镶面心，三拼面板，用料豪奢，边抹冰盘沿内缩，至底压窄平线，细节考究。案面下接牙板，与腿足作插肩榫连接，牙板铲出如意云纹牙头，边沿饰饱满的灯草线，方材腿足亦是作起线装饰，沿着牙腿起灯草线边，案足底部刻有回纹及塔刹纹。两侧腿足间施双横枨，既起到加固作用，又使侧视的感觉不过于空旷。此种重器置放时沉稳敦实，没有一丝飘浮之弊。

3 明·黄花黎拦水线酒桌桌面（资料提供：南京正大拍卖公司）

4 明·黄花黎拦水线酒桌（资料提供：南京正大拍卖公司） 此例酒桌为原始皮壳，使用痕迹明显，包浆醇厚，那是随着时光流逝而不断成熟变老的岁月年轮，是岁月浸蚀的自然美。

此半桌桌面攒框装板，下以穿带榫连接，边沿期拦水线，下作冰盘沿，带束腰，内翻马蹄腿足，素牙板，罗锅枨，结构严谨合理，装饰简素大方，层次分明，风格健朗。

1　清·黄花黎有束腰罗锅枨半桌桌面（资料提供：南京正大拍卖公司）

2　清·黄花黎有束腰罗锅枨半桌（资料提供：南京正大拍卖公司）　半桌又名接桌，其形恰为八仙桌之一半，遇客多时接于八仙桌一侧以延展桌面面积。此半桌造型标准，采用了明式桌类家具最标准的造型：束腰、马蹄腿、罗锅枨。面板格角装独板，纹质清晰自然，别有意境，诗情画意跃然其上。边抹冰盘沿，四足修长，且收以俊俏马蹄，形成高挑挺拔之势。同时由于束腰窄小和罗锅枨位置靠上，使得整体视觉重心向上，整器顿显挺拔秀丽之姿。

1 清早期黄花黎镜台（资料提供：南京正大拍卖公司） 镜台呈长方体，造型矮扁，箱壁厚实。折叠式设计，镜架以木轴纳入镜箱，可平放或支起，方材攒框，界分大小不同的方格。下设木托，以支架铜镜。镜台下部为柜体，四周铜包角，柜门两侧分别安两面圆形合叶，中心为圆形面叶，开口容纳钮头。启门观之，内设抽屉三具，均光素。腿足为内翻马蹄，造型古朴中带有富贵之气。此例镜台器形规整，简洁雅致，黄花黎木质光润沉雅，整体包浆温润，做工精巧，具有极高的收藏价值。

2 清早期黄花黎五屏镜台（资料提供：南京正大拍卖公司） 镜台为五屏式，立柱穿过座面透眼，植插牢稳。中扇最高，两侧低，向前兜转。搭脑圆雕龙头，绦环板透雕花卉纹。中扇屏风最上端绦环板内透雕"指日高升"纹饰。镜台前设栏杆，台座设抽屉五具，置圆形面叶及壶形吊牌。腿足小巧别致，设壶门式卷草纹牙板。整器尺寸甚大，以黄花黎制成，用料奢侈，设计精巧，雕饰华美精湛。

明·黄花黎独板架几案（资料提供：南京正大拍卖公司）
架几案之案板长 2478mm×厚 120mm×宽 480mm，
为花纹奇美之独板，架几带托泥，各构件尺寸与案
板比例合适，浑然天成，大气磅礴，刚健朗畅，是
明代黄花黎架几案中之无上妙品。

1　明·黄花黎圆包圆双圈卡子花画桌桌面（资料提供：南京正大拍卖公司）

2　明·黄花黎圆包圆双圈卡子花画桌（资料提供：南京正大拍卖公司）　此画桌为明代家具，海南黄花黎制，面板双拼，板面纹理集山水纹、蟹爪纹、鬼面纹于一体，清晰秀美、绚丽诡谲，堪称黄花黎木纹标本。

此画桌造型简练舒展、做工精细、俊秀高雅，通身散发出古典家具独到的韵致，艺术价值极高，堪为明式家具之典范。

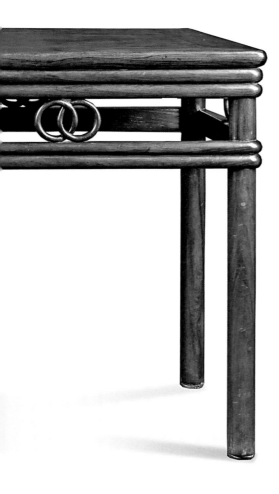

1　黄花黎唢呐（收藏：海南魏希望）

2　黄花黎犁（收藏：海南魏希望）

3　黄花黎农用木铲（标本：海南白沙县王好玉　摄影：海南魏希望）

1 海南民居黄花黎雕人物构件（收藏：冯运夫）

2 黄花黎雕龙纹衣架局部侧面图（收藏：河北保定李明辉）衣架由一根尾径近 40 cm、长 240 cm 的海南黄花黎原木制成，颜色、纹理、油性一致，为典型的"一木一器"。

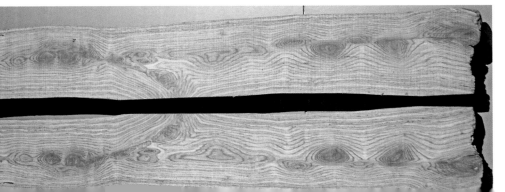

1 择料（收藏：邹鸿） 海南柴艺坊所制黄花黎家具在木材的选配方面下足了功夫，第一步便是将同一根料的板材或近色者、纹理相似者归类，标明尺寸，依料成器，物得其宜。

2 一木对开（收藏：邹鸿） 柜之腿柱、案之大边、柜门心或椅之靠背板，十分讲究一树对开或四开，颜色、纹理一致，这是重器、美器成败的第一步。

3 靠背板（收藏：邹鸿） 靠背是官帽椅最引人注目的关键处，对于材料质地、颜色纹理要求极高。当然，形与神，还是首要的。

1　黄花黎面心紫檀栏杆式都承盘（设计、工艺与制作：北京梓庆山房周统）　都承盘为方形，面心为黄花黎一块，其余为紫檀木。四面栏杆为井字棂格，下设抽屉两具。三面盘墙均为紫檀木独板。都承盘用紫檀搭配黄花黎，一深一浅，一冷一暖；都承盘上部分空灵通透，下部分敦厚密实，一空一实，一无一有。如此一体，如"汉魏之诗，气象混沌，难以句摘"。

2　清·紫檀花梨瘿木提盒（收藏：北京梓庆山房）　提盒由两种木材组成，深者为紫檀木，浅者为花梨瘿。工艺及制作之法，并无独异之处，但用材用色之巧、之妙可谓奇绝。盒盖及盒均为花梨，金黄透浅红，如通体为一木一色，则密实而呆笨。每一个盒之圈口用紫檀包裹，除锁边结实外，还起到颜色分割的作用，于板正中透出生气，这并非有意，实则出于本心而已。

1 清·黄花黎边大理石面长方香几（摄影：崔憶，2017年6月7日）

2 明·黄花黎交椅（资料提供：南京正大拍卖公司）清·阮葵生著的《茶馀客话》卷十中曰："交木而支，如交椅之称。胡床即交椅。""交木而支"即交椅的基本特征。自五代以来，特别是宋代，交椅之使用已很普遍，宋画与相关文献已有不少记录。《朱子语类》卷七七将交椅与理学勾连："如这交椅是器，可坐便是交椅之理。"宋代名僧释了慧在《大慧宏智揖让图赞》中曰："既不以爵，又不叙齿。何得过谦，让之不已。若谓是临济家风，洞上宗旨，笑倒磨光黑交椅。"交椅，在所有坐具中等级最高，制作工艺也极为复杂，此种型制与工艺之明代佳品，存世量极为稀少。

木 典
中国古代家具用材研究
The Encyclopedia of Wood
A Study of the Timber Constituting Ancient Chinese Furniture

116
117

1 2 3

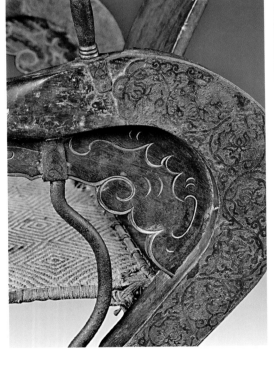

1 交椅局部 交椅每一相交点多以铁或铜片相裹，起加固作用。在如此狭小之处，也必长草开花，让人愉悦。交椅之铁饰件表面常錽金或錽银花纹。"铁錽银的制作工艺相当复杂，首先要在铁片的表面凿剔出极细的花纹，然后将银丝或银叶锤打到花纹上。由于银比铁软，所以它能嵌入花纹里。装饰铁錽银的家具，在全世界屈指可数。"

2 交椅局部 椅圈四节，相接处均以精美的铁錽银饰件包裹，金木相交，阴阳以和。

3 明黄花黎玫瑰椅（资料提供：南京正大拍卖公司）玫瑰椅形式变化不大，但其纹饰与构件几无定式。此椅线条清晰、纤细，花草相连而不绝；构件结合自然，上下问答、左右呼应，为明式玫瑰椅之模范。

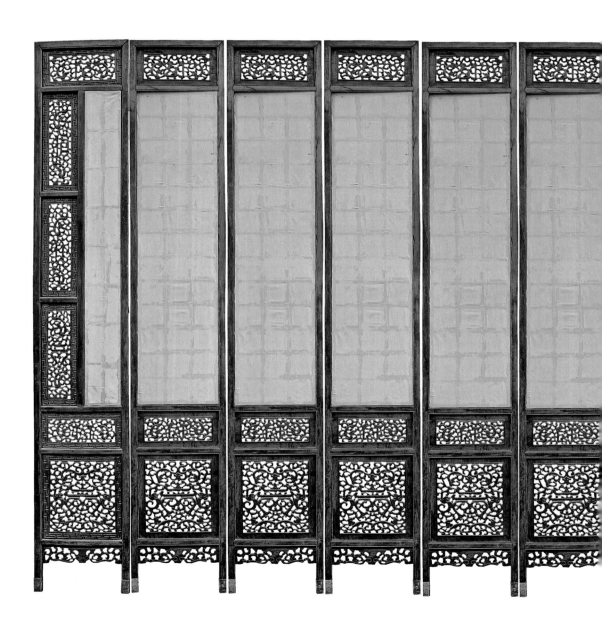

明·黄花黎福禄寿槅扇十二扇（资料：南京正大拍卖公司） 此槅扇形制巨大，气象非凡，尺寸为6600 mm×3340 mm×35 mm，主梁24根，似为一木锯解，同色同纹。每扇五抹镶三块套绦环板，一块带诗文或画屏心。回纹、螭纹及其映衬下的"福""禄""寿"古体异形汉字，繁而不乱，层次分明，布局合理，无奇巧突兀之处。槅扇于2011年7月9日于北京首都博物馆"物得其宜——黄花黎文化展"上首次面世，据称其为乾隆朝两江总督尹继善所献，后为和珅私藏。

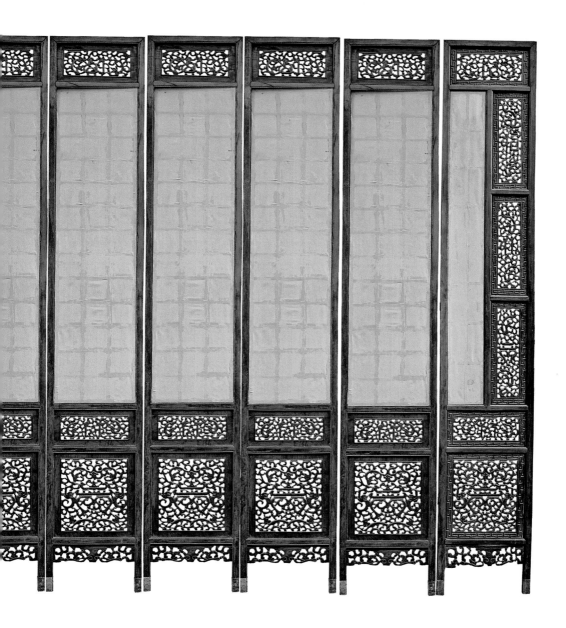

明·黄花黎三面围子攒接卍字纹四柱架子床（资料：南京正大拍卖公司） 中国古代经典的家具，每一件均有其独有的情趣。大多数明代家具之形式、装饰在明末似乎已经确立，而架子床却一直处于鲜活、生动的变化之中，这可能与床的功能及主人内心世界的变易活跃有关。

此床正面挂檐为三块尺寸一致，内容相同，表现形式迥异的绦环板组成。以梅为题，寓意于物，镂空透雕，虬枝散叶，梅花自开，大有和靖先生"疏影横斜""暗香浮动"之境。

下以三面高低圆材罗锅枨与四柱勾连，借以稳固床体框架。三面围子以斜体卍字纹攒接，简洁空明，这也是一般架子床所喜用的艺术表现形式。

床座牙板以如意之头分心，左右卷草纹一一展延至壮实的三弯腿之底部而结束。整体花草相连、疏密适宜，上下呼应。正是如此用心，才掩饰了架子床明显的不足之处。

明·黄花黎龙凤纹十柱拔步床（资料：南京正大拍卖公司） 此件黄花黎拔步床为明晚期作品，整器圆浑凝重、沉穆浓华、雄伟劲挺，其结构为后床前廊，十柱鼎立，床周身满雕龙凤纹，硬屉床身，属中国古代家具中大型器具。

1 明·海南黄花黎朝服柜（资料：南京正大拍卖公司）

2、3 明·海南黄花黎朝服柜局部木纹（资料：南京正大拍卖公司） 此例朝服柜除背面外均以黄花黎大料制成，柜门板均一木对开，且上柜下柜纹理顺直连贯，一木一器，用料奢豪，高度近三米，体态巍峨气派。整器古雅清丽，其线条大方舒展、刚劲利落。黄花黎木色泽清雅静谧，质如琥珀，温泽透润，包浆莹润浑厚，轻触可感受到岁月浸润后的自然质感，让人隐隐感受到一缕数百年前飘来的清新之气，展现出明代家具的大器底蕴，可谓稀世珍品。

花梨木

PADAUK

叶与荚果（2017年7月11日） 老挝南部的阿速坡省（Attapeu）是花梨木的主产区，也是老红木、酸枝木及其他名贵木材的原产地和集散地。花梨7月的荚果并未成熟，呈圆形，包含种子一粒。

基本资料　　花梨木为豆科紫檀属（*Pterocarpus*）中花梨木类木材之统称，按
国家标准《红木》（GB/T 18107-2000）应分开排列：

序号	中文名	拉丁名
1	越柬紫檀	*Pterocarpus cambodianus*
2	安达曼紫檀	*Pterocarpus dalbergioides*
3	刺猬紫檀	*Pterocarpus erinaceus*
4	印度紫檀	*Pterocarpus indicus*
5	大果紫檀	*Pterocarpus macrocarpus*
6	囊状紫檀	*Pterocarpus marsupium*
7	鸟足紫檀	*Pterocarpus pedatus*

越柬紫檀、鸟足紫檀为大果紫檀之同种异名，新版国家标准《红木》
已删除这两个树种。

中 文 别 称　　花梨、草花梨、缅甸花梨、青龙木、番花梨、洋花梨、
　　　　　　　蔷薇木、赤血树、羽叶檀

英 文 别 称
或 地 方 语　　Padauk，Narra，Bijasal，Pradoo

科　　　　属　　豆科（LEGUMINOSAE）紫檀属（*Pterocarpus*）

原 　产　 地　　（1）亚洲热带地区，如东南亚、南亚之菲律宾、
　　　　　　　印尼、越南、柬埔寨、老挝、泰国、缅甸、印度、
　　　　　　　斯里兰卡
　　　　　　　（2）南太平洋岛国之巴布亚新几内亚、所罗门群
　　　　　　　岛、斐济、瓦鲁阿图等
　　　　　　　（3）非洲热带地区之赞比亚、刚果（金）、几内亚、
　　　　　　　安哥拉等

引 　种　 地　　中国及其他热带国家

释名	花梨木，北京硬木行内也称之为"草花梨"，一般指豆科紫檀属中花梨木类的木材。古代将产于海南岛的降香黄檀称之为"花梨"，将从国外进口的紫檀属部分木材亦称为"花梨"，后来为了区别二者，将前者加上一个"黄"字，而将后者加上一个"草"字，有明显的褒前贬后之意，也是收藏家及工匠用于区别二者的方式之一。清朝将进口的花梨称之为"洋花梨木""番花梨"，如乾隆四十三年二月初二日有"洋花梨木镶铜花活动人物三针自鸣时刻桌钟一对、洋花梨木镶铜花自鸣时刻乐钟一对"之记录。晚清梁廷楠的《粤海关志》卷九《税则二》曰："番花梨、番黄杨、凤眼木、鸳鸯木、红木、影木，每百斤各税八分。"

木材特征　每一种花梨木从树干表面至木材内部的特征都有区别。这里以 3 个不同种、不同地区的花梨木来分别描述：

1. 印度紫檀 (*Pterocarpus indicus* Willd.)

印度紫檀又有青龙木、赤血树、羽叶檀、紫檀、蔷薇木等多种称谓。印度紫檀之活立木板根 2 ~ 3 m 高或更高，而在地上蔓延的幅面直径 10 ~ 15 cm。其材质、颜色、花纹及气干密度在所有花梨木中变化是最大的，故对其材质的评价、特点的把握也十分困难。

边　　　材	白色或浅黄色
心　　　材	分黄色与红色两种。黄色从浅黄至金黄，金黄者高贵，特别是几百年的房料金黄且晶莹剔透，与新料判若两者；红者从浅红至深紫红色，密度大者、老者气色近似紫檀。心材深色条纹宽窄不一，但十分清晰
荧 光 反 应	水浸出液呈深黄褐色，有荧光
划　　　痕	没有
生 长 轮	明显
纹　　　理	印度紫檀所产生的美丽花纹是所有花梨木中最让人激动的，除了深色纹理清晰多变外，它所组成的图案宛若天成，自然而生动。印度紫檀活木树干多数都长瘿，国际市场上"Amboyna 瘿"是专为印度紫檀所生瘿而命名的，大者直径 2 ~ 3 m，重 3 ~ 5 t，花纹瑰丽奇致、流变鲜活
气　　　味	新切面有清香味
沉 积 物	管孔常含黄色沉积物
气 干 密 度	0.53 ~ 0.94 g/cm^3

2. 大果紫檀 (*Pterocarpus macrocarpus* Kurz.)

大果紫檀一般称之为缅甸花梨木，因其主产地为缅甸，老挝、泰国也有分布。一般认为泰国所产花梨木为上，缅甸次之，老挝为下。泰国所产花梨木较早进入中国，其颜色干净、纹理清晰、油性较大。近30年来，泰国花梨木几近绝迹。近几年出口到中国的泰国花梨木品质明显低于缅甸花梨木，虫眼、色差明显。20世纪90年代中国市场主要以缅甸花梨木为主，而近几年则以老挝花梨木或柬埔寨所产花梨木为主，其颜色深浅不一且不均匀，板面不干净。我们以缅甸花梨木的基本特征作为典型。

边　　　材	浅白或灰白色
心　　　材	分黄色、红色两种。二者的色泽或特点并没有印度紫檀那么鲜明，红者呈浅红色或砖红色多，另有一种金黄色者材色干净，颜色纯，无杂色，光泽强，透明度高。缅甸曼德勒杨宏昌（Nelson Yang）先生认为纬度较高，生长于环境恶劣的山区的花梨心材颜色呈砖红色；纬度较低，生长条件优越的平原地区的花梨心材为金黄色或浅黄色。
荧 光 反 应	水浸出液呈浅黄褐色，荧光弱或无
划　　　痕	可见至明显
生　长　轮	明显
纹　　　理	有深浅不一的带状纹，画面奇巧者鲜。有大瘿，且佛头瘿较多，纹理细密匀称。中国古代家具中的花梨瘿多数源于佛头瘿
气　　　味	新切面香气浓郁，但锯末能刺激眼睛和鼻子
沉　积　物	管孔内含深色树胶沉积物
气 干 密 度	$0.80 \sim 0.86 \mathrm{g/cm}^3$

3. 刺猬紫檀（*Pterocarpus erinaceus* Poir）

非洲热带地区所产紫檀属树种唯一列入《红木》标准的便是刺猬紫檀。据有关木材学著作介绍，刺猬紫檀胸径可达 1m 左右，但进入中国的原木径级多在 20 ~ 30 cm，大径者并不多，这可能与其过度采伐有关。刺猬紫檀由于其树干表面凹凸不平，沟槽深浅不一，且径级不大，出材率低，刚进入中国并不受市场青睐。近几年由于黄花黎极为稀缺，且刺猬紫檀之颜色、纹理近似于黄花黎，故其关注度与市场价格也直线上升。

名　　　称	贸易名称 Ambila，在塞内加尔则有"塞内加尔红木（Senegal Rosewood）"之称，几内亚比绍称为"Pau Sangue"
产　　　地	非洲热带地区，特别是贝宁、塞内加尔、几内亚比绍等中非及西非地区
树　　　皮	树皮灰白色或深灰色，呈不规则长条块形，凹凸不平，沟槽状明显
边　　　材	浅黄色或奶白色
心　　　材	分两种颜色：深黄色但光泽暗淡；红褐色或玫瑰紫红色。前者居多，常被深色条纹分割
纹　　　理	深咖啡色或黑色纹理明显，所形成的图案接近于海南黄花梨，但其最大的缺陷是木材板面颜色暗淡、光泽差，且杂色较多，略显呆板、黏滞
气　　　味	新切面气味刺鼻难闻，有怪臭味。成器后也难消除。这一现象与一些木材学著作的描述有差异
气 干 密 度	0.85 g/cm³

分类

1. 按颜色分：

（1）红色

（2）黄色

2. 按气干密度分：

（1）花梨木（气干密度大于 0.76 g/cm^3）。

（2）亚花梨（气干密度小于 0.76 g/cm^3。主要产于非洲，产于亚洲及南太平洋岛国的印度紫檀也有相当一部分属于此类）。

3. 按地域分：

（1）缅甸花梨，主要为大果紫檀，分红色与黄色两种。

（2）泰国花梨，古代进口的花梨，产于泰国的比例较大。20 世纪 70 ~ 80 年代，中国进口的花梨主要来源地为泰国、缅甸。

（3）老挝花梨，老挝将红色花梨木称之为 Mai Dou Deng，主要为大果紫檀；黄色的称之为 Mai Dou Lerng，多指鸟足紫檀。

（4）菲律宾花梨，主要有印度紫檀及菲律宾紫檀（*Pterocarpus vidalianus* Rolfe.），地方语称之为 "Narra"。唐燿先生介绍，Narra 也分红、黄两种。

（5）南太平洋岛国花梨，主要以印度紫檀为主。

（6）印度花梨，以安达曼紫檀最为著名，产于印度洋东北部的安达曼群岛、科科群岛，岛民视之为神灵。另外囊状紫檀也产于印度。

（7）非洲花梨，非洲热带地区所产花梨木最为著名的是刺猬紫檀，主产于塞内加尔、贝宁、几内亚比绍等。刺猬紫檀常被人用于冒充 "越南黄花梨"，又有 "非洲黄花梨" 之谓。另外，比较著名的树种还有安哥拉紫檀（*Pterocarpus angolensis* DC.）、安氏紫檀（*Pterocarpus antunesii* Rojo.）、非洲紫檀（*Pterocarpus soyauxii* Taub）及变色紫檀（*Pterocarpus tinctorius var. chrysothrix Hauman*）。

利用

1. 用途

"花梨"在中国历史文献典籍中特别是明清两朝有许多记载。明·黄省曾的《西洋朝贡典录》中记载，今泰国、马尔代夫产花梨木，并称"凡为杯，以椰子为腹，花梨为趺。"泰国、缅甸的古代建筑或装饰、家具除了柚木以外，用量最大的便是花梨木。泰国有一王宫全部采用金黄透亮的花梨木建造，缅甸曼德勒也同样仿泰国王宫形式完用花梨木建造一座高级酒店。花梨木不产于中国，但历史上很早便开始认识与利用花梨木。

（1）家具

北京故宫所存家具中有少量为花梨木制，一般博物馆及收藏家手里很少见到用花梨木制作的传世家具，估计与大家对花梨木材质的偏见有关。我们现在所能见到的仅是民间日常使用的一般家具，门类齐全，不过年代较近，精品稀见。

（2）建筑及内檐装饰

宫殿、寺庙及民房的立柱、门、门框、墙板、落地罩、隔扇、门窗。故宫、颐和园均有多处建筑之内檐装饰采用花梨木。北京八大处灵光寺新建大殿也采用缅甸花梨木、柚木与白兰木。

2. 应注意的几个问题

（1）花梨木大料易得，来源充足，很少有收藏家看重花梨木家具，匠人也很少用心于花梨木家具的制作上，故传世精品极少。

（2）新制的花梨木家具如有达到可以收藏的艺术级别，一定要在选材配料、工艺及设计方面下功夫。有人用海南老房料制作的花梨木家具，在造型、工艺、手感方面几乎比肩黄花梨家具，在审美方面达到了相当高的层次。

（3）花梨木色泽、光泽度、纹理与其他硬木有明显的差别，故与其他木材的搭配使用十分必要。花梨木可与深色的乌木、老红木、微凹黄檀、东非黑黄檀及阴沉木相配，而不宜与暖色木材相配。黄色的花梨木与深红色的花梨木相配，相得益彰，显得稳重而有层次感。花梨木与其他木材相配的比例、部位，在设计时便应有所考虑，比例、虚实、色差、观感均应处于适中的位置。

（4）花梨木瘿木的利用。花梨木有两种著名的瘿，即产于印度安达曼群岛的花梨木"鹿斑纹"和产于南亚、东南亚及南太平洋群岛的印度紫檀"Amboyna 瘿"。花梨瘿除了用于工艺品的制作外，一般用于案面心、桌面心或柜门心、官皮箱门心。花梨瘿纹理讲究清晰、细密、均匀、有序、生动、奇巧，用于柜门心、官皮箱及其他地方，一般讲究颜色与纹理的对称、讲究图案的完整与清晰。切忌用花梨瘿做一件家具或一堂家具。瘿木始终起点缀的作用，为家具恰如其分地增彩与加分。

（5）花梨木鬃眼较大，手感略糙，故表面处理亦不同于其他木材。须封鬃眼、擦大漆，而不适于烫蜡。烫蜡会使其表面显得不干净而降低花梨木的美感。

1　花梨树（2017年1月14日，协助拍摄：泰国清盛 杨明 玉应罕）生长于泰国孔敬府（Khon Kaen）农田中的花梨，树高约30 m。离地面1.5 m处，主干直径约100 cm。

2　花梨树干（2017年7月11日）阿速坡省花梨树干包节连续，为红蚁所蛀，遍布创伤。

木 典
中国古代家具用材研究
The Encyclopedia of Wood
A Study of the Timber Constituting Ancient Chinese Furniture

138
139

1 2 3 4

1 桑托岛的花梨（2010年5月12日） 南太平洋瓦鲁阿图最大的岛——桑托岛（Espiritu Santo）原产著名的檀香木及花梨木（即印度紫檀），目前檀香几乎绝迹，印度紫檀也仅剩次生林或人工种植于滨海地带的树木。其主干挺拔、瘿大而多，板根可高达3m左右（人物从左至右有国家林业局西南林勘院专家路飞、张光元、李百航及广东鹤山的麦启源、叶华先生等）

2 花梨树蔸（2010年5月17日） 1825年，英、法殖民者先后来到瓦鲁阿图，对于珍稀树木及其他资源采取掠夺式的开采，檀香、花梨等树木被砍光，只留下可以再生的树蔸，印度紫檀（即花梨木）萌发能力极强，伐后树桩留有大量树脂，易于真菌侵入而使新生之树干心腐或根腐，这也是印度紫檀或紫檀属树木的显著特色。

3 英果（2010年5月12日） 桑托岛印度紫檀英果。

4 树蔸横切面（摄影：杨明 玉应罕，泰国清盛） 泰国东北部新伐未制材的花梨，树皮灰黑色，主干凹凸、沟槽深陷，故树蔸之横切面也极不规则，很难切出符合标准的高质量板材。

1 建筑立柱（标本：云南西双版纳聂广军，2014 年
12 月 27 日） 源于泰国的花梨木建筑立柱。聂
广军先生称，凡花梨木建筑构件，接近地面部
分受潮后，易形成端面空腐及表面沟槽纹，材色
即变为深紫红色，原本黄色也会变成深紫红色。
2 侧枝与虫洞（2007 年 9 月 12 日，老挝琅勃拉邦） 老
挝西南部花梨多虫眼、虫道，这是不同于缅甸
花梨之重要特征。主干烧焗之原因，可能为山
火所焚或雷电相击所致。

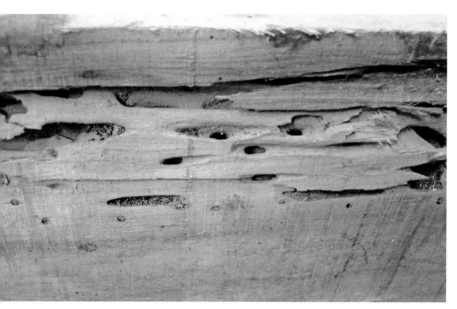

1 菲律宾花梨（标本：北京梓庆山房标本室） 菲律宾花梨，生长于亚洲分布带的最东端。密度小，材质疏松，虫眼密集，材色浅淡。

2 树桩新切面（2010年5月17日，桑托岛） 瓦鲁阿图桑托岛所生印度紫檀树桩之新切面，色艳纹美，板根痕迹明显。

3 瘿（1）（2010年5月13日，桑托岛） 印度紫檀最易满身生瘿，且成大瘿，桑托岛之印度紫檀尤其如此，几乎无一无瘿。瘿外已由榕树根系包裹，久则形成著名的"绞杀死"现象，被包裹的花梨全被缠死，截断阳光、水分与营养的路径而最终成为外来的榕树生命之源。榕树生在印度紫檀之上的原因，有可能是榕树的籽，被鸟含在嘴里或食后成为粪便而遗落于花梨树干上，也有可能被大风吹落于花梨树干上而发芽、生长。

4 瘿（2）（标本：北京梓庆山房标本室，摄影：马燕宁，2015年12月30日） 此标本脱落于缅甸产花梨木原木。回旋曲折的丝纹源于小节，此种瘿并不会波及心材，故心材纹理的形成与特征并不全受到外部瘿包的影响。似乎只有缅甸产花梨木有如此矛盾、排斥的特有现象。

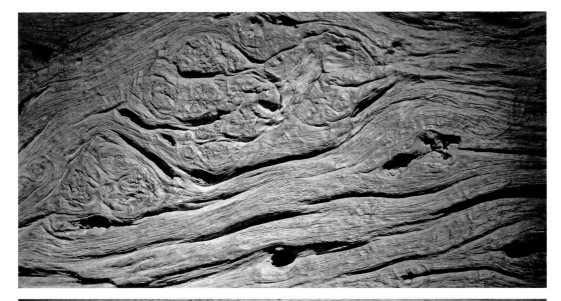

1　瘿（3）（标本：北京张旭，2014年11月22日）
已存放约300年之久的花梨瘿之局部，无任何人
为加工，品相完整。长约200 cm，宽约120 cm，
厚约15 cm。

2　花梨建筑构件弦切面　海南文昌侨居南洋者较
多，文昌近400百年来的古建筑多采用南洋名
木，如花梨、柚木、波罗格、东京木、坤甸等，
而极少采用本地木材。古建筑构件新切面，土
黄泛浅灰，纹理呆滞。

3　柬埔寨花梨（标本：蔡春江，广西南宁力鑫红木）
此标本之原学名"越柬紫檀"，最新国家标准《红
木》已将其统称为大果紫檀，密度很大，颜色
红褐透金，金色卷纹与细密的瘿纹纠缠一体。
如此色泽与纹理，为花梨木特征之稀见。

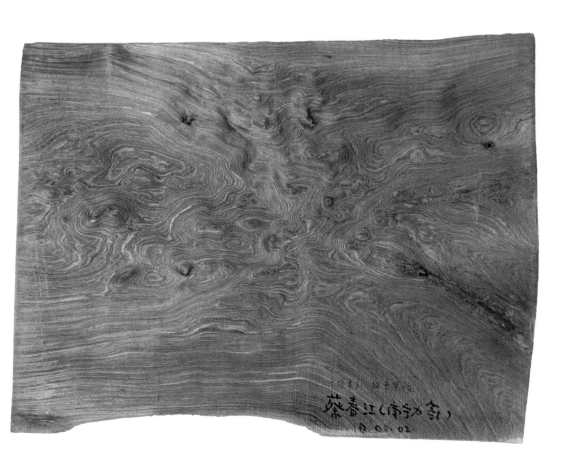

蔡春江（南宁力鑫）
'18.05.02

1 花梨原木（2008年10月23日） 缅甸仰光中国林业国际合作集团公司原木货场的花梨原木。横于地面的花梨原木满身大节，从端面观察，并无瘿纹。（从左至右：任继军、李忠恕）

2 红色树液（摄影：杨明 玉应罕，泰国清盛） 泰国东北部新伐的花梨，树皮外渗出鲜红如血浆的汁液，紫檀属树木多具此特征。

3 犀角杯纹（标本：河北邵庆芳）

4 鸟足紫檀（标本：蔡春江，广西南宁力鑫红木） 产于柬埔寨的鸟足紫檀，密度大者超过 $1.00\ \mathrm{g/cm^3}$，材质细腻、致密，色美纹艳。

1 佛头瘿

2 水浸液（2009年6月29日，仰光）　缅甸花梨雨后凹处积水，呈明显的浅黄色。另有一种水浸液如蓝色机油状，粘手，较难清洗。这也是分辨花梨木的方法之一。

3 刺猬紫檀原木与方材　刺猬紫檀干形差，空腐多，大材较少。

4 刺猬紫檀弦切面（1）　颜色不一，花纹较乱，故厂家成器后将其变色为深褐色，很难分辨其为何种花梨。

5 刺猬紫檀弦切面（2）　材色不干净，发乌，纹理宽疏而不清晰。

1 花梨木方材四出头官帽椅

2 花梨建筑 缅甸曼德勒 Rupar Mandalay Resort 中所有建筑及内檐装饰均采用上等的花梨木，包括地板、台阶、走廊。

3 小圆角柜（设计、制作与工艺：北京梓庆山房 周统） 深黑色部分为东非黑黄檀，俗称紫光檀，柜门心采用花纹奇美的缅甸花梨，侧板则用花梨素板。用材精妙，器型小巧可爱。

4 花梨木雕释迦牟尼（资料：中国工艺美术大师童永全，四川成都）

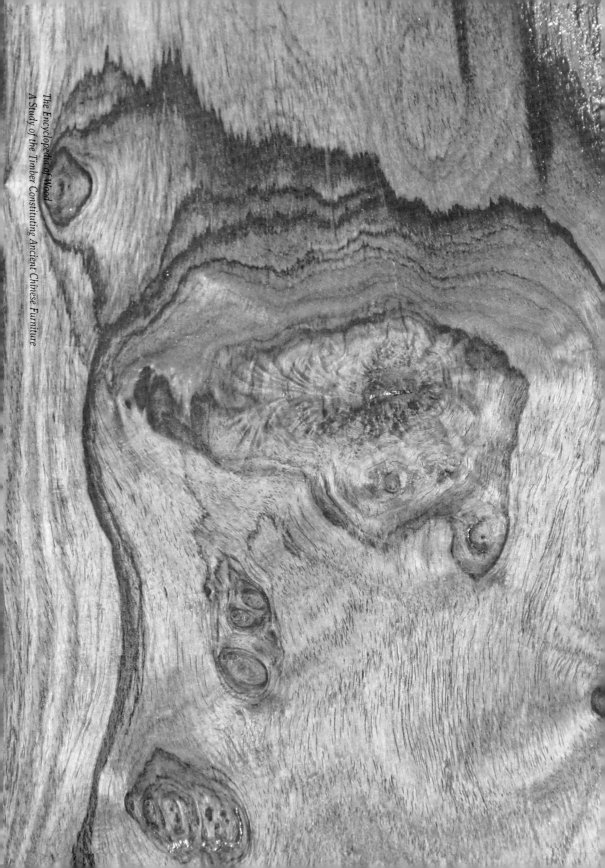

老红木

SIAM ROSEWOOD

孔敬府老红木纯林（2017年1月15日）
泰国孔敬府一中学校校园内种植成片
的交趾黄檀，除周围散生柚木外，没
有其他树种。因为纯林，缺少自由竞争，
故分权较低，枝丫较多。

基本资料	中 文 名 称	交趾黄檀
	拉 丁 文 名 称	*Dalbergia cochinchinensis* Pierre ex Laness.
	中 文 别 称	老红木、红酸枝、大红酸枝、紫檀（日本、中国台湾及东南亚等地）、帕永、熊木、遏罗玫瑰木、泰国玫瑰木、遏罗巴里桑、南方锦莱、交趾玫瑰木、印度支那玫瑰木、东京巴里桑、火焰木、埋卡永、老挝玫瑰木
	英 文 别 称 或 地 方 语	泰 国：Phayung，Bearwood，Siam rosewood，Thai rosewood，Palisandro de Siam
		越 南：Trac，Trac nambo，Trac bong，Cam lai nam，Cochin rosewood，Indochina rosewood，Palisandro de Tonkin
		柬埔寨：Kranghung，Flamewood
		老 挝：Mai kayong，Pa dong khao，Lao's rosewood
	科 属	豆科（LEGUMINOSAE）黄檀属（*Dalbergia*）
	原 产 地	泰国的东部、中部及东北部，老挝中部及南部，柬埔寨及越南广平省以南地区
	引 种 地	原产地有部分移种及人工种植，我国海南岛、广西及云南有少量人工种植

释名　与老红木相联的概念还有新红木、红木，为了区别三者，故分开叙述：

1. 老红木

在北京硬木行中将心材颜色紫红、深褐色的红酸枝称之为老红木，经过旧家具残件的检测与对比，主要指产于泰国、老挝、越南、柬埔寨之交趾黄檀（*Dalbergia cochinchinensis*）。交趾（Cochi）"原指我国南方广东沿海以南一带，又作交州，后指以今河内一带为中心之越南北部。唐调露元年改名安南，此名遂成为此国在我国史籍中最常见之名称"。（陈佳荣、谢方、陆峻岭编《古代南海地名汇释》第928页，中华书局，1986年5月第1版）侨居越南的华侨郑怀德所撰《嘉定通志》，其内容为越南南方的地方志，其中有关红木的记录有："红木，叶如枣，花白，所产甚多。最宜几案柜椟之用，商舶常满载而归。其类有花梨、锦莱，物价较贱。"这里的锦莱即交趾黄檀。

2. 新红木

历史上老红木之名最早起源于北京，而在江浙沪及广东很少见到这一称谓，这也是较之进入中国较晚（约清末）的酸枝木（奥氏黄檀，*Dalbergia oliveri*）而言，酸枝木则谓"新红木"。王世襄先生在《明式家具研究》中称："红木也有新、老之分。老红木近似紫檀，但光泽较暗，颜色较淡，质地致密也较逊，有香气，但不及黄花梨芬郁。新红木颜色赤黄，有花纹，有时颇似黄花梨，现在还大量进口。"（王世襄著《明式家具研究》第295页，生活·读书·新知三联书店，2007年1月第1版）

3. 红木

（1）历史记载

红木的概念与名称来源、范围在不同的历史时期有不同的认识。明·张燮在《东西洋考》中论及苏木称："《华夷考》曰：苏枋树出九真，南人以染绛。《一统志》曰：一名多那，俗名红木。"这里的"红木"指苏木，是从其材色而言，而不是指今天我们认识的红木。红木之名较早见于乾隆时期的原始档案，即"乾隆八年二月十三日，司库白世秀、副催总达子来说，太监胡世杰交红木彩匣一件，……"而朱家溍先生在《雍正年的家具制造考》一文中认为"红豆木即红木"，这一观点是值得商榷的。（朱家溍著《故宫退食录》第121页，紫禁城出版社，2009年10月第1版）清·徐珂《清稗类钞》："红木产云南，叶长椭圆形，端尖，开白花，五瓣，微赭。其木质坚色红，可为器。"（徐珂编撰《清稗类钞》第5866页，中华书局，1986年7月第1版）民国时期赵汝珍在《古玩指南》中则称："凡木之红色者，均可谓之红木。惟世俗之所谓红木者，乃系木之一种专名词，非指红色木言也。……木质之佳，除紫檀外，当以红木为最。……北京现存之红木器物，以明代者为贵，俗谓之老红木。盖明代制器，均取红木之最精美者，庇劣不材，绝不使用，自有其贵重之理存焉。"（赵汝珍著《古玩指南》第355页，金城出版社，2010年8月第1版）出版于1944年的《中国花梨家具图考》则将印度紫檀（*Pterocarpus indicus*）的一个亚种、阔叶黄檀（*Dalbergia latifolia*）、安达曼紫檀（*Pterocarpus dalbergioides*）及大果紫檀（*Pterocarpus macrocarpus*）称之为"红木"，同时认为海红豆（*Adenanthera pavonina*）也是红木的一种。（古斯塔夫·艾克著，薛吟译，陈增弼校审《中国花梨家具图考》第29页，地震出版社，1991年10月中译本第1版）

（2）上海、江苏

20世纪90年代，上海将紫檀、花梨、酸枝、乌木、鸡翅木、瘿木称之为红木，并作为地方技术标准颁布，江苏也有此类标准。

（3）广东

广东则将紫檀、降香黄檀、交趾黄檀、巴里黄檀、奥氏黄檀、刀状黑黄檀、黑黄檀、阔叶黄檀、卢氏黑黄檀、乌木、印度紫檀、安达曼紫檀、大果紫檀、越柬紫檀、鸟足紫檀等纳入红木范畴。上述地区也有将紫檀及交趾黄檀称为"老红木"的，而将有香味的降香黄檀及其他有香味的黄檀属木材称之为香枝木，也有称"香红木"，似乎涵盖的木材种类更广。

（4）国家标准《红木》

2000年8月1日实施的GB/T18107-2000国家标准《红木》中对红木定义为："紫檀属、黄檀属、柿属、崖豆属及铁刀木属树种的心材，其密度、结构和材色（以在大气中变深的材色进行红木分类）符合本标准规定的必备条件的木材。此外，上述五属中本标准未列入的其他树种的心材，其密度、结构和材色符合本标准的也可称为红木"。国家标准（GB/T18107-2000）《红木》将红木分为5属8类33个树种：①紫檀木类：檀香紫檀；②花梨木类：越柬紫檀、安达曼紫檀、刺猬紫檀、印度紫檀、大果紫檀、囊状紫檀、鸟足紫檀；③香枝木类：降香黄檀；④黑酸枝木类：刀状黑黄檀、黑黄檀、阔叶黄檀、卢氏黑黄檀、东非黑黄檀、巴西黄檀、亚马孙黄檀、伯利兹黄檀；⑤红酸枝木类：巴里黄檀、赛州黄檀、交趾黄檀、绒毛黄檀、中美洲黄檀、奥氏黄檀、微凹黄檀；⑥乌木类：乌木、厚瓣乌木、毛药乌木、蓬塞乌木；⑦条纹乌木类：苏拉威西乌木、菲律宾乌木；⑧鸡翅木类：非洲崖豆木、白花崖豆木、铁刀木。如果按国家标准《红木》及历史认识来分析，所谓老红木，即红酸枝类之交趾黄檀，新红木即奥氏黄檀，而红木的概念涵盖面更广，包括老红木、新红木及其他31个树种。

木材特征			
边	材	浅灰白色，与心材区别明显	
心	材	新切面呈浅红紫色、艳红、葡萄酒色或金黄褐、深紫褐色，常具宽窄不一的黑色条纹或深褐色条纹。泰国及老挝接近湄公河的林区所产木材色近紫檀，油性与密度或超过紫檀，久放后与紫檀无异，极难分辨。心材有时呈块状浅黄绿色，尤以产于柬埔寨的木材最为明显，颜色深浅不一，感观质量明显次于泰国及老挝	
纹	理	老红木的纹理变化丰富多彩，特别是产于老挝或长山山脉东西两侧及其辐射地区，除心材颜色呈多样性外，由黑色条纹或深褐色条纹所组成的各种花纹、图案极为生动多变，形式不一、妙趣天成的鬼脸纹清晰可辨，在几种传统使用的硬木中仅次于黄花梨、瀂鸡木。产于泰国及泰老交界的湄公河西岸林区的老红木除色近紫檀外，纹理变化相对少一些，也是目前文博界将一些老红木家具鉴定为紫檀家具的重要原因	
气	味	新切面有酸香气	
光	泽	强	
生 长 轮		不明显	
手	感	由于老红木密度大于1，油性强，故加工打磨后木材表面滑腻、光洁	
气 干 密 度		$1.01 \sim 1.09\,g/cm^3$，沉于水	

分类　　　　老红木的分类方法很多，木工一般凭手头分量及木材成色来分，这
种方法具有明显的心理因素及个人感受的不稳定性。木材商则有如
下分类方法：

1. 按老红木之现状分：

（1）原木（一般已剔除边材或略带边材，又可分为长筒、短筒，
长度1 m 左右或1 m 以下者多为短筒）

（2）方材

（3）板材

（4）拆房料（包括老红木旧家具料。近10年来，由于老红木来
源稀少，老挝、越南等地的民房、寺庙、旧家具或农具所用老红木
也多拆卸后运往中国）

2. 按地区分：

（1）暹罗料：又称泰国料或泰国老红木，即主产于泰国，且油性强、
颜色深、密度大的老红木，其色似紫檀。1287 年，泰国北部暹罗国
国王昆兰甘亨（Rama Khamheng，史称"敢木丁"，都城为素可泰）
联络北部清迈、帕摇等土邦遣团与元朝修好，贡品主要有紫檀、香米、
象牙、犀角、胡椒、豆蔻等（张志国《素可泰印象》，《人民日报》
2004 年11 月12 日第15 版）。泰国是不产紫檀的，这里的紫檀是
否是老红木由于缺乏文物佐证，只能存疑。

（2）寮国料：又称老挝料或老挝老红木，指产于老挝中部、南部
林区的老红木。

（3）东京料：指产于越南的老红木，花纹及颜色变化较大。

（4）高棉料：指产于柬埔寨的老红木，心材颜色深浅不一是其最
大缺陷。

如按木材的自然等级来分，则暹罗料为上，寮国料及东京料次之，
高棉料再次之。

3. 按树种分：

老红木或称大红酸枝，目前木材商或加工业界认为仅有交趾黄檀一
种，但其他三种也常常被认为是老红木。

（1）交趾黄檀（*Dalbergia cochinchinensis* Pierre）

（2）多花黄檀（*Dalbergia floribunda Craib*），产于泰国，地方名为 Ta Prada Lane，与另一树种（*Dalbergia errans*，地方名 Pradoon Lai），均被视为泰国老红木，但材色、材质均较差，多以交趾黄檀为学名，商用名则为 Pha Yung。

（3）柬埔寨黄檀（*Dalbergia cambodiana* Pierre），又称黑木（Kranhung snaeng，越语为 Trac cambot）。

（4）桔井黄檀（*Dalbergia nigrescens* Kurz.），产于柬埔寨、越南、老挝、泰国，以产于柬埔寨桔井省(Kratie)斯努镇(Snuol)周围林区者较为著名。

利用

1. 用途

（1）家具

有人认为老红木用于中国传统家具的制作，应始于明朝。不过早于乾隆八年的历史文献中仍未发现有关红木的记载，但我们并不否认老红木利用的历史有可能早于乾隆。老红木从匣、箱、如意及床榻、柜、案、椅、凳到屏风、槅扇，几乎无所不适，均可见到它的身影。到了清末及民国时期，老红木的利用渐少，所谓的新红木即酸枝木开始占据主流。

（2）雕刻及工艺品

各种人物、宗教造像、花鸟、传统题材的故事及其他内容均是老红木雕刻的主要对象，常见的工艺品有笔筒、镇纸、挂屏、座屏、佛像等。

（3）建筑

中国的部分建筑内檐装饰采用红木作为窗花、炕沿及其他部位的雕饰，很少用于柱、梁或墙板。泰国、老挝、越南及柬埔寨则将老红木用于民居、寺庙及其他建筑的柱、梁或墙板、门板、窗户。

2. 应注意的问题

（1）红木家具的做工。由于红木供给量充裕及式样已不受传统轨制的约束，而不可能像紫檀、黄花梨家具那样需要费尽心思、不计工本地精心制作，另外红木的材质也远不如紫檀、黄花梨，如紫檀木木材结构甚细至细，平均管孔弦向直径不大于 160 μm。黄花梨平均管孔弦向直径不大于 120 μm，而红木的黑酸枝木类木材结构至细甚细，平均管孔弦向直径不大于 200 μm，红酸枝木类木材也是如此。如果采用紫檀、黄花梨家具制作的工艺来制作红木家具，一是工艺效果达不到紫檀、黄花梨家具水平，二是极大地增加了红木家具的制作成本。故多数红木家具的做工均保持不偏不倚、不上不下的水平，各个阶层均可以接受。至于晚清、民国以及今天的一些红木家具，多数粗制滥造，用机器成批制作，电脑雕刻、打磨，毫无个性，人性化的色彩灭失。

（2）老红木的替代品或近似老红木的木材多达数十种，材质、表面特征与价格相差很大。新发现的南美之微凹黄檀（*Dalbergia retusa*）及中美洲黄檀（*Dalbergia granadillo*）也列入红木国标，其各项指标与老红木很接近，材质也适宜于现代硬木家具的制作。由于真正的老红木资源越来越稀有，故替代品使木材检测机构及家具界、木材商也越来越难以准确辨识。一般应选择不改变老红木原色的家具，那些密度小、木材颜色深浅不一或带白边、挖补及采用改变木材原色的家具是不能用于收藏的，但其并不影响使用。

（3）老红木并没有自己固定的型制。我们可以从存留于世的老红木家具里找到佐证。老红木颜色、纹理、密度、油性与深色黄花梨近似者有之，与深褐色之紫檀也十分接近；老红木的密度一般大于 1 g/cm^3，有的密度超过紫檀。故从老红木的家具中可以找到紫檀、黄花梨家具的踪迹。老红木家具发展至今，也十分讲究隆重、厚实、雕饰、实用，这些特色在广东或江浙沪地区仍是主流。故型制的问题，如从收藏的角度看，既要考虑到典型的紫檀、黄花梨家具造型，也要考虑到各自明显的地方文化特点，过滥、过俗或烦琐、迂腐的家具则须剔除。

（4）老红木的配料、颜色是十分讲究的。老红木家具最好采用一木一器，如有可能成对、成堂则最令人称心。一木之色也不尽一致，其纹理、颜色与制材方法有密切关系，径切直纹多、色差不明显，如果弦切则纹美而色差明显。家具的边框、腿料采用径切料，而其他部分则可采用弦切料。一定要注意色差，色差过大的料应注意合理使用。老红木家具颜色完全一致并非不可能，但根据目前的材料及成品看，做色的可能性非常大。如果老红木家具色泽过于统一，则值得怀疑。宽粗或纤细墨黑的纹理、痕迹是其自身的黑色素所致，一般存放于山野潮湿、荫蔽之处才会如此，这也是上等老红木的印迹，完全没有必要用化学的方法消除。如果搭配得当则顿生雅趣而增加其收藏的价值与艺术审美效果。但这种材料不宜于做对称的边框、腿足，宜于做对称的柜面、成对的靠背板，宜于案面、桌面等。另外，浅绿或绿中泛红、泛黄之柬埔寨老红木不应列入可以收藏的老红木家具用料之中，可以用于一般老红木家具之侧板、背板或不明显处，但也不宜于染色或做旧。

（5）老红木家具的榫卯、工艺往往被人忽略，与其市场行情有关，历史上也如此。故真正达到收藏级的老红木家具应该参照紫檀或黄花梨家具的工艺要求而不能含糊。

1　树干及根部（2017年7月11日）　树干挺直，至分杈处约高4.6 m，根部隆起，略有板根。

2　树液　树皮被红蚂蚁咬蚀后沿树皮沟槽外溢之红色树液。

3　树叶（2007年5月15日，柬埔寨扁担山）

4　原木垛（2007年7月13日）　老挝沙湾拿吉省（Savannaknet）库存的老红木，尾径多在10～26 cm，长度80～180 cm。

5　横切面　浅灰色部分为边材，新伐材之边材应为淡黄色。红褐色部分为心材，年轮清晰，材色醇和纯正。

6　阴沉（2012年5月17日）　伐后置于山野或受山洪冲击而掩埋于山沟、河流之老红木，沿生长轮腐朽如蜘蛛网状，沟槽缝隙处淤满泥沙。

1 木屑

2 心材（1） 心材上下两侧为紫黑色，中间为浅红褐色泛黄。此特点并不具普遍性，但仍为识别老红木时易于忽略的特点。

3 心材（2） 深紫褐色夹杂黑色细条长纹。

4 心材（3） 浅黄色边和浅红褐色心材。

5 心材（4） 由黑色纹理组成的怪兽纹（或称鬼脸纹）。

6 心材（5） 银白色长条部分即心材中包含石灰质，这一现象极少出现于老红木。

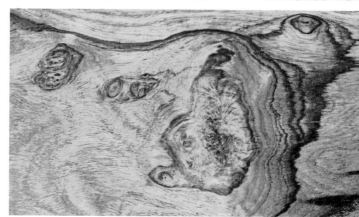

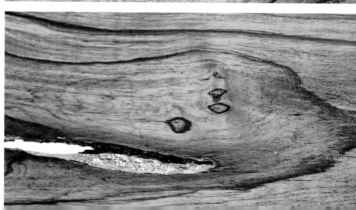

1 2 3

1 阴沉小径材（标本：天津蓟州区洇溜镇明圣轩，2017年11月23日） 埋于林区、山沟或河流泥沙之下的小径老红木，径级5～15 cm，长80～100 cm，空腐、径裂、弯曲，利用率极低。

2 拆房料 老红木建筑立柱、梁，一般源于泰国北部老挝及柬埔寨，形式有圆木、方材及板材，最长者可达8～10 m。

3 瘿（标本：中国林业国际合作集团公司，西双版纳，2014年8月3日） 满身生瘿的老红木凤毛麟角，开锯后布满奇异怪兽纹，材色为深褐色，纹理墨黑。

1 │ 2

1　板材（标本：中国林业国际合作集团公司，西双版纳，2014年8月3日）　源于越南的老红木板材，每一块均标有越南文的拼音字母，一般为木材商的姓。木材有可能产于老挝，采伐与出口由越南人负责。

2　扁担山老红木（2007年5月15日）　产于柬埔寨扁担山的老红木原木与方材。

木 典
中国古代家具用材研究
The Encyclopedia of Wood
A Study of the Timber Constituting Ancient Chinese Furniture

170
171

1 | 2 | 4
3 | 5

1 柬埔寨老红木心材　柬埔寨老红木新切面，纹理较宽，灰乌蓝色色带较宽。老挝南部的老红木也具此特征。此种木材无须染色，可做腿、侧板、顶板及非看面的部分。

2 安隆汶老红木板材（安隆汶，2009年2月23日）产于柬埔寨的老红木并非交趾黄檀一种，还有桔井黄檀、柬埔寨黄檀，材色、纹理差异较大，作为原木或方材较难辨识。总体来说，柬埔寨老红木颜色较杂、纹理混浊不清。左侧第一块从材色、纹理方面均与其余两块有十分明显的差别，有可能是同一产地、不同树种。

3 安隆汶老红木（安隆汶，2009年2月23日）柬埔寨西北部奥多棉吉省安隆汶（Anlongveng）是红色高棉中央与波尔布特最后的根据地，四面环水，仅有一条小路与外界相连，周围的树木被战火所焚，枯立的树木多为老红木及其他硬杂木。

4 老红木楠木心嵌大理石座屏（制作与工艺：北京梓庆山房　周统）

5 凉棚（占巴色，2017年7月12日）老挝、柬埔寨、泰国的山地民居，特别是老红木的产地，建筑立柱及其他承重部位多用老红木、酸枝、花梨或坡垒等密度大、耐潮、耐腐的木材。如今多被替换出口到中国。此图中之凉棚位于老挝南部占巴色省（Champasak）。

1　老红木拼龟背纹面心平头案（设计、制作与工艺：
北京梓庆山房）

2　日本老红木嵌螺钿梅花纹茶具架局部（原藏：北京
刘俐君，现藏：福建泉州陈华平）茶具架包浆肥厚，
如黑漆所罩，几乎不见材色与纹理，如老紫檀
之色泽与手感，不少藏家识其为紫檀。日本历
来将酸枝、老红木混称为"紫檀"。

3　日本老红木嵌螺钿梅花纹茶具架　早期流行于
日本的茶具架器型多样，简约流畅。近100多
年来，也开始追求形式的繁复与工艺的精致，
用料也极为讲究。

1 清中期红木卡子花大画案案面（资料提供：南京正大拍卖公司）

2 清中期红木卡子花大画案（资料提供：南京正大拍卖公司） 画桌为红木制，桌面攒框镶面板，色泽纹理清丽秀美，面沿作三劈料，腿间施罗锅枨，罗锅枨位置较高，枨上装矮老，每两组矮老之间装一双圈卡子花。高罗锅枨一来可容纳膝腿，二来可突显画桌腿部视觉效果，使整器更显挺拔。整器造型大方雅正，结构严谨，处处圆润可人，堪称"材美而坚，工朴而妍"。

3 清·红木嵌百宝文房盒（资料提供：南京正大拍卖公司）

酸枝木

木典
中国古代家具用材研究

BURMA TULIPWOOD

沙耶武里酸枝（2014年12月26日） 老挝沙
耶武里省（Xaignabouli 或 Sainyabuli）
私人林区的奥氏黄檀树干粗壮、饱满、挺拔，
主干离第一个分杈一般在 4 m 左右，高者可
达 8 m。

基本资料	中 文 名 称	奥氏黄檀
	拉 丁 文 名 称	*Dalbergia oliveri* Gamb.
	中 文 别 称	红木、新红木、花酸枝、花枝、白酸枝、白枝、孙枝、酸枝、紫榆、黄酸枝、缅甸酸枝、缅甸郁金香木、缅甸玫瑰木
	英 文 别 称 或 地 方 语	缅甸：Tamalan, Burma tulipwood, Burma rosewood 泰国：Chingchan（Mai Ching Chan） 印尼：Cam lai bong（参考《缅甸商用木材》） 其他：Palisander
	科　　　属	豆科（LEGUMINOSAE）黄檀属（*Dalbergia*）
	原 　产　 地	缅甸、泰国、老挝
	引 　种 　地	除原产地有部分人工种植外，柬埔寨、越南也有少量人工种植

释名

清·江藩著《舟车闻见录》记载："紫榆来自海舶，似紫檀，无蟹
爪纹。刳之其臭如醋，故一名'酸枝'。"清·高静亭撰《正音撮
要》解释："紫榆，即孙枝。"酸枝，是广东木材界、家具界对于
豆科黄檀属有酸香气木材之统称，历史上广州将酸枝木分为油脂、
青筋、红脂、白脂，质地上乘者为油脂，而白脂则密度略小，感观
指标明显逊于前三者。20 世纪 90 年代，广州木材界将酸枝木细分
为 5 类：油酸枝（即阔叶黄檀，*Dalbergia latifolia*）、红酸枝（即
交趾黄檀，*Dalbergia cochinchinensis*）、紫酸枝（即巴里黄檀，
Dalbergia bariensis）、花酸枝（又称花枝、白酸枝，即奥氏黄檀，
Dalbergia oliveri，也有人认为花枝即巴里黄檀）、黑酸枝(有两个种：
刀状黑黄檀，*Dalbergia cultrata*；黑黄檀，*Dalbergia fusca*）。国
家标准《红木》则将酸枝分为红酸枝与黑酸枝两类，红酸枝有 7 个
树种，即巴里黄檀、赛州黄檀、交趾黄檀、绒毛黄檀、中美洲黄檀、
奥氏黄檀、微凹黄檀；黑酸枝有 8 个树种，即刀状黑黄檀、黑黄檀、
阔叶黄檀、卢氏黑黄檀、东非黑黄檀、巴西黑黄檀、亚马孙黄檀、

伯利兹黄檀，共 15 个树种，这也是广义的酸枝木。狭义的酸枝木一般包括巴里黄檀与奥氏黄檀两个树种，有专家认为所谓的新红木即奥氏黄檀，实际上也包括巴里黄檀。据最新研究成果，二者同种即奥氏黄檀。

木材特征			
边	材		浅黄白色
心	材		新切面呈柠檬粉红色、猩红色、朱红色、红棕色或黄色透浅红，有明显的暗色条纹或紫褐色、浅咖啡色斑点，有时近似于鸡翅纹，也称鱼子纹，斑点形似鱼子串成有规则的弧形、半弧形而与鸡翅纹相类，这是酸枝木明显特征之一
气	味		新切面有明显的酸香味，久置后则弱
纹	理		产于缅甸东北部、缅甸与老挝交界林区的酸枝木花纹明显、清晰，纹理几近于海南产黄花梨（广州也称其为土酸枝），故有花枝之称。也有少部分纹理较粗而模糊，多见于缅甸其他地区所产之径大者
生 长 轮			清晰
光	泽		刨光打磨后光泽明显，但不如老红木持久，有部分木材表面发暗
气 干 密 度			1.00 g/cm^3

分类	酸枝木主产于缅甸，其次为泰国、老挝，按市场习惯分类主要有：
	1. 按颜色分：
	（1）红枝：心材呈紫褐色或浅褐色者。
	（2）黄枝：心材呈浅黄色或金黄色者。
	2. 按纹理分：
	（1）花枝：心材底色干净、花纹明显清晰者。产于金三角地区，特别是缅甸东北部掸邦林区。
	（2）白枝：花纹少或条纹色浅不明显者，多见于大径材。

利用

1.用途

（1）家具

流传下来的酸枝木家具以晚清、民国时期的较多，且广式及上海西洋味的家具为主，用材厚重，十分讲究烦琐的雕刻，地域特色浓郁，其造型、工艺、结构与清式家具也相去甚远。酸枝木家具的品种齐全，包括装饰、工艺品及日常生活用品等，主要原因为进口量大、价格相对便宜。

（2）建筑

有一部分缅甸、老挝、泰国的寺庙、民居采用酸枝木，桥梁、船舶也使用酸枝木，因其防腐、防潮、防虫及承重性能均十分优异。

（3）其他

缅甸也用酸枝木制作工艺品、农具、地板、单板及用于室内装修。

2.应注意的问题

（1）酸枝木进入中国并用于传统家具制作的历史并不长，约始于18世纪，其造型、工艺、结构或品位与优秀的明式、清式家具距离较远，作为投资或收藏的意义并不大，如果家具博物馆或地方博物馆从家具的发展史或地方工艺发展史的角度来收藏，对于研究家具的发展、流变及地域工艺、文化还是很有意义的。

（2）目前使用酸枝木制作家具，尽量挑选木材底色干净、纹理清晰的花枝或颜色纯净的酸枝木，因花枝本身的特征，家具以显露其天然可爱的本性，家具应少雕饰，造型以近明式者为上。另外，有人讲花枝蜡煮，除其杂色以冒充黄花黎，也是收藏家应格外注意的。

（3）酸枝木密度大，不易干燥，容易产生表面开裂、端头开裂的现象。除了低温干燥外，加工成部件后还须二次进窑干燥，防止成器后的膨胀与收缩。

（4）酸枝木的颜色一般可分为红、黄两种，为防止视觉上的单一及缺乏生气，除了简约的造型与适度的雕饰外，还可以与深色木材搭配使用，如黑酸枝、乌木及红酸枝中颜色较深者。作为酸枝木家具的设计者，则要具备丰富的想象力，让家具活起来。

树干

1 树皮 光滑平顺，与交趾黄檀之树皮明显不同。树皮表面留有虫眼，虫道多集中于边材部分。

2 树叶

3 荚果（2014年12月28日，沙耶武里）多数荚果内含种子1粒。

4 酸枝木方材垛（2015年4月29日，云南瑞丽）产于缅甸的酸枝木方材，端头的英文标记"B""K""M3"代表不同的货主。

5 横切面（2014年12月26日）老挝琅勃拉邦芒南县（Nan）木材商Boun My的加工厂，新锯的酸枝木端面，边材腐朽呈杏黄色，心材纹理呈波浪形，色泽新艳。

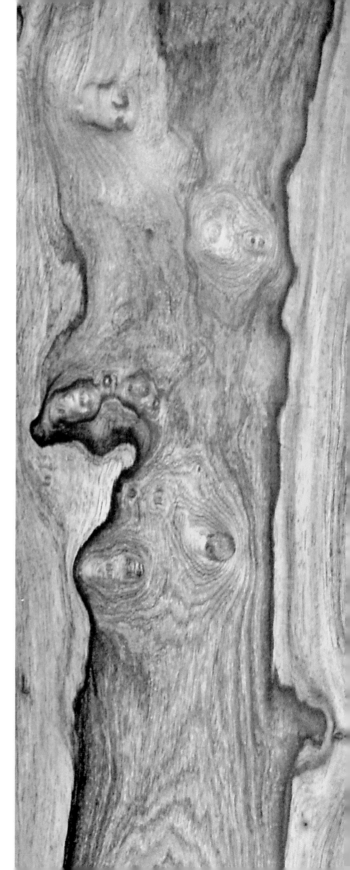

1 2
  3

1 心材（1）（标本：张建伟，北京宜兄宜弟古典家具）产于老挝之纹美者，多称之为"花枝"，即"有花纹的酸枝"。
2 心材（2）（标本：张建伟，北京宜兄宜弟古典家具）近原木外侧所开的第一锯，便见长椭圆形鬼脸纹。酸枝心材纹理呈紫色者多，纹理界限不清并含鱼鳞纹。边材已蓝变，呈灰乌色。
3 心材（3）（标本：张建伟，北京宜兄宜弟古典家具）采用弦切的制材方法，第一锯触及心材，其纹理往往令人意想不到，如遇美纹，则因外部生瘿，或凹凸有节，否则中规中矩，波澜不惊。

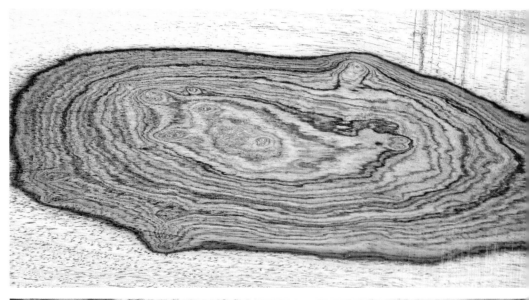

1 清末酸枝条案案面心局部　虽久经风月，色泽暗淡，纹理粗疏，但其基本特征未变。

2 心材（4）（标本：北京梓庆山房标本室）　褐色呈紫，纹理粗细不均，浸漶不清，鬼脸纹密集。

3 心材（5）（标本：北京梓庆山房标本室）　材色金黄，夹杂红褐色条纹。此种酸枝在缅甸酸枝中所占比例较大。

4 心材（6）（标本：北京梓庆山房标本室）　酸枝木瘿布满树干，如及于心材，则大小纹理所组成的单个图案可独立，或可自然组成整体，如溪藤引蔓，自上篱笆。

5 心材（7）（标本：北京梓庆山房标本室）　因大节而使纹理弯曲、外延，其纹大美。恰如"一道残阳铺水中，半江瑟瑟半江红"。

1　心材（8）（标本：张建伟，北京宜兄宜弟古典家具）　此种纹理，工匠称之为"笋壳纹"，或称"海螺纹"，也是因弦切所致，浅色部分为边材。

2　二十世纪大红酸枝嵌湘妃竹屏风（资料提供：南京正大拍卖公司）　此屏属以红木为框，湘妃竹作心，虽形制简约但别具一格，湘妃竹的斑状纹理，不规则地洒落在竹竿的表面，宛若斑斑泪痕，减少了器物人工雕琢的痕迹，多了些生动自然之感。屏座用两块厚料造出墩子，下部边框安绦环板。看面绦环板左下角浮雕水波纹及龙纹，右上角浮雕云纹。

1 酸枝木有束腰壶门牙子带托泥方香几（设计、制作与工艺：北京梓庆山房 周统）

2 酸枝木高束腰翘头带台座小供案（设计、制作与工艺：北京梓庆山房 周统）

1　池塘跳板（2014年12月26日，万荣）　老挝万荣（Vang Vieng）乡村池塘的跳板多用酸枝或柚木，主因其耐潮、耐腐。

2　民居（2014年12月27日）　老挝西部原木森林茂密，现已成秃岭，但其民居建筑用材也以花梨、酸枝、柚木为时尚，一般用单一树种，很少混用。

乌 木

EBONY

树叶

基本资料	中 文 名 称	乌木
	拉 丁 文 名 称	*Diospyros spp.*
	中 文 别 称	文木、乌文、乌文木、乌樠木、乌梨木、繄木、乌角、角乌、茶乌、土乌、蕃乌、真乌木
	英 文 别 称	Ebony，True ebony，Ceylon ebony，Ebene
	科 属	柿树科（EBENACEAE）柿树属（*Diospyros* L.）
	原 产 地	主要产于印度南部、斯里兰卡及东南亚、西非及非洲其他热带地区。不同树种其原产地也不同
	引 种 地	中国南方诸省及台湾地区、东南亚、南亚，非洲热带地区

释名　　　　　乌木因其材色乌黑如漆而得名。乌木，亦称乌樠木、乌文木。李时珍认为，乌木"木名文木，南人呼文如樠，故也。……乌木出海南、云南、南番。叶似棕榈，其木漆黑，体重坚致，可为箸及器物。有间道者，嫩木也。南人多以系木染色伪之。《南方草物状》云：文木树，高七八丈。其色正黑，如水牛角。作马鞭，日南有之"。乌木并不单指一个树种，而是柿树属几个不同树种之集合名词。

木材特征	边 材	浅黄灰色或浅水红色，具细小黑色条纹
	心 材	全部为乌黑发亮，少部分心材夹有浅灰、浅黄色纹理。产于印度南部、斯里兰卡之乌木应为乌木之王，品质极佳，优于他地，其心材具有细如发丝之银线，在阳光下耀眼可见
	生 长 轮	不明显
	纹 理	几乎不见纹理
	气 味	无
	光 泽	光泽度很好，稍加打磨便光泽可鉴
	油 性	油性极佳，手触之有潮湿感
	气 干 密 度	乌木的气干密度 0.85 ~ 1.17 g/cm^3，厚瓣乌木 1.05 g/cm^3，毛药乌木 0.90 ~ 0.97 g/cm^3，蓬塞乌木 1.00 g/cm^3

分类

1. 印度

印度所产乌木据说有 50 多种，最主要的有 6 种：

（1）*Diospyros ebenum* Koenig.

主产于斯里兰卡、印度，英文为"True ebony"即真乌木，边材浅黄灰色，常有黑色条纹；心材乌黑发亮，很少有浅色条纹，密度为 0.85 ~ 1.00 g/cm^3。

（2）*Diospyros ehretioides* Wall.

主产于上缅甸及下缅甸（缅甸一度为英属印度之殖民地），地方语为"Aurchinsa"，心材为灰色，夹带黑色条纹，无特殊气味及滋味，树木主干较大，密度约为 0.69 g/cm^3。

（3）*Diospyros marmorata* Parrer.

主产于东印度洋安达曼群岛及尼科巴（Nicobars）、科科（Coco）群岛，有安达曼大理石木（Andaman marble wood）、斑马木（Zebra wood）之称。心材特征为浅灰或灰棕色，伴有深色或深黑色条纹，也有互相重叠、交叉的黑色带状纹理或黑色斑点。密度约为 0.98 g/cm^3。

（4）*Diospyros tomentosa* Roxb.

主产于印度、尼泊尔、孟加拉，英文为"Ebony"。边材较宽，颜色为浅玫瑰色至浅或深棕色；心材黑色但常夹杂细小而不规则的棕色或紫色条纹，密度约为 0.82 g/cm³。

（5）*Diospyros melanoxylon* Roxb.

主产于印度及斯里兰卡，英文为 "Ebony"，土名 "Timbruni" "Tendu"。边材宽，其颜色为浅玫瑰色带灰，时间久后变浅玫瑰色带棕色。心材黑色，常有细小而不规则的紫色或棕色条纹。密度为 0.79 ~ 0.87 g/cm³。

（6）*Diospyros burmanica* Kurz

主产于上缅甸之卑谬（Prome）、勃固（Pegu）、马达班（Mantaban）。边材新开锯时为浅红色，如径切其边材有极好的细密纹理，时间久后则变成紫或黑灰色，心材棕黑或黑，常有狭窄而不规则的条纹。密度约为 0.87 g/cm³。（"COMMERCIAL TIMBERS OF INDIA"By R.S.Pearson & H.P.Brown，P689-708，Government of India Central Publication Branch，Calcutta，1932）

2. 尼日利亚

（1）乌木：心材纯黑无纹者。

（2）乌木王：具暗红褐色条纹者。

（3）乌木后：具清晰黄橙色条纹者。

非洲最有名的乌木为厚瓣乌木（*Diospyros crassiflora*），即心材纯黑无纹者，主产于中非和西非，如尼日利亚、刚果、加蓬、喀麦隆、赤道几内亚。厚瓣乌木是非洲所有乌木中颜色黑纯、密度最大的，气干密度高达 1.05g/cm³。虽然还有其他种类的乌木的密度也大，如曼氏乌木（0.91 ~ 1.01 g/cm³）、西非乌木（0.81 ~ 1.14 g/cm³），但均非真正意义上的乌木，多为条纹乌木即 "有间道者"。除以上 3 种外，非洲还有阿比西尼亚柿（*Diospyros abyssinica*）、暗紫柿木（*Diospyros atropurpurea*）、喀麦隆柿（*Diospyros kamerunensis*）、加蓬乌木（*Diospyros piscatoria*）。其中最特别的是西非乌木，其边材厚度达 23 cm。我们知道，使用木材一般取心材而弃边材，但由于西非乌木边材肥厚、坚致，也多用于造船、地板、家具与工艺品，其利用的深度与广度均超过心材，这是木材加工与利用中一个独特的现象。

3. 清·张巂《崖州志》

（1）油格：色紫乌。

（2）糠格：色灰乌，中含粉点，微有酸气。

4. 国家标准《红木》（GB/T18107—2000）

（1）乌木（*Diospyros ebenum* Koenig，产于斯里兰卡、印度南部）

（2）厚瓣乌木（*Diospyros crassiflora* Hiern 产于西非热带地区）

（3）毛药乌木（*Diospyros pilosanthera* Blanco 产于菲律宾），新国家标准《红木》已将毛药乌木删除。

（4）蓬塞乌木（*Diospyros poncei* Merr. 产于菲律宾），新国家标准《红木》将蓬塞乌木已删除。

5. 按心材颜色或纹理分

（1）乌木

（2）条纹乌木

《本草纲目》中记载："乌木出海南、云南、南番。叶似棕榈。其木漆黑，体重坚致，可为箸及器物。有间道者，嫩木也。" 此处之"有间道者"即今之条纹乌木。

6. 按来源分

（1）土乌

指产于中国之乌木，实际中国不产真正意义上的乌木。

（2）番乌

即产于中国以外的乌木，乌黑坚致而沉水。

所谓"有间道者"并非"嫩木"，而是现在的条纹乌木。印度6种乌木，实际上只有乌木（*Diospyros ebenum*）一种称得上真正的乌木，其余5种均应归入条纹乌木类。尼日利亚的"乌木王""乌木后"也是条纹乌木。《崖州志》之"糠格"亦属条纹乌木。国家标准《红木》中将苏拉威西乌木（*Diospyros celebica* Bakn.）及菲律宾乌木（*Diospyros philippensis* Gürke）收入条纹乌木类。

利用

1. 用途

乌木的用途并不像其他硬木那样广泛，条纹乌木可以用于装饰及家具、工具手柄，而很少用乌木刨切成单板进行室内装饰。

（1）《印度树木手册》记述乌木（*Diospyros ebenum*）的用途有4个方面：

① 雕刻（Carving）

② 家具制造（Cabinet Work）

③ 钢琴琴键（Piano Keys）

④ 在中国制作筷子（As Chopsticks in China）（《The Book of Indian Trees》K.C.Sahni，Page124，second edition2000，Oxford University Press）

（2）《本草纲目》：

① "其木漆黑，体重坚致，可为箸及器物。"

② "其色正黑，如水牛角，作马鞭，日南有之。"

③ "解毒，又主霍乱吐利，取屑研末，温酒服。"

（3）在中国历史上的具体用途有：

① 家具制作

乌木家具中以乌木单一成器的则以椅类或小型器物为主，主要受制于其特有的材性，也有用于榻、香几的，如颐和园畅观堂设乌木文榻一张，乌木高香几一对；其余则多与色浅之木配合使用，如书架、搁板一般为金丝楠木或黄花黎，其余则为乌木。我们从宋朝的绘画及相关资料的记载可知，乌木用于家具比较普遍，特别是纤细灵动的茶室家具或香室家具，沉静而雅致。而从雍正时期的造办处档案来看，有关乌木及乌木家具的资料较少，雍正时期似乎只有雍正六年九月二十八日有"乌木边镶檀香面香几一件"，其余则有用于边框、座子或乌木盒、匣的记述。

② 装饰

乾隆时期倦勤斋内饰中所有绦环裙板镶嵌均为乌木。

③ 把玩或雕刻、镶嵌用。

④ 玉器、瓷器、宝石之底座。如颐和园畅观堂存有哥窑三足鼎一件，乌木盖座玉顶；汉玉斗式水盛一件，乌木座。

⑤ 乐器，如二胡。

⑥ 各种刀具柄、扇柄、扇股及工艺品用料。

2. 应注意的几个问题

（1）乌木性大，含石灰质，如有开裂，则一通到底，故不易出大材。另外，乌木不仅锯解困难，刨削也不顺畅。由于密度大，干燥不易且常生细长的裂纹或短细的蚂蚱纹，特别是在边框上很易产生这种现象。乌木家具产生蚂蚱纹几乎是难以避免和根除的，但由于木材干燥处理不过关所产生的细长裂纹则应避免。

（2）乌木为黑色，可与任意色彩的木材相配。雍正五年十月二十九日，乌木（2014年12月24日） 生长于老挝琅勃拉邦芒南县的乌木（*Diospyros* spp.）

郎中海望奉旨做得"仿洋漆嵌白玉乌木边栏杆座子，紫檀木柱象牙雕夔龙裙板小罩笼一件"，雍正十分满意，后又照此式样"做得楠木胎西洋金番花漆罩笼一件"。从文献记录与实物遗存分析乌木多与楠木、榉木、花梨瘿等暖色木材相伴。乌木家具应以造型特别是线条为其独特语言，如香室家具、茶室家具，应配以饱满流畅的各种线条。黑色线条离中国书法最近，与中国人的审美也最近，从未远离我们的视线与日常生活。由于乌木性大，开裂翘曲较多，不易干燥，大料稀少。故乌木家具多为直线条，曲线鲜见。乌木家具漆黑光亮如墨，似黑漆家具而又超越黑漆家具或紫檀家具。乌木家具似乎特为宋人而备，从其特质及宋人的画中便可看出端倪。

（3）条纹乌木，即含有浅黄色、咖啡色及其他可见条纹、斑块的乌木，李时珍之"有间道者"，因其木材表面颜色与纹理过于张扬，多用于装饰或工艺品。用于家具制作，则应慎重考虑器型或与之相配的木材。

1 树皮 皮薄而平滑，表面常被红蚁所蚀，留下成片的残缺与黄泥。不知何故，蚂蚁及其他害虫极少深入边材而形成虫眼、虫道。
2 荚果 落入泥土，已变色毁坏的荚果，内含种子1～2粒。
3 未形成心材的乌木 遗弃于山野的乌木，截成段后并未发现有黑色的心材。木材商 Boun My 先生称，乌木须15～20年才能形成黑色的心材，稍具常识的木材商是不会采伐幼龄树的。

1 横切面　产于印度的乌木，长期日晒雨淋，色近土黄黑色，锯开后才露出乌黑之本色。纵裂纹所含白丝为石灰质，优质的乌木多生长于石山之中或瘦弱贫瘠的风化岩上。

2 印度乌木　心材乌黑，鲜有空洞。长度多为1 m 左右，尾径 16 ～ 20 cm，大者较少。

3 新德里的乌木（标本：北京梓庆山房标本室，2007年 2 月 12 日，新德里）　新德里街边一汽车修理铺，门口横放两根粗大的乌木原木。经商量，用刀劈成两小块木片，见其色黑如漆，纹如丝，光泽从素朴平常的遮掩中透出，含蓄内敛。

1 马达加斯加乌木　产于非洲马达加斯加群岛的乌木，性脆而硬，本色灰乌，油性差。

2 边材与心材（标本：北京梓庆山房标本室）肉红色部分为边材，黑色部分为心材。

3 老挝乌木（2014年12月24日）琅勃拉邦芒南县Sythong先生家所存乌木，入水即沉，水洗过后黝黑发亮，材质坚硬。

1 | 2
3 | 4
    5

1 石灰质　标本中间灰白色部分即所包含的石灰质。

2 阴沉（标本：海南魏希望）　从南海西沙打捞上来的尚未钙化的乌木，锯开后色泽、油性均佳，不易干燥且蚂蚁纹多，性脆，不宜于制作家具。

3 印尼条纹乌木（标本：李晓东　浙江紫檀博物馆）

4 乌木芭蕉叶（收藏：海南魏希望）

5 乌木黑柿面曲足横枨翘头小香案（北京梓庆山房）

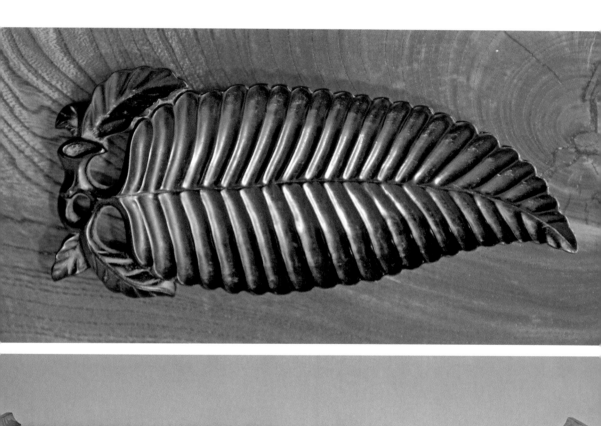

1　乌木编藤心黑柿靠背板四出头官帽椅（北京梓庆山房）

2　乌木编丝面黑柿开关小交椅（北京梓庆山房）

格 木

木典
中国古代家具用材研究

LIM

容县格木（2014年7月4日） 自然生长
于广西玉林容县松山镇石扶村文冲口的
格木，树龄约880年，胸径约4.6 m，
树高约30 m。格木"常与红椎、乌榄、
海南山竹子、枫香、荷木、黄桐、亮叶
围涎树等乔木混生。偏阳性树种。"（《广
西珍贵树种》第一集，第102页）

基本资料	中 文 名 称	格木
	拉 丁 文 名 称	*Erythrophleum fordii*
	中 文 别 称	铁力、铁栗、铁棱、铁木、石盐木、东京木、山柄、斗登凤、孤坟柴、乌鸡骨、赤叶木、鸡眉、大疔癀、潮木
	英 文 别 称 或 地 方 语	Ford erythrophloeum，Lim，Lin，Lim Xank（越南）
	科 属	苏木科（CAESALPINIACEAE）格木属（*Erythrophleum*）
	原 产 地	中国广西、广东西部及越南北部。浙江、福建、台湾、贵州也有分布
	引 种 地	我国南方各省均有少量人工种植，特别是广东和海南岛

释名	格木的俗称主要有如下几种：
	1. 石盐木

在宋朝时有"石盐木"之称，如《两桥诗》并引中有"栖禅院僧希固筑进两岸，为飞阁九间，尽用石盐木，坚若铁石"的记载。苏东坡于广东惠州时留下了"千年谁在者，铁柱罗浮西。独有石盐木，白蚁不敢跻"的诗句。陆游在《入蜀记》中称："石端义者，性残忍，每捕官吏系狱，辄以石盐木枷枷之。盖木之至坚重者"。

2. 铁力木

明·宋应星在《天工开物》中称海舟"唯舵杆必用铁力木"。

《广西通志》中有："铁力木，一名石盐，一名铁棱，纹理坚致，藤容出。"

3. 铁栗木

清·陈元龙在《格致镜原》中曰："蛮地多山，产美材，铁栗木居多，有力者任意取之。故人家治屋咸以铁栗等良材为之，方坚且久。……其铁栗有参天径丈余者，广州人多来采制桌、食隔等器，鬻于吴、浙间，可得善价。"

4. 东京木

广东、海南等地的格木多从越南西贡进口。明·张燮在《东西洋考》中称："交趾东京（《一统志》曰：东至海，西至老挝，南至占城，北至思明府）。"《越峤书》卷一四曰："其国地土分十六府，国王所居曰东京。"指今越南河内，或泛指越南北部一带。特别是清光绪十二年（1886年）中法战争后，因战胜国清政府的退让，越南从中国的保护国变成了法国的殖民地，北圻首府河内被定名为"东京"，把"东京"濒临的与中国接壤的海域命名为"东京湾"即今之北部湾。这就是广东将来自越南中部、北部东京府之格木称为"东京木"的缘由。

木材特征	边　　　材	黄褐色或浅灰白色
	心　　　材	分黄色与红褐或深褐色两种。广西容县的真武阁建于明朝，其楼梯踏板、扶手已呈古铜色而晶莹剔透，这就是典型的产于本地的黄色格木。制作家具一般喜用红褐色或深褐色格木即红格。清·李调元撰《南越笔记》称铁力木"理甚坚致，质初黄，用之则黑"。这也是格木颜色渐变的一个过程
	生　长　轮	不明显
	纹　　　理	格木的纹理极易与红豆木、鸡翅木、铁刀木、刀状黑黄檀、坤甸木相混，很多行家也会将格木看成鸡翅木，将坤甸木看成格木。鸡翅木表面为完整的鸡翅纹，坤甸木新切面为杏黄色，旧的坤甸木家具表面发黑、长长的棕色或银灰色细丝纹一贯到底而不具其他任何纹理。格木除黄色与褐红色外，也有一种为棕黄、褐红及咖啡色交织。木材端面棕黄似碎金一样斑点密集，黑色环线分布均匀，弦切面深咖啡色的条纹由细密短促的斑点组成峰纹，但不像鸡翅纹连贯明显，也没有坤甸木一贯到底的丝纹
	气　　　味	无特殊气味
	光　　　泽	强
	气　干　密　度	0.888 g/cm³

分类

1. 按心材颜色分：

（1）黄格：底色为黄色、咖啡色条纹及斑点密集，新切面手感较糙、干涩，倒茬明显。

（2）红格：底色为红褐色，黑色条纹明显，油性好，密度大。

2. 按油性与手感分：

（1）糠格：密度稍轻，颜色较浅，打磨后效果差。

（2）油格：色深而重，油性大，特别是刨光后，手感滑润，有潮湿的感觉。《广东新语》中称："南风天出水，谓之潮木"。

3. 按心材径切面"丝"之粗细分：

（1）粗丝铁力。

（2）细丝铁力。

所谓"粗丝铁力"，一般指产于缅甸、柬埔寨、泰国、老挝、越南之龙脑香木（*Dipterocarpus spp.*），最为著名的树种即翅龙脑香（*Dipterocarpus alatus*），多用于家具、桥梁、建筑、装饰等，其密度、颜色、花纹几乎与格木近似。

4. 按地域分：

（1）东京木：指产于越南北部之格木，有浅黄、红褐色两种。多数颜色浅、油性差，纹理不清晰或大片不具纹理者多。

（2）玉林格木：指产于以玉林为中心区域或其他相邻地区的格木，如藤县、武鸣、岑溪、陆川、容县、博白及桂林、梧州、靖西、龙州、东兴、合浦。

利用

1.用途

《广东新语》中称："广多白蚁，以卑湿而生，凡物皆食，虽金银至坚亦食。唯不能食铁力木与椆木耳。然金银虽食，以其渣滓煎之，复为金银，金银之性不变也。性不变，故质也不变。铁力，金之木也。木中有金，金为木质，故亦不能损。"从此记述可以看出格木材质之金贵坚致，故多用于建筑、桥梁及家具。

（1）建筑。民房、寺庙。如广西容县真武阁，全部用格木建造。《格古要论》中称："铁力木……东莞人多以作屋。"清道光《琼州府志》卷三《舆地志·风俗》有："民居矮小，一室两房，栋柱四行，柱圆径尺，中两行嵌以板，旁两行垫以石，俱系碎石以泥垫成，亦鲜灰墁。其木俱系格木……"

（2）桥梁。广西合浦的格木桥，经几百年风雨仍坚固、完整。格木能抗海生钻木动物危害，故多用于桥梁及码头桩材。

（3）造船。在广州的秦代大型造船基地出土的秦船，便大量使用格木、杉木及樟木，刨开表层仍完好如新。《天工开物》中论述海舟制造时"唯舵杆必用铁力木"。

（4）家具。明·张岱著《陶庵梦忆》称："癸卯，道淮上，有铁梨木天然几，长丈六，阔三尺，滑泽坚润非常理。淮抚李三才百五十金不能得，仲叔以二百金得之，解维遽去。淮抚大恚怒，差兵蹑之，不及而返。"《广东新语》中谈到格木成器后的表面处理："作成器时，以浓苏木水或胭脂水三四染之，乃以浙中生漆精薄涂之，光莹如玉，如紫檀"。格木家具起源于何时何地，没有一个明确的答案。我们看到的广西玉林的格木家具，典型的明式只占10%左右，大量的为清式。玉林在明朝及以前为广东所辖，语言及风俗习惯相近。有的专家认为广东明式家具之滥觞应为玉林，其实例就是我们目前看到的大量格木家具。我们似乎没有足够的理由来肯定或否定这一点，但不可否认的是，玉林就地取材制作了大量精美传世的格木家具。榉木家具的制作早于黄花梨家具，黄花梨家具是榉木家具不同材质的翻版。那么格木家具是否同榉木家具在历史上所起的作用一样呢？是否格木家具自我封闭、自成体系于广西？从玉林遗存的明式格木家具的造型、做工来看，很多与源于苏州及北京的明式家具如出一辙，其清式家具也与广州地区为代表的清式家具明显不同。其特点是：明韵未去而清味不足，造型简洁、流畅、古朴而不显笨拙。

2. 应注意的问题

（1）格木的来源

一为越南北部或东南亚其他地区，一般以宽厚沉重的大板为主；

一为拆卸的古旧家具、寺庙、桥梁、民居及其他器物上的格木。

前者主要用于气势恢宏的架几案、画案的制作；后者除此用外，主要用于桌类、椅类、条案类及柜类的制作。前者讲究型制，一般就料的大小尺寸而制作，故比例、型制的选择十分重要；后者忌以旧仿旧，冒充古董。有的旧器之形或整体比例不合理，如果只是拼凑、就料而加以翻新则是极不可取的。

（2）格木家具讲究厚重，独板或一木一器、一木多器。架几案除长宽尺寸大外，厚度一般大于 12 cm 或更多，不然缺少厚重与气势。格木一般大料易得，故忌多拼或将不同颜色、纹理之格木拼凑而为器。案面、桌面、柜面均为整板，很少镶拼。

（3）格木加工时表面处理很难，容易戗茬，打磨困难，故不适宜于细雕。

（4）格木作为黄花黎、紫檀家具的辅料，常用于穿带、背板、顶板或抽屉板、盒之底板等。除格木的密度大，承重、承压性能好以外，其干燥后稳定性好也是重要原因。

主干 石扶村格木主干，至分权处高约7m，正圆通直，上下尺寸变化不大。幼树树皮灰褐色；老树树皮黑褐色，呈片状剥落。

1　4
2　3　5

1　树枝　石扶村格木树冠呈蘑菇状，枝叶上下交替重叠，密不透风。据村民讲，雨打树叶，声音轻脆而不见雨落。

2　荚果（2014年7月2日，博白林场）格木每年3月开花，10月下旬荚果成熟。荚果扁平、带状，长约16 cm，黑褐色。种子扁椭圆形，黑褐色，坚硬。（参考周铁烽主编《中国热带主要经济树木栽培技术》第187页）

3　树叶（2014年7月3日，博白林场）"二回奇数羽状复叶，有小羽片2~3对，每小羽片具小叶9～13片，小叶卵形，全缘，无毛。花白色、小、密生，总状花序，雄蕊10枚，花丝分离，子房密被毛。"（周铁烽主编《中国热带主要经济树木栽培技术》第187页）

4　树皮　老树皮深灰褐色，外生薄薄的绿苔，内则一片褐红，树皮薄而硬。

5　阴沉（1）（2017年5月3日 天津蓟州区渔溜镇圣明轩）源于广西玉林的格木阴沉木，长12.9 m，中间围径2.7 m。

1　阴沉（2）　刀削阴沉木表面、致密坚硬，材色深咖啡色，光泽明亮，油性极佳，没有炭化和腐朽。

2　黄格（标本: 广西容县徐福成, 2014年11月24日）

3　红格（标本: 北京梓庆山房标本室）

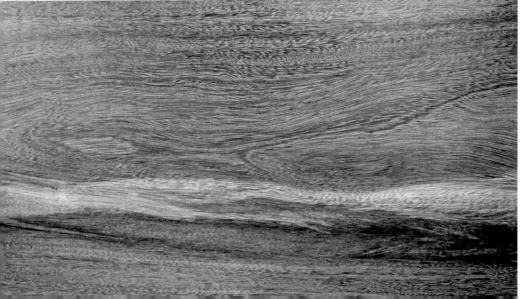

1　糠格（标本：广西容县梁善杰，2014 年 11 月 24 日）

2　油格（标本：北京梓庆山房标本室）

3　粗丝铁力（2007 年 5 月 16 日，吴哥窟）　柬埔寨吴哥窟，兴建于 12 世纪。为保护遗址，所制作支撑柱、楼梯、台阶、顶板、桥梁均采用龙脑香木，即"粗丝铁力"。

1 龙脑香树干（2013年3月8日）　几乎每一棵龙脑香树干都被挖洞以提取汁液，炼制冰片。冰片，古代文献中又名"片脑""龙脑香""棉花冰片"。《酉阳杂俎》卷一八称："婆利呼为固不婆律。……其树有肥有瘦。瘦者有婆律膏香。一曰瘦者出龙脑香，肥者出婆律膏也。在木心中，断其树劈取之，膏于树端流出，斫树作坎而承之。入药用，别有法。"

2 龙脑香树（2013年3月8日，吴哥窟）　生长于吴哥窟的翅龙脑香树，主干粗长高大，长可达20 m以上，树皮灰白纯净，稀见鼓包、树节或空腐。

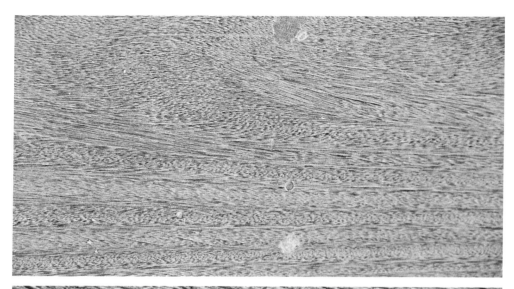

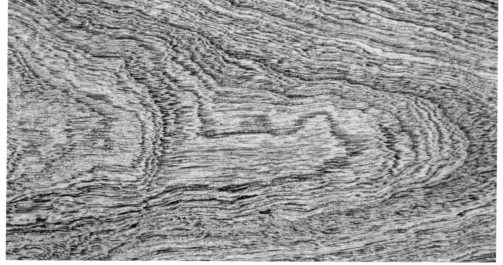

1　龙脑香（2013年3月6日，吴哥窟）　翘龙脑香木锯成板木，加工成器物，颜色、纹理与格木无异，极难辨别。广东、海南及广西的古代格木家具中，也有不少为翘龙脑香所制。
2　东京木（标本：梁善杰）　源于越南北部的格木。
3　花檀（北京东坝名贵木材市场，2011年9月8日）机器旋转除掉边材的格木，直径20～32 cm，长160～230 cm。木材商称之为"花檀"，产地不详，两端有圆孔，深约5 cm，与南美的绿檀制材方式一致。材质细腻，纹理清晰，油性极佳。加工后，色变为深咖啡色或深褐色如紫檀，光芒内敛。

1　阴沉木与大板（收藏：广西容县夏志杰，2014年7月5日）　格木有大料，尾径80～120 cm，长10～16 m的原木，或1 m左右宽的大板常见，故大的供案多出自玉林或广东一带。下侧带提耳的大径阴沉木，长约11 m，端头80cm×60 cm，其用途说法不一，当地专家称有可能是用于船坞或桥梁。

2　半弧形切面（标本：北京梓庆山房标本室）　新切的半弧形格木端面，弧线清晰匀称，绳纹交织，宽粗的黑带为开锯时锯条与格木摩擦所致，皆因其密度过大，材质坚重。

1 心材（1）（标本：北京梓庆山房标本室） 紫褐色与金黄色纹理相间，并有明显的绳纹，这是最佳格木应有的风范与特征。

2 博白格木（标本：梁善杰） 产于广西博白的格木，密度较小，纹理粗疏不清，较之容县、藤县等地，材质也稍差一些。

3 米斗（收藏：梁善杰，2014年7月3日） 民国时期的格木米斗，因长期使用仍保持原有的深咖啡色，花纹蜿曲自然相连，各有特征。

4 心材（2） 中国古代家具的鉴定多靠经验，即所谓"眼学"。格木的表面特征极易与鸡翅木、红豆木、铁刀木及坤甸木相混。此标本纹如鸡翅，不少行家认其为鸡翅木。

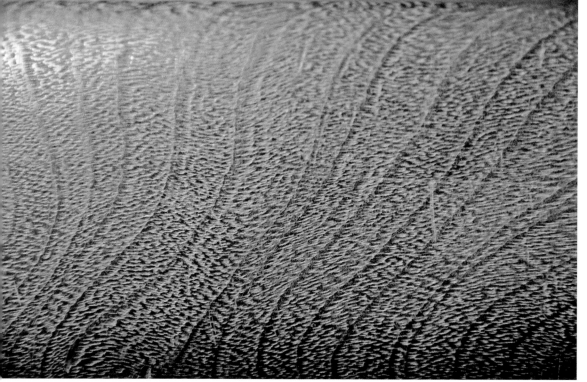

1　心材（3）（标本：徐福成）　容县的格木特征最具有代表性，几乎格木的所有特征都具备，故藏家多以容县格木为标准而论品质之高下。

2　真武阁楼板（2014年7月5日）　容县真武阁二楼的楼板因人为踩踏便成黑色，绳纹相接，层层有序。

3　门板　用之即黑的门板局部，绳纹排列明显、清晰。

4　佛香阁（摄影：马燕宁）　北京颐和园佛香阁高41 m，建在20 m高的石基上，最为称奇的是建筑主体由8根粗壮坚致的格木支撑。

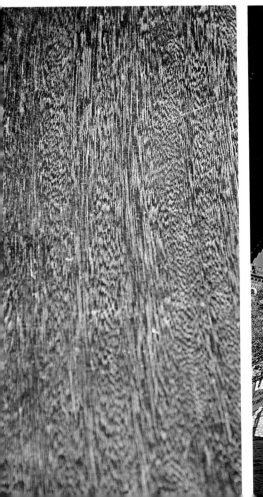

1 　3

2　4　5

1　佛香阁格木擎天柱

2　真武阁　真武阁建于1573年，使用3000多根大小不一的格木建成，结构巧妙，科学合理，历经多次地震仍牢固如初。风雨飘摇数百年，不腐不朽，与格木之本性有关。梁思成先生称其为"建筑史上的奇迹"。

3　阴沉木（收藏：夏志杰）船坞或桥梁所用大径格木，长11 m，宽80 cm，高60 cm，原沉埋于珠江流域西江支流，也有人说沉于西江支流的绣江即北流河。

4　真武阁格木楼梯扶手，摩挲处金黄如新。

5　格木柱础（收藏：梁善杰，2014年7月5日）因格木坚硬如铁，广西民居将其替代青石而做柱础。

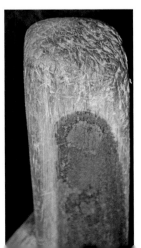

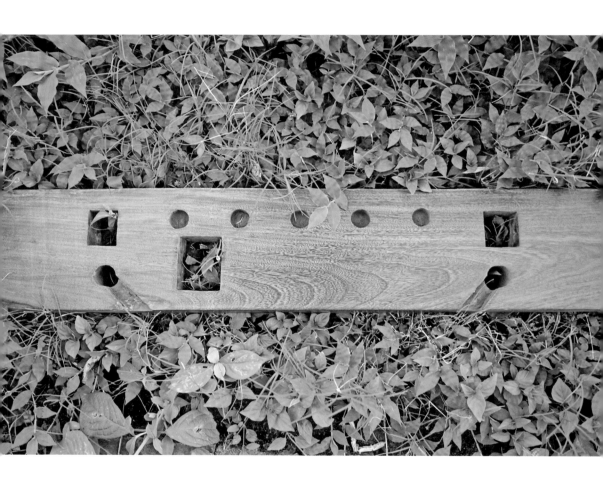

金丝楠木独板面格木大案（北京梓庆山房）

金丝楠木独板长 3800 mm× 宽 885 mm× 厚 90 mm，通高 870 mm，面心板宽阔广大而厚实，满面有花纹。面心板四周格木板包裹，除了防止搬运、使用过程中磕碰损伤外，也可起到转移与吸引观者的注意力上，焦点应在面心上，而不是扁方有力的 8 腿。如此大案，卷舒苍翠，气势磅礴。

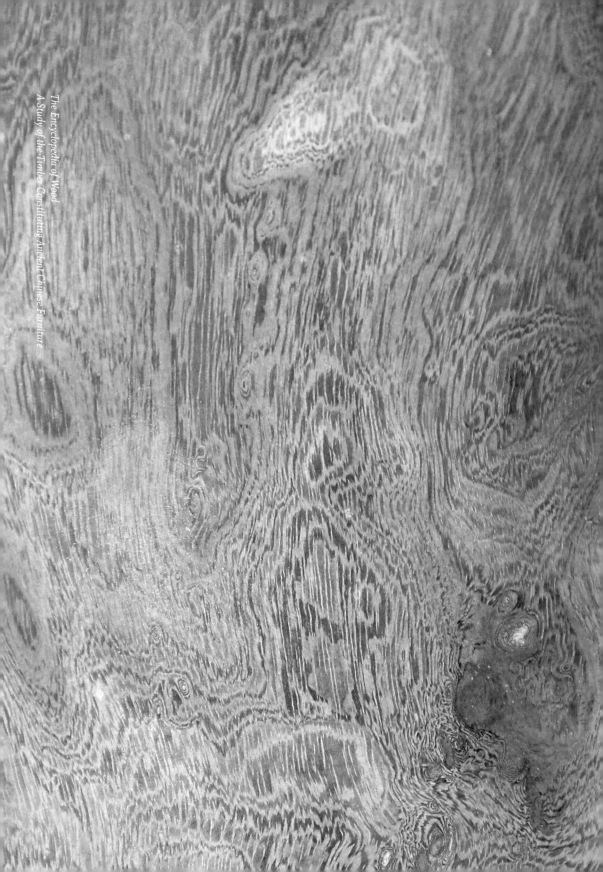
The Encyclopedia of Wood
A Study of the Timber Constituting Ancient Chinese Furniture

瀫鶒木

XICHI WOOD

红豆树树叶

基本资料

序号	中文	拉丁文
1	铁刀木	*Cassia siamea*
2	红豆树	*Ormosia hosiei*
3	小叶红豆	*Ormosia microphylla*
4	花榈木	*Ormosia henryi*
5	非洲崖豆木	*Millettia laurentii*
6	白花崖豆木	*Millettia leucantha*
7	孔雀豆	*Adenanthera pavonina*

科属：由于已知的鹨鹩木树种较多，只能一一列表明析：

序号	树种名称	科	属
1	铁刀木	豆科（LEGUMINOSAE）	铁刀木属（*Cassia*）
2	红豆树	蝶形花科（PAPILIONACEAE）	红豆属（*Ormosia*）
3	小叶红豆	蝶形花科（PAPILIONACEAE）	红豆属（*Ormosia*）
4	花榈木	蝶形花科（PAPILIONACEAE）	红豆属（*Ormosia*）
5	非洲崖豆木	豆科（LEGUMINOSAE）	崖豆属（*Millettia*）
6	白花崖豆木	豆科（LEGUMINOSAE）	崖豆属（*Millettia*）
7	孔雀豆	含羞草科（MIMOSACEAE）	孔雀豆属（*Adenanthera*）

序号	树种名称	俗　称	
		中　文	英　文
1	铁刀木	黑心木、挨刀砍	Siamese senna，Bebusuk Moung
2	红豆树	鄂西红豆树、黑樟、红豆柴、何氏红豆、胶丝、樟丝	Red bean tree
3	小叶红豆	紫檀、红心红豆、黄姜丝	
4	花榈木	花梨木、亨氏红豆	
5	非洲崖豆木	非洲鸡翅	Panga panga，Wenge
6	白花崖豆木	丁纹木、缅甸鸡翅木	Thinwin，Thengweng，Sothen
7	孔雀豆	海红豆、相思格、红豆、红金豆、银珠	Coral pea-tree，Peacock flower fence

序号	树种名称	原产地	引种地
1	铁刀木	南亚、东南亚	云南、广东、海南、广西等地
2	红豆树	浙江、福建、湖北、四川、广西、陕西	长江以南各省
3	小叶红豆	广西、广东	同原产地
4	花榈木	福建（泉州、漳州）、浙江、广东、云南	同原产地
5	非洲崖豆木	非洲刚果盆地	同原产地
6	白花崖豆木	缅甸、泰国、老挝	同原产地
7	孔雀豆	广东、广西、云南、海南岛及喜马拉雅山东部	同原产地

释名	灣鸂之名源于三国·吴·沈莹的《临海水土异物志》："灣鸂，水鸟，毛有五彩色，食短狐，在山泽中，无复毒气也。"灣鸂即为今之凤头潜鸭（*Aythya fuligula* Linn.），又有溪鸭、溪鸬之称。灣鸂作为木材的名称在清早期以前就已出现，宋明两朝的文献中出现频繁。至清初，则多以鸡翅木取而代之，亦称鸡鹜木、鸡刺。清·屈大均著《广东新语》中记载："有曰鸡翅木，白质黑章如鸡翅，绝不生虫。其结瘿犹柑斗斑，号瘿子木，一名鸡刺。匠人车作素珠，泽以伽楠之液，以给买者。""有曰相思木，似槐似铁梨，性甚耐土。大者斜锯之，有细花云，近皮数寸无之。有黄紫之分，亦曰鸡翅木，犹香椆之呼鸡灣木，以文似也。"
	无论灣鸂或鸡翅，均以文命名。我们通过解剖明清两朝的灣鸂木旧家具残件、建筑残件，灣鸂木的构成并不止一个树种，大致包括铁刀木、红豆树属的几个树种及孔雀豆，产于缅甸、非洲等地的鸡翅木来到中国则在清晚期、民国乃至近 20 年，理应不包括在灣鸂木之列，因红木标准已将其纳入，故暂且将其容入灣鸂木范畴。
木材特征	《新增格古要论》谓"灣鸂木出西番，其木一半紫褐色，内有蟹爪纹，一半纯黑色，如乌木。有距者价高。西番做骆驼鼻中绞子，不染肥腻。尝见有做刀靶，不见其大者"。《广东新语》则称其"白质黑章如鸡翅"。这是明清学者对于灣鸂木特征的一个基本描述，与我们所见非洲及缅甸鸡翅木的特征完全不一样，这也是将二者排除在灣鸂木范围之内的主要原因。

1. 铁刀木

边　　　材	浅白至淡黄色，新边材颜色明显
心　　　材	栗褐色或黑褐色，有时呈大块黑褐色或墨黑色。心材底色有时呈黄色或金黄色，具栗褐色或黑褐色条纹，此为铁刀木之一种，前者从颜色及纹理上大大逊于后者，与古代家具所用铁刀木区别明显
生　长　轮	明显
气　　　味	有一股难闻的臭味
纹　　　理	有细如发丝的鸡翅纹，回转自如，金黄色、咖啡色交织。有时呈大片空白而无图案，仅有绞丝纹或直纹。如径切则咖啡色及金线斑点明显
光　　　泽	加工打磨后具光泽，光泽持续长久，几百年之铁刀木老家具仍保持明显的光泽
油　　　性	新切面油性依产地、树龄而不一样，多数油性不够，密度大者则油性重
手　　　感	新切面多数有毛茬，手工打磨困难，且棕眼较长，十分明显。开料存放一年以上经加工打磨，手感明显好于初期，密度大者手感顺滑
气 干 密 度	$0.63 \sim 1.01 \ \mathrm{g/cm^3}$，产于福建等地的铁刀木有密度大者

2. 红豆树

边　　　材	淡黄褐色，与心材区别明显
心　　　材	栗褐色，颜色均匀一致
生　长　轮	不明显，故红豆树之心材鲜，有深色或浅色条纹分割
气　　　味	无
纹　　　理	细密的鸡翅纹弯曲有序，若隐若现
光　　　泽	明显
油　　　性	中等，加工成器且长期使用则有明显薄而腻的包浆
手　　　感	一般，新切面毛茬较多，刨光后也有阻手之感
气 干 密 度	$0.758 \ \mathrm{g/cm^3}$

3. 白花崖豆木（又称丁纹、缅甸鸡翅木）

边　　　材	浅黄色或浅灰白色
心　　　材	新开面颜色呈浅黄色或浅咖啡色，久则呈黑褐色或栗褐色，黄色也有但偏少，黑色条纹明显，心材颜色较均匀一致
生　长　轮	不明显
气　　　味	无
纹　　　理	径切面有细长的深色细纹，弦切面则呈满面鸡翅纹，线条较红豆树、铁刀木粗，图案规矩呆板而少有变化
光　　　泽	较之非洲鸡翅木、铁刀木、红豆树，缅甸鸡翅木之光泽鲜亮明丽，这与其密度大、油性大有很大关系
油　　　性	新切面油质感强，锯末潮湿而易手捏成团
手　　　感	光洁滑润
气 干 密 度	1.02 g/cm³

4. 孔雀豆（又称海红豆）

艾克先生及王世襄先生均提到了孔雀豆，疑似为红木。[王世襄著《明式家具研究》第 295 页，2007 年 1 月第 1 版中有："植物学家一般认为孔雀豆（*Adenanthera pavonina*）即红木"] 生长于海南岛的孔雀豆与相思木（红豆树）之心材特征近似，广东及海南岛明清时期的旧家具有少部分为孔雀豆所制，但藏家一般将其归入鸡翅木之列。孔雀豆的种子殷红鲜亮，可做项链、手镯及其他爱情饰物，唐·王维的《相思》诗："红豆生南国，春来发几枝。愿君多采撷，此物最相思。"孔雀豆心材红褐色或黄褐色，久置则呈紫褐色，鸡翅纹不明显，仅局部呈散状鸡翅纹，其余部分并无特别可爱的花纹。气干密度 0.74 g/cm³。

分类	按科属及树种分：
	（1）铁刀木属（铁刀木）
	（2）红豆属（红豆树、花榈木）
	（3）崖豆属（非洲崖豆木、白花崖豆木）
	（4）孔雀豆属（孔雀豆）
	另外，也有按心材颜色分类的，上等为金黄色，次之则黑褐或紫褐色，再次之为栗褐色间杂色。
利用	1.用途
	（1）家具
	由于其特殊的花纹，用于家具的局限性较大，多用于椅类、小案子或砚盒，也有床、书架，但数量较少。主要原因为树木多绞丝纹，须考虑加工及承重因素，且美纹时有时无，之于器物，用好则美，用得不好则乱。雍正时期档案记载的瀱鸆木家具主要有瀱鸆木帽架、匣、小衣架、衣杆帽架、端砚盒、嵌"如阜"金字如意、旧案等。雍正四年，蔡珽进红豆木 10 块，后做得紫檀木牙红豆木案、红豆木转板书桌、红豆木案、红豆木桌等家具。
	（2）内檐装饰
	乾隆退位后所建倦勤斋内饰之绦环板、槅扇、碧纱橱、炕罩的绦环板和裙板上均采用瀱鸆木（主要是铁刀木）包镶楠木胎。其他建筑之内檐装饰也有用铁刀木作为装饰材料的。
	（3）工艺雕刻
	如刀柄、雕刻品及其他装饰性较强的器物。
	（4）造船
	由于瀱鸆木有防虫、防潮之特性，古代也多用其造船，如船底、甲板等。
	2.应注意的问题
	（1）铁刀木的鲜明特征即是花纹美丽，同时因其心材多绞丝纹，开锯、刨光、打磨均十分困难，雕刻纹饰也显粗糙，应尽

量避免过多雕刻，以光素、浑圆、正直为主。

（2）对于铁刀木的利用须极其谨慎、小心，因其产地及生境的差别较大，如果用于家具的制作，应选择心材本色金黄或紫褐色的木材，即本色干净、纯洁，有大片黑色或本色混浊不清者慎用或弃用。

（3）红豆属之木材应选用密度大、颜色干净、花纹别致有序者，弃用密度小及乱纹者。

（4）孔雀豆呈大片无纹之血红色，久则乌紫，不宜用于高级别的家具制作。

（5）缅甸鸡翅木并不是我国传统家具制作的优良首选材料，缅甸鸡翅清末及民国时期流行，由于其花纹过于炫目，呆滞而失变化，成器后俗气难掩，难入上品之列。非洲鸡翅木要次于缅甸鸡翅木，约20世纪90年代中后期进入中国，原木径级大者近100 cm，长度多在10 m以上。其黑色或灰色纹理宽大肥厚，规矩而无奇致之处。同样也不能将其作为传统优秀家具制作的材料。

1 宋·佚名绘《荷塘鸂鶒图》 鸂鶒类鸳鸯，喜游竹林溪水或杨柳荷塘，色紫而纹美，故又有紫鸳鸯之称。李白"七十紫鸳鸯，双双戏庭幽"即指鸂鶒。鸂鶒雄雌伴游，一左一右，其式不乱，故多象征爱情与思念。宋·欧阳修《蝶恋花》曰："越女采莲秋水畔。窄袖轻罗，暗露双金钏。照影摘花花似面。芳心只共丝争乱。鸂鶒滩头风浪晚。雾重烟轻，不见来时伴。隐隐歌声归棹远。离愁引著江南岸。"鸂鶒常食短狐，故又是正义、勇敢的化身，短狐即蜮，一种含沙射人的动物。《诗经·小雅·何人斯》有"为鬼为蜮"。"蜮状如鳖，三足，一名射工，俗呼之水弩，在水中含沙射人，一云射人影。"故有欧阳修"水涉愁蜮射，林行忧虎猛"之诗句。

2 师古红豆树（2011年5月25日） 生长于四川省什邡市师古镇红豆村的红豆树，据称始植于唐，树龄1200多年。红豆如鸂鶒一样也是爱情、思念的寄物。除了王维有名的"红豆生南国，春来发几枝。愿君多采撷，此物最相思"外，唐·牛希济的《生查子》也令人称绝："新月曲如眉，未有团圆意。红豆不堪看，满眼相思泪。终日劈桃穰，人在心儿里。两朵隔墙花，早晚成连理？"

1 红豆树树皮　树皮灰色，有浅沟槽，披薄青苔。

2 红豆树荚果及种子

3 泰宁花榈木（2016年11月7日）　生长于福建省泰宁县明清园的花榈树，分权低，树冠呈伞形。

1 花榈树皮　灰白色、不连贯的线形断纹排列有序，树皮平滑。

2 花榈树枝　红豆成熟，荚果张开，红豆点点，红绿相映。

3 花榈树叶

4 花榈荚果和红豆　清·屈大均著的《广东新语》卷三十五语"相思木"，"花秋开，白色。二三月荚枯子老如珊瑚珠，初黄，久则半红半黑。每树有子数斛，售秦晋间，妇女以为首饰。马食之肥泽，谚曰：'马食相思，一夕朦肥；马食红豆，腾骧在厩。'其树多连理枝，故名相思。……邝露诗：'上林供御多红豆，费尽相思不见君。'唐时常以进御，以藏龙脑，香不消减"。《广州植物志》中称花榈木"荚果扁平，长 7 ～ 11 cm，宽 2 ～ 3 cm，稍有喙，种子长 8 ～ 15 mm，红色。花期 7 月。"

5 大其力铁刀木（2016 年 11 月 14 日）　缅甸东部临近泰国的大其力（Tachilek）是著名的金三角腹地，周围盛产花梨、酸枝及上等柚木，湄公河之东便是老挝，这一地区遍生铁刀木，故"大其力"意为"生长铁刀木的港口"或"铁刀木城"。

1　铁刀木树叶　"叶长 25 ～ 30 cm，叶柄和总轴无腺体；小叶 6 ～ 10 对，近革质，椭圆形至矩圆形，长 4 ～ 7 cm，宽 1.5 ～ 2 cm，尖端钝而有小尖头，两面秃净。"（《广州植物志》第 323 页）

2　花与荚果（2016 年 11 月 14 日，大其力）花，黄色。花期为 10 月。荚果长 15 ～ 30 cm，宽约 1 cm，扁平，微弯，有种子 10 ～ 20 颗。

3　遮放铁刀木（2009 年 8 月 17 日）云南德安州遮放镇道路两旁、民居四周均植有铁刀木。傣族将其作为薪炭材，连砍连发新枝，故有"挨刀砍"之称。

4　树皮　遮放镇铁刀木树皮灰色、顺滑。

5　铁刀木横切面（标本：北京梓庆山房标本室）

木 典
中国古代家具用材研究
The Encyclopedia of Wood
A Study of the Timber Constituting Ancient Chinese Furniture

258
259

1   4   5
  3
2

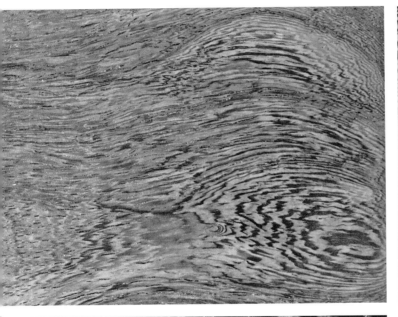

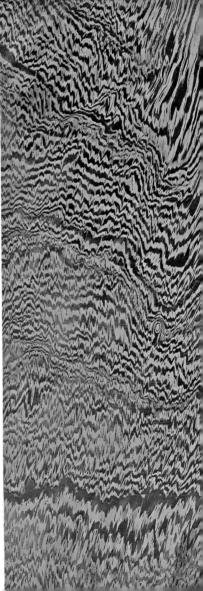

1　铁刀木心材（1）（标本：北京梓庆山房标本室）
2　铁刀木虎面纹（标本：北京梓庆山房标本室）
3　铁刀木心材（2）（标本：北京梓庆山房标本室，摄影：崔忆，2018年3月28日）
4　铁刀木心材（3）（标本：北京梓庆山房标本室）
5　二十世纪黄花黎嵌瘿鶒木案面（资料提供：南京正大拍卖公司）　桌面边抹取黄花黎为材，攒框打槽装瘿鶒木板心。黄花黎纹理灵动卓绝，瘿鶒木色泽沉稳肃穆，两者对比，有色彩碰撞之美。清奇风骨和峭拔精神，与文人品格一脉相通。

1 清中期㯉鶒木架子床围子板松鹿吉祥图
2 缅甸鸡翅木方材（2000年1月1日，云南
   畹町）
3 缅甸鸡翅木方材端面（2015年7月23日，云南
   畹町）呈放射形，白色纹理即所含石灰质。鸡
   翅木刚硬如石，多生长于石山或风化岩地带。
4 缅甸鸡翅木端面局部（2000年1月1日，云南畹町）

1 缅甸鸡翅木弦切面

2 光泽花榈木（2018年3月18日） 生长于福建省光泽县鸾凤乡梁家坊水田中央的花榈木已为县政府挂牌保护。其树干通直，与楠竹、楮木、樟树为伴。

3 花榈主干（2018年3月18日） 主干布满青苔、蕨及其他不知名的植物（左为沈平先生，右为作者本人）

4 花榈阴沉（资料：福建光泽县傅建明、傅文明） 伐后弃于竹林杉树丛中的花榈木，边材占$\frac{3}{4}$，心材约10 cm，边材几乎被虫蚀腐烂，一触即散。

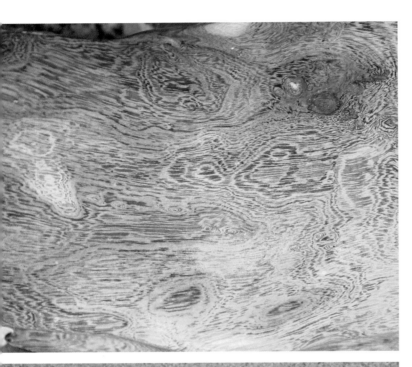

榉木

ZELKOVA

树冠 云南丘北县锦屏镇碧松就村三龙老寨龙山之大叶榉树冠部分直径约 40 m。壮民严禁采伐"竜树",竜山(即祖先发祥与灵魂聚集之地)的一草一木,甚至枯枝也不能损坏与移动。20 世纪八九十年代,文山各地大量砍伐榉木出口日本,仅三龙老寨一个山头净伐榉木 400 多立方米,最大的一棵小头直径 2.8 m,长约 16 m,树根锯开后当茶桌可围坐 20 多人。当年专门修路外运巨木。

基本资料	学　　　名	榉木也是榆科榉属几种木材之统称，一般有大叶榉、光叶榉与大果榉，故不能用某一个拉丁名来命名榉木，榉木也是一个集合名词，即"*Zelkova spp.*"。我国传统家具中所使用的榉木多为大叶榉，其学名为 *Zelkova schneideriana*，这里研究的主要以大叶榉为主，同属的其他类似木材会有少量涉及
	中 文 别 称	榉柳、榉树、鬼柳、柜柳、柜（柜木）、杞柳、红榉、血椆、血榉、榉榆、红株树、黄榉、白榉、鸂鶒榉、石生树、大叶榉、大叶榆、主脉榉、胖柳、牛筋榔、沙椰、椰树、面皮树、纪株树、椐木、南榆、鸡油树、黄栀树、东京榉、宝杨树、黄栀榆、黄榆树、龙树、训（藏语音译）
	英 文 别 称	Zelkova
	科　　　属	榆科（ULMACEAE）榉属（*Zelkova*）
	原 　产 　地	大叶榉一般产于我国淮河—秦岭以南，广东、广西、贵州、云南东南部均有分布。云南的文山、邱北、砚山、西畴、麻栗坡、马关、屏边、罗平、蒙自、金平。而渝、黔、桂、湘或其各自交界处是大叶榉的集中产区，干形好，材质明显高出其余地区，材色纯净，纹理清晰，少有节疤。如贵州的黎平、锦屏、黄平、贵阳、剑河、平塘、册亨、望漠；广西的乐业、天峨、融水、融安、三江、东兰、巴马、桂林；湖南的怀化、湘西州、张家界地区；重庆的酉阳、秀水。江、浙、皖及藏东南也有一定数量的分布
	引 　种 　地	大叶榉很少用于人工引种，在其原产地有极少量的人工种植

释名　　榉，又指榉柳或鬼柳，李时珍认为"其树高举，其木如柳，故名。山人讹为鬼柳。郭璞注尔雅作柜柳，云似柳，皮可煮饮也"。

| 木材特征 | 大叶榉为落叶大乔木,高约 30 m,与同科不同属的椰榆(*Ulmus parviflora*)相混,其树皮与大叶榉类似,木材之颜色、纹理也很难辨识。在野外时可据树叶及其他特征分别,但如果造材后混放,观其树皮便可判别真假。大叶榉皮厚,灰色或红褐色,不可食用,皮呈块状脱落,易折、无黏质,内皮花纹呈火焰状。而椰榆外皮薄、黄褐色,树皮具黏质,纤维发达,可食用,不易折。 |

边　　　　材	黄褐色,有时呈浅黄泛灰
心　　　　材	云南东南部文山产榉木一般分为红、黄两种,颜色不同。大叶榉一般生长在酸性土、中性土、石灰岩山地及轻盐碱土上,也有的生长在房前屋后肥沃的土壤之中。文山的土壤多为砖红色,喀斯特地貌明显。云南、广西、贵州、湖南生长榉木的地方多为喀斯特地貌,故这些地方的榉木靠近根部之心材也常含石灰质。这一特征在榉木心材中表现得尤为明显,而江浙之榉木多数不具此特征,但沿太湖一带也有少量含石灰质,与其特有的地质地貌是相符的。云南产大叶榉心材多为浅栗褐色带黄,木材光泽强。贵州、湖南产大叶榉心材则多为浅黄色或浅黄色中泛浅褐红色。陈嵘认为所谓"血榉"即"其老龄而木材带赤色者"
生　长　轮	十分清晰,常呈深褐或咖啡色
气　　　　味	新伐材具甘蔗清、香、甜气味
光　　　　泽	光泽性强,但长年使用后之包浆有油腻之感,与其他硬木之包浆有明显区别
纹　　　　理	弦切面常呈别称之"宝塔纹",也称"峰纹"及鹨鹕纹,故又有"鹨鹕榉"之称。径切面浅褐色或咖啡色纹理排列有序,深色纹理间夹杂浅黄或浅褐红色
气 干 密 度	0.791 g/cm^3

分类

1. 按树种分:

（1）大叶榉（*Zelkova schneideriana*）

产于中国淮河—秦岭以南，广东、广西、云南、贵州、四川、湖南、湖北及江苏、浙江、安徽、河南、陕西南部均有分布。

（2）光叶榉（*Zelkova serrata*）

产于日本、朝鲜，中国的华东、华中、西南省份均有分布，辽宁大连一带也有引种。

（3）大果榉（又称小叶榉，*Zelkova sinica*）

产于山西、河南南部、湖北西部、陕西南部、甘肃、四川、贵州、广西等地。

（4）鹅耳枥榉（又称高加索榉，*Zelkova carpinifolia*）

产于伊朗高原、高加索地区。

（5）台湾榉（*Zelkova formosana*）

主产于台湾，又称"鸡油树"。

2. 按材色分:

（1）红榉（血榉）

（2）黄榉

（3）白榉：湖南林业厅吴启幌认为白榉实为榔榆。日本几大木材商还是认为湖南西部、贵州东南部之榉木材色纯正、纹理清晰者为榉木之最，故将这一带的榉木称之为"白榉"。经请教台湾地区及日本木材商，吴先生的认识有一定的道理，但还是应为大叶榉中心材色浅纯净、纹理罗致有序的一种。

利用

1.用途

榉木的用途十分广泛，在我国江浙一带常用于建筑、造船、家具及其他日常用具、乐器、农具、纺织器具、桥梁等。最大的用途还是用于家具的制作。榉木家具在中国历史上一直盛行于江浙一带的上层文人、乡绅或普通人家。其材生长于沟港渠旁、房屋或庙宇前后，就地取材，十分容易，是江南一带最主要的用材树种。唐燿先生在评价榉木时称："南京之木铺，常揭榉木家具之市招，亦可知其为一般人所爱好矣。我国阔叶树材之能成大乔木者，除樟外，以此为最；而材质之佳，用途之广，尤莫与比云。此材用以造船，除印度之柚木外，以此为最良；用为枕木，优于桦树（白蜡树）（Ash）及椈树（Oaks）。用制家具、玩物及漆器木身等，均极相宜。"（唐燿著，胡先骕校《中国木材学》第393页，商务印书馆1936年12月初一日）笔者在整理雍正时期有关家具的史料时，仅有一处提到"椐木"："雍正七年六月二十四日，太监刘希文传旨：九洲清晏东暖阁陈设的洋漆书格下，着做搁书格的书式桌二张，高九寸，或用椐木，或用花梨木做亦可。钦此。于七月十二日做得紫檀木书桌二张，郎中海望呈进讫。"（中国第一历史档案馆，香港中文大学文物馆编《清宫内务府造办处档案总汇》·3·第728页，人民出版社）

王世襄先生在述及榉木及榉木家具时称："北京不知有榉木之名，而称之曰'南榆'。传世南榆家具相当多，因造型纯为明式，制作手法与黄花梨、鸂鶒木等家具无殊，有的民间气息深厚，别具风格，饶有稚拙之趣，故历来深受老匠师及明式家具爱好者的重视。论其艺术价值与历史价值，实不应在其他贵重木材家具之下。"（王世襄著《明式家具研究》，第295页，生活·读书·新知三联书店）

在此我们将榉木作为家具用材的几个特点整理如下：

（1）大材易得，可常见一木一器或一木数器。

制作家具的榉木一般生长于江南地区的房前屋后、溪流两侧或山沟中，土地肥沃、水源充足，故其生长的速度快于一般木材。另外受到宗教及树神崇拜的影响，许多榉木受到特殊关照与保护，大树保有量较多，有些大叶榉直径约 2 m。由于榉木的这些特征为榉木的规模开发利用创造了可能，从传世作品中可见榉木一木一器或一木数器，数堂家具都有可能一木所为。

（2）榉木家具讲究纹理、颜色的对应

特别是制作椅类、柜类家具时极为讲究纹理的选择与对应，一般是一块板对开，一分为二，而有鹨鹈纹者多用于柜心板。椅类最明显吸引目光处应是靠背，一对或四椅成堂、六椅或八椅成堂，其靠背必出于一木，纹理必相对应，几乎丝纹相扣。

（3）榉木纹理平行而不交叉，整齐规矩，清洁素朴，静雅沉潜。

（4）榉木的利用有很长的历史，用于家具应在其他硬木之前。其造型、结构与工艺几乎与黄花梨一样，是黄花梨家具之范本。

《山海经》《诗经》都有关于"梄"的记载，虽然考证此"梄"不一定是"梄木"，汉·许慎的《说文解字》及以后的文献中都有"梄""橀""柜"及"榉"之记载。清末植物学家吴其濬对历史上关于榉木的文献资料整理后，也清晰地说明，古人很早就开始了对榉木的利用。故称榉木家具是黄花梨、紫檀家具及其他硬木家具的先辈与范本，实不为过。

（5）榉木家具的装饰以线条为主，少雕且多以浮雕为主，镂雕、整板雕刻也有，但比例不是很大。主要是榉木干缩性较大，易开裂、变形，因此也很少用榉木做槅扇。

2. 应注意的问题

（1）采伐与原木保护

与楠木采伐方法几乎一致，但伐后避免树皮的脱落是一大难题。榉木树皮极易脱落，一般在伐后用麻袋缠裹树干，再用铁皮或铁丝捆扎，并泼水保湿以保证树皮不至于因伐后干燥而迅速脱皮。脱皮容易使榉木加工前的表面开裂而造成从头至尾的开裂。伐后亦可在端面刷乳胶或抹蜡并封毛边纸，以防端面轮裂或其他形式的开裂。榉木在西南地区多生长在石灰岩分布区域的山岭上，有的直接长在岩石上，地表环境恶劣，故不宜采取往山下滚的方式，应在山坡挖小槽沟，顺槽沟牵引而至山脚。因榉木较硬、较脆，受到剧烈震动很容易产生环裂及径裂而影响制材或毁掉整棵原木。

（2）榉木原木开锯

① 开锯前应逐一将树皮除净，以便观察榉木的缺陷。榉木原木如底部

有空洞，且空洞深度有限，应从空洞截止处截断；树干中部或其他部位有空洞、死节（朽节）或夹皮（有的内夹皮）均应避开。看不准时可以在有疑处锯一薄片或用斧头敲击探伤，再据原木实际情况下锯。遇有大的包节，主要是活节，须与包节平行开锯，即采用弦切方法，保证花纹的完整性与连续性。一般采用弦切方法，得到"宝塔纹"的概率是很高的。如遇径裂，只能顺径裂方向下锯，木材纹理多顺直而变化不大。

② 榉木板材的加工余量，因其伸缩性大，厚度及宽度预留 5% 左右，以保证净板的尺寸。

③ 每锯完一块板，须清理板面的木屑，保持板面清洁。因开锯时喷水，使木屑粘于板面，容易造成板面及木材霉变。

④ 每块板之间应放置同样厚度的软木隔条，最好按一根木材顺序堆码成捆，用铁皮捆扎。木材干燥后不使用，则不必开包。

⑤ 弦切板的两端除了涂漆或抹蜡外，还应用打包机固定，防止干燥时顺纹开裂。如发现木材纹理明显宽窄不一，则以径切为妙。日本为了防止榉木干燥时开裂多以径切为主。

（3）干燥

榉木性大，定性之前与楠木有近似之处，即极易开裂、翘曲。制成规格材后两端刷油漆或乳胶，覆盖面稍大一点，这样可以防止水分从板材两端外溢过速而造成端裂。开锯后当天就将板材进窑，一般采用喷蒸方法干燥比较合适。如果干燥窑不是电脑自动控制，会有喷淋不到或不均匀的木材。故应采取人工喷洒以补缺漏。窑温控制在 50 ~ 60℃，干燥时间 20 天左右。停火 3 ~ 5 天即窑内彻底冷却后再出窑。榉木板材出窑后有一个养生过程，在室内存放 20 ~ 30 天后才能完全定性，完全定性后再进入车间加工，一般不会出现大的伸缩或变形，也不易开裂。

（4）榉木家具与其他木材的搭配

从优秀的苏作榉木家具来看，榉木常与银杏、杉木、楠木、樟木（红樟）、格木、柏木相配。如抽屉的底、边多用杉木或樟木、柏木，柜之侧面用榉木或楠木。书格之底板用银杏或无纹之楠木，背板也多用杉木（一般被麻挂灰），穿带多用格木或红樟。银杏纯洁、干净、色泽中和，材料呈奶白或浅黄色，与纹理华丽之榉木相配乃属天意。榉木极少与纯净木材或花纹美丽的其他木材相配。

1 丘北大叶榉（2014年7月31日） 云南丘北县八道哨乡矣堵村民委山白村小组的大叶榉，生长于两山之间的平地，根部有空洞，可容5～6人，树高约45 m，树冠直径约25 m，主干高约12 m，距地面1.5 m处，围径约8 m。据丘北彭英红先生（乡林业站站长）介绍，当地将榉木分为红榔与金丝黄榔，红榔叶子大，皮薄，光滑；金丝黄榔叶子小，皮厚，具沟槽。榉木多与黄连木、紫油木（青香木）、青冈、叮当果、椎栎等混生。壮族山民将其尊称为"竜树"（即"龙树"）。

2 树叶 榉树"落叶乔木。当年生枝密生柔毛。叶长楠圆状卵形，长2～10 cm，边缘具单锯齿，侧脉7～15对，上面粗糙，具脱落性硬毛，下面密被柔毛；叶柄长1～4 mm。花单性，稀杂性，雌雄同株。坚果上部斜歪，直径2.5～4 mm。果期6月"。（西南林学院，云南省林业厅编著《云南树木图志》（中）第642页，云南科技出版社，1990年5月）

1 生长环境（1） 碧松就村的大叶榉主要生长于房屋后山。当地领导罗明国、赵家信与林业站彭英红先生介绍，榉树喜生于石头山与土山分界处周围，离分界线太远也很少生长，因为当地地处喀斯特地貌地带，故文山榉木内含石灰质比较普遍。
2 生长环境（2）（碧松就村） 文山榉树多生长于砖红色土壤或石山上，当地村民房屋的墙壁即用砖红色土壤构筑。

1 主干（1）碧松就村三龙中寨的大叶榉树干，彭英红先生称其为"金丝黄榔"，叶小皮薄，且具沟槽；红榔，叶大皮薄，光滑。此树干从根部至 5 m 高处，有连串对穿的洞，因村民采集野蜂窝用斧、刀挖洞所致。根部空洞有火烧的痕迹。

2 主干（2）（2014 年 7 月 31 日）三龙老寨竜山的大叶榉，树高约 30 m，树冠直径约 40 m，枝叶交叉重叠，浓郁厚实，犹如天幕。地面至第一分权处，高约 4 m，胸径约 150 cm。左侧分枝高 10 m 处，直径约 80 cm；右侧高 9 m 处直径约 60 cm。右侧树枝于 1990 年遭雷劈，当时有人主张出售，村民坚决不同意出售竜山的竜树。部分树根已被挖断，雷劈火灼的痕迹仍很明显。（右手撑树者为云南著名珍稀木材专家张克诚先生）

1 贵州大叶榉（2011年1月11日） 云南从事对日榉木出口的梁燕琼女士对各地榉木特征非常了解，她认为贵州榉木密度适中，较少含石灰质，材质光洁、干净、细腻，颜色中和，在日本市场很受欢迎。20世纪90年代初，贵州榉木运至日本，进入拍卖市场，并非整棵拍卖，而是在锯木厂以片论价，每开片之前开始竞价，价格奇高，场面热闹。文山榉木色重，偏褐红色，材质硬、脆，内含石灰质较多，且易崩锯，日本市场不大喜用文山榉木，国内奸商将文山榉木运至贵州或湘西，冒充当地榉木出售日本。

2 贵州榉木端面 端面淡黄，不见石灰质，树皮与边材已分离，极易脱落，此为大叶榉基本特征之一。

3 虫纹 产于贵州的大叶榉，树皮脱落后常现神奇的花纹，应为虫害的遗迹。这些痕迹及虫害对于不同木材的伤害或与材质，特别是材色、纹理变化的关系，是木材商极感兴趣的问题。

4 布格纹（1）（标本：北京梓庆山房）

5 榉木夹头榫画案面心（标本：北京梓庆山房）

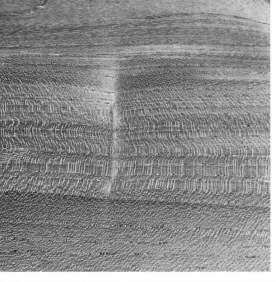

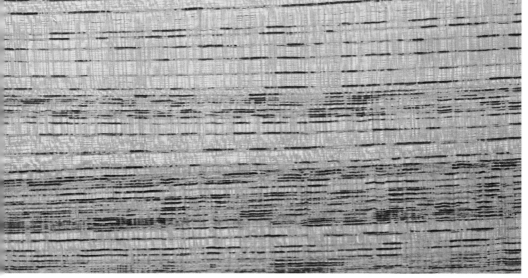

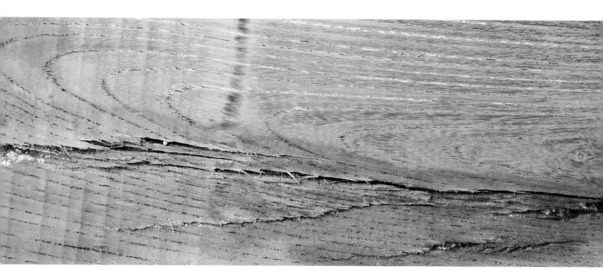

1 琴凳面（标本：北京梓庆山房）　此种美纹出现在榉木根部，多见于贵州及湘西榉木。

2 日本榉（1）（2015年11月19日）　日本京都相国寺几乎全为榉木所构建，榉木墙板经长年风侵、阳光照射与日月摩挲，由金黄色衍变为紫乌色或深咖啡色，纹如水草春渊，纤层毕现。

1 日本榉（2）（2014年2月11日）颜色干净，如晴光澹泻，一尘不染，是日本挑选优质榉木的共同标准。色净而淡，则谓雅致、秀逸。故日本榉木除用于家具内檐装饰外，也多用于佛寺，特别是禅宗寺庙的构造。

2 日本榉（3）（2015年11月19日）浅黄色或谷黄色为日本榉之基本色或称本色，宝塔纹为浅褐色。

3 血榉　寿长而苍古的榉木之根部或近根部之主干多呈褐色或深褐色，特别是根部有空洞，腐朽则更明显。

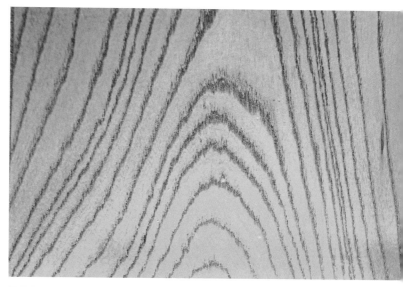

1 日本榉木屏风（2014年10月2日） 此为日本佛教圣地高野山福智院（Fukuchiin）藏榉木屏风局部。

2 榉木香盒 榉木因其色泽温润、密度适中，且纹理清秀，常用于香粉盒、首饰盒。

3 明·榉木棋盒成对（收藏：云南梁与山 梁与桐）明代棋盒除采用榀木、紫檀、黄花黎外，多用榉木、栗木或云杉、铁杉之纹理规矩、清晰之上等木材。

1 铜活（收藏：北京梓庆山房） 清早期苏作榉木圆角柜局部及铜活。

2 榉木双开门三屉两层柜格（设计、制作与工艺：北京梓庆山房） 柜、格本为两种不同形似与用途的器物，随着家具式样的演化，二者合二为一，故称柜格。此器四脚八挓，扁足四周、柜门边、枨均为混面。格板采用少纹色纯之银杏木，起到规避榉木花纹过于耀眼而带来的轻扬之态。柜门心、抽屉脸均为一木所开，抽屉脸径切直纹，而柜门心花纹行云流水，景致转换，如同梦幻。沈平先生称，先见锦文，如此妙想，则有柜格。其体宽高深，而拆分自如，牢固如初。

1　大瘿切法（2011年5月23日，北京梓庆山房）　此瘿巨大，小头直径62 cm，长2 m。榉木瘿纹延伸，一般2倍或数倍于瘿之直径，是制作柜门心，桌案面心之良材，故第一锯应与瘿包平行，锯成相同厚度的薄板。

2　清理木屑（2011年5月23日，北京梓庆山房）榉木开锯时为防夹锯及降低锯片摩擦时的高温，一般自动喷淋冷水，同时产生的如泥浆似的木屑粘附于板面，需用木片或刮刀清除，不然易蓝变，影响材色与材质。

1 捆扎（1）（2011年5月23日，北京梓庆山房）

锯板时应按每一根原木之锯板顺序堆码，板与
板之间用软木隔条分隔，原则上一根原木一捆，
或分为两捆，同时应做好标记。堆码时，每块
板之正反两面应再次清除木屑与泥浆。

2 捆扎（2）（2011年5月23日，北京梓庆山房）

捆扎成包之前板面开裂处及两端应涂抹白色乳
胶或漆，防止裂缝炸裂或两端失水过快而产生
纵裂。

3 捆扎（3）（2011年5月23日，北京梓庆山房）

最后用铁箍捆扎。

1 自然干燥（2014年2月11日） 日本出云（Izumo）榉木作坊的榉木锯板后交叉立于三角形铁架两边，一般经过四季风吹雨淋，再进室内立于墙壁四周，截为半成品后再入小窑低温干燥。图中板材小头朝上，大头朝下，即接近树根部分朝下。日本米田先生认为，锯板后应大头朝上，小头朝下，因为树木在正常生长过程中的水分，营养通过导管从下而上，如人体血脉流动，不可逆转。特别是新伐材，含水率较高，如此置放，则自然干燥周期较短，干燥效果也很理想。

2 明·榉木一腿三牙大桌（收藏：北京梓庆山房） 此器为明末一腿三牙方桌的基本形式，桌面尺寸殊大。冰盘沿起拦水线，边抹与面心连接采用明末时尚的挖圆作；罗锅枨为整料控制，素混面、弯曲、张弛，收放自如。《长物志》论及桌子时说：方桌"须取极方大古朴，列坐可十数人者，以供展玩书画。若近制八仙等式，仅可供宴集，非雅器也"。此桌朴拙、大方，为苏式文人家具之模范。

3 榉木素牙头夹头榫独板面心画案（设计、制作与工艺：北京梓庆山房 周统） 此案为苏作明式画案的经典式样。面心采用宝塔纹层叠的大独板，空间分隔合理是其主要特征，看面广阔，侧面由两个横板分成三个大小不一的独立空间，下枨尽量上提，除了美观外，也增加了空间，自由、开放而无拘无束，亦如明末文人张扬个性、重视自我。

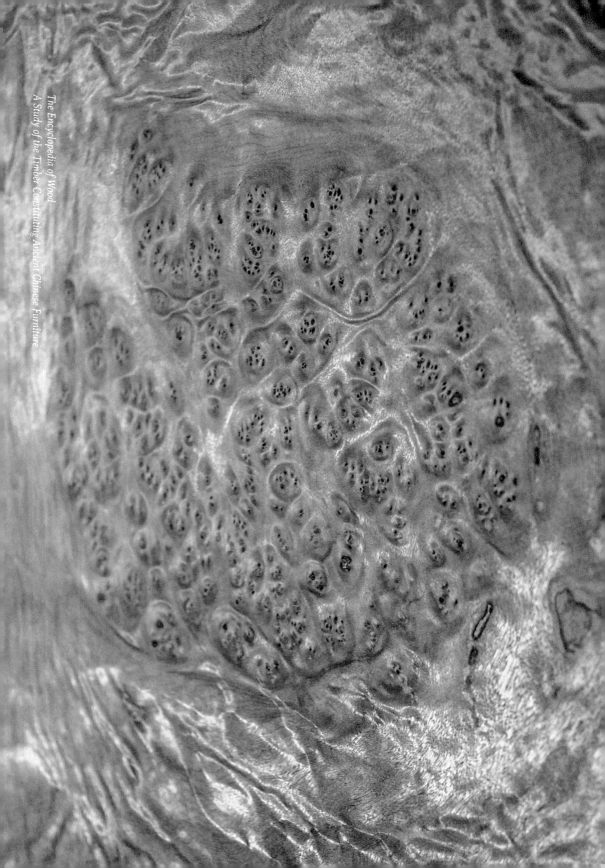

瘿 木

木典
中国古代家具用材研究

BURL WOOD

东京半缠木瘿（2015年11月17日）日本东京国立博物馆于明治十四年（1881年）种植的原产于北美的郁金香树（Tulip Tree），日本称之为"半缠木"。其瘿应为活节断灭后所形成。

基本资料	学　　　名	瘿木即产生美丽花纹的不同树种之包节或有用之树干，并不单指某一树种，故无统一的学名
	中 文 别 称	瘿、瘿子、树瘤、影木、赘木、樱子、樱子木
	英 文 别 称	Burl wood
	科　　　属	因瘿木所属树种不同，故不能准确判别其科属。如楠木瘿，则为樟科润楠属、桢楠属；榆瘿，则为榆科榆属。应根据瘿木源于哪一个树种木材，才能划分其科属
	产　　　地	分布全球，尤以热带或亚热带的树木所生瘿体量大、花纹美，如著名的花梨瘿、楠木瘿。比较而言，温带或寒冷地区的树木生瘿较少，体量也小

释名

瘿木，又名影木、赘木，指树木在正常生长过程中遇到真菌、病虫害的作用而产生的包节。其花纹因树种的不同、所产生的部位不同而多变。"瘿"原指人颈部的囊状瘤。《庄子·德充符》曰："瓮盎大瘿说齐桓公，桓以说之，而视全人，其脰肩肩。"《吕氏春秋·尽数》讲到水质与病因的关系时称："轻水所，多秃与瘿人；重水所，多尰与躄人；甘水所，多好与美人；辛水所，多疽与痤人；苦水所，多尪与伛人。"《辞源》称"瘿木"为"楠树树根"是不全面的。楠树树根如不结瘿，则极少有美丽的瘿纹。瘿木除泛指活树包外，也有人将树的根部或接近根部之瘿称为瘿木。

生长于树干之上的瘿，又称之为"影"。日光将树瘿投之于地所生影，所以将其形象地称为"影木"。《粤东笔记》在论及沉香的种类时称："……其十三曰铁皮速，外油黑而内白木。其树甚大，香结在皮不在肉，故曰铁皮。此则速香之族。又有野猪箭，亦曰香箭。有香角香、片香。影香，影者，锯开如影木然。"

赘本多余之意。《庄子·骈拇》曰："附赘悬疣，出乎形成。"《庄子·大宗师》曰："彼以生为附赘悬疣。"《丸经·权舆》曰："赘木为丸，乃坚乃久。"注："赘木者，瘿木也，瘿木坚牢，故可久而不坏。"

除木生瘿外，竹也生瘿。《太平广记》卷四百一十二引《酉阳杂俎》称："东洛胜境有三溪，张文规有庄近溪，忽有竹一竿生瘿，大如李"。

樱子，应为"瘿子"之别称。雍正元年，养心殿造办处之雕銮作（附镟作）："三月二十二日怡亲王谕：做樱子木痰盆二件。遵此。于三月二十五日得痰盆二件，怡亲王呈进讫。"

| 分类 | 1. 按生长的部位分：
（1）瘿：生于根部为瘿；
（2）影：生于树干为影。 |

1. 按生长的部位分：
（1）瘿：生于根部为瘿；
（2）影：生于树干为影。

2. 按树种分：
（1）楠木瘿
明·王佐著《新增格古要论·骰柏楠》有："骰柏楠木出西蜀马湖府，纹理纵横不直，中有山水人物等花者价高，有四川亦难得，又谓之骰柏楠，今俗云'斗柏楠'。"古代所谓骰柏楠、斗柏楠、斗斑楠、豆瓣楠，其实均源于楠木主干。楠瘿最妙者为葡萄纹与水波纹，前者多出于四川、贵州，后者多源于福建、浙江。
（2）樟木瘿
北齐·刘昼在《刘子·因显》中谓"樟木瘿"："夫樟木盘根钩枝，瘿节蠹皮，轮困臃肿，则众眼不顾。"
另外比较著名的还有：桦木瘿、红豆杉瘿、榆木瘿、山香果瘿、花梨瘿、木果缅茄瘿、枫木瘿（枫人、枫子鬼）、柏木瘿、杨影、柳影、龙眼瘿、荔枝瘿、槐瘿、鸡翅瘿，黄花梨、紫檀、老红木也有瘿，但极其稀少，其体量也小。

3. 按地域分：
（1）南瘿：南瘿多枫，蟠屈秀特。
（2）北瘿：北瘿多榆，大而多。

4. 按纹理分：
（1）葡萄纹：如楠木，纹有"满架葡萄"或"满面葡萄"之称，荔枝木瘿也是如此。
（2）水波纹：闽浙所产楠木瘿多有此纹。
（3）山水纹：楠木、樟木、枫木瘿均会有此纹。

（4）人物纹：黄花梨或东南亚花梨木瘿有此纹。

（5）文字纹：《太平御览》称："齐永明九年，秣陵安时寺有古树，伐以为薪，木理自然，有'法天德'三字。唐大历中，成都百姓郭远，因樵，获瑞木一茎，理成字曰：'天下太平'。诏藏于秘阁。"

（6）鸟兽纹：《太平御览》"瘿槐"有："华州三家店西北道边，有槐甚大，葱郁周回，可荫数亩。槐有瘿，形如二猪，相趁奔走。其回顾口耳头足，一如塑者。"再有"马文木"："凤翔知客郭璩，其父曾主作坊。将解一木，其间疑有铁石，锯不可入。遂以新锯，兼焚香祝之，其锯乃行。及破，木文有二马形，一黑一赤，相啮，其口鼻鬃尾，磅脚筋骨，与生无异。"

（7）花草纹：多见于密度较小的木材，如杨、柳、槐等瘿。

5. 按纹理的疏密与走向分：

（1）佛头：纹理有规律旋转成细密清晰的弧圈状，大小一致，纹理、颜色相似，分布均匀似佛头，如花梨瘿、蛇纹木。

（2）散纹：弧圈状花纹分布疏密不均且夹杂其他纹理者。

（3）自然纹：不规则花纹，变化多而巧者为佳。其中有一种形似大理石纹，多用于现代家具或工艺品、室内装饰。

世界瘿木市场，一般以佛头为上，散纹次之，自然纹再次之。

瘿纹产生的原因　　　（1）树瘤与树节

瘿纹，即树瘤或树节所产生的自然纹理。树瘤因生理或病理的作用使树干局部膨大，呈现不同形状和大小的鼓包。不是所有的树瘤均产生美丽的花纹，有可能与乱纹同时存在，或没有任何花纹，如楠木、花梨，有的则花纹奇致，如黄花梨、紫檀、老红木、枫木等。

树节的形成方式、状态直接影响瘿纹的形成。节子即包含在树干或主枝木材中的枝条部分。节子一般分为活节与死节，活节由树木活枝条形成，采伐树干时枝条仍有生命，节子与周围木材紧密相连，构造正常。死节，由树木枯死枝条形成，节子与周围木材大部或全部脱离，在锯解后的板材中有时脱落而形成空洞。活节部分的纹理清晰，颜色一般较周围木材深，故形成明显而独特的花纹或图案。

树节又可分为散生节、群生节、岔节三种：散生节即在树干上成单个散生而互不相连、毫无秩序与规律，如黄花梨、榆木；群生节，两个或两个以上的节子簇生而连成片，如花梨、桦木；岔节，指分岔的梢头与主干纵轴线成锐角而形成的节子，在圆材、锯材或单板中，呈椭圆形或长带状图案。这一现象在阔叶树中常有发生。

节纹的形状和颜色，因树种、部位不同，其表现形式千差万别。也并非每一个节纹都可用于家具或器物的制作，比如死节常有空洞、腐朽。用于制作棋具的香榧木则不能有任何节纹，而松木、杉木节纹多用于墙面、地面装饰。死节及所形成的花纹，在根雕、木雕或家具制作的艺术实践中，也常被巧用而得到意想不到的审美效果。

（2）树根

很多树根可能产生类似瘿纹的美丽花纹，但二者有本质区别。瘿纹一般细密、均匀、有序，或如鬼脸纹单个存在，树根所产生的纹理与主根及旁根的大小、走向是一致的，常见纹理分散，且颜色深浅不一，很少急转回旋。榉木、红豆杉、黄花梨、老红木、樟木、楠木、黄连木等树根纹理自然延伸，变幻无穷，是家具和其他艺术品的最珍贵原料。

（3）主干全瘿

整棵树干的主干全部生瘿，多出现于野荔枝树、龙眼树、楠木、枣木、枫木、花梨、木荚豆、红豆杉、樟木、酸枝等树种。主干为什么全部生瘿？有学者认为"活着的树木内部受伤后，集结了大量的休眠芽使树木产生了扭转纹"（Л.М. 别列雷金著《简明木材学》，中国林业出版社，1958年。转引自《中国木材》1997年第1期第42页）。

（4）假瘿纹

楠木的虎皮纹、葡萄纹、水波纹，斑马木的斑纹，大理石木的大理石纹，蛇纹木的蛇纹、豹斑纹等，不是生瘿而致，但常被误称为瘿纹。其实这些纹理常较瘿纹更为自然流溢、无所拘束、大开大合、美不胜收。另外，节纹严格来讲也不应纳入瘿纹之列。

需要注意的是，树木的瘿纹、节纹或其他花纹，种类既繁多，风格又迥异。评定图案之优劣、等次之分别终于渐成生意习俗、风雅事业，究其根本，恐怕无非为偏好所限，或与利益相关。然而，自然生物，原重天趣，参差多态最幸福。

利用

1. 用途

（1）家具

有全用瘿木做桌、椅、小柜子或床的。现存的古代家具中还很少见到，新制全瘿木家具（如山香果瘿、油杉瘿）则多见于市场。唐·陆龟蒙的《寂上人院联句》有："瘿床空默坐，清景不知斜。"唐·张籍也有"醉依班藤杖，闲眠瘿木床"之句。瘿木常用于椅子靠背中部、案心板、桌面心、柜门心、官皮箱、首饰盒等。中国古代家具中所用瘿木较多的为楠木瘿、花梨瘿、桦木瘿。

（2）文具

明·文震亨的《长物志》·卷七·器具中记载："文具虽时尚，然出古名匠手，亦有绝佳者。以豆瓣楠、瘿木及赤水、椤木为雅，他如紫檀、花梨等木，皆俗。"

（3）梳具

《长物志》中有："梳具，以瘿木为之，或日本所制，其缠丝、竹丝、螺钿、雕漆、紫檀等，俱不可用。"

（4）酒樽

陆游《剑南诗稿·八二·夏日之三》曰："竹根断作枕云眠，木瘿刳成贮酒樽。"明·陈继儒描述人生如意事谓："空山听雨，是人生如意事。听雨必于空山破寺中，寒雨围炉，可以烧败叶，烹鲜笋。""鸟啼花落，欣然有会于心，遣小奴，挈瘿樽，酤白酒，醨一梨花瓷盏。急取诗卷，快读一过以咽之，萧然不知其在尘埃间也。"

（5）衣饰

《长物志》记载："冠，铁冠最古，犀玉、琥珀次之，沉香、葫芦者又次之，竹箨、瘿木者最下。制惟偃月、高士二式，余非所宜。"《广东新语》记有："广多木瘿，以荔枝瘿为上，多作旋螺纹，大小数十，微细如丝。友人陈恫屺得其一以作偃月冠，大仅寸许，有九螺。铭之曰：'文全于曲，道成于木。'"

（6）酒瓢、瘿杯

清初大学问家屈大均亦得一瘿"以作瓢而有曲柄，字之曰：'箪友'。为诗云：'拳曲千年成一节，半生半死沉香结。'又云：'霜皮未尽尚磨砻，蛴螬半食心已空。螺纹如丝旋细细，左纽右缠文不同。'"《新唐书·武攸绪传》有："盘桓龙门、少室间，冬蔽茅椒，夏居石室，所赐金银锡鬲、野服，王公所遣鹿裘、素障、瘿杯，尘皆流积，不御也。"

2.应注意的问题

（1）瘿木以佛头，楠木之葡萄纹、水波纹，黄花梨之鬼脸纹，花梨之鹿斑纹为最佳。另瘿纹也以奇异生动、变幻无穷者为上选。纹乱或模糊不清、多处空白无纹者不可取。

（2）柜门心、官皮箱及成对的座椅，其瘿纹应一致或近似，成堂的座椅背板所镶嵌的瘿纹可一致，也可选取特征独特、花纹相异者。

（3）瘿木不宜单独制成家具如椅、柜、案等，满眼皆花则失于趣。瘿木应与其他无纹或少纹的硬木配合成器。

（4）瘿木的干燥与打磨十分不易，易变形，易随纹开裂。密度小的瘿木易起毛刺而难以打磨，应以水磨为主。

（5）用于镶嵌或家具制作的瘿木，与其所配木材的颜色不宜相近或雷同，而应色差分明。如楠木瘿一般配紫檀、乌木；紫檀方桌之面心板多为楠木或楠木瘿；乌木书架格板多用黄花梨或楠木瘿、花梨瘿、桦木瘿。

（6）近10年来，源于老挝的一种木材其颜色、纹理与花梨木极为神似，其瘿木纹理、图案与花梨木难以分辨，在云南、广西及东南亚均称之为老挝红木、红花梨，其学名为木果缅茄（*Afzelia xylocarpa*），老挝本地则称之为"Makharmong""Makhaluang"。缅甸也有分布。仰光、曼谷、新加坡、老挝及我国云南边境、广西边境的所谓"花梨木树瘤"及工艺品多数为木果缅茄，而不是花梨木。木果缅茄的气干密度为 0.82 g/cm³，与花梨木近似，加工与干燥方法也与花梨木一致。木果缅茄可以称之为花梨木的替代品，其瘿所生花纹图案与花梨木瘿几乎一致，故用于硬木家具也是上佳之选。

（7）瘿木的开锯

瘿木的开锯最为困难，因为一要判断花纹的走向，二要保持花纹的完整性。一块已经锯开的瘿木或瘿木板，与已打开的翡翠一样毫无悬念，如果附在原木上的瘿木或楠木原木（往往无瘿而生瘿纹）则如翡翠的赌石一样让人迷茫、生畏。并不是所有的瘿木都会产生理想的瘿纹，有些树瘤局部有瘿纹，有的则平淡无奇或没有瘿纹，如桦木、花梨木；有的木材如楠木、印度紫檀，树干并无树瘤或其他包节，但开锯后却波澜壮阔，纹理奇异。故开锯前，对瘿木花纹的判断极为重要，除了经验判断外，还有两种方法：一是从原木表面开一薄片以接近心材，一是从原木中间开锯，这样就可看出是否存在理想的瘿纹。中间开锯有可能破坏瘿纹的完整性，采用这一方法应慎之又慎。保持瘿纹的完整性，不管何种瘿木，如果能看到树瘤，则应与其平行开锯，不能从树瘤中间开锯。满身树瘤者，一般采用弦切的方法，绝不能采用径切的方法使瘿纹分散、零碎而破坏其天然的连续性、完整性。

（8）瘿木的干燥与表面处理

瘿木因其纹理并无规律可寻，故人工干燥极易随纹而裂，也容易发生翘曲、变形，可以采用室内自然干燥，但其堆码捆扎、压重方法必须因瘿木之树种不同而采取不同的方法。硬木瘿堆码时一般每块之间采用规格约2 cm见方的隔条，使其通风顺畅、均匀干燥，不需采用其他特殊方法。楠木瘿、樟木瘿、山香果瘿、油杉瘿等密度相对较小者容易变形、开裂，在开锯之前便应在其表面刷透明胶或硬漆，两端则涂蜡、刷胶或漆。锯成规格料后用铁带或铁丝将其两端固定，整垛也应固定。垛之顶部用条石或其他较重的木材重压以防止变形、开裂。

瘿木打磨应以水磨为上。硬木瘿可采用烫蜡（天然蜡或天然混合蜡）或擦大漆的方法，而密度较小的瘿木表面主要以擦大漆为佳，而不适宜烫蜡。

1　金泽槭瘿（2015年11月22日）日本金泽市的第六园为日本三大名园（冈山后乐园，水户偕乐园）之首，建于1676年。园名源于宋·李格非的《洛阳名园记》之"宏大、幽邃、人力、苍古、水泉、眺望"六大名园条件，故名"兼六园"。园内树木犹以梅、松、枫、樱最为诱人，"一游染禅意，再游烦尘不落心"。

2　槟榔屿瘿（2018年9月23日）马来西亚槟城（Penang），又名槟榔屿，位于马来西亚西北部，西部隔马六甲海峡与印尼苏门答腊岛相对，1786年被英国殖民政府开发为远东贸易枢纽。地处热带，植物种类繁多，树木高大挺拔，尤喜生瘿，是国际瘿木市场的重要来源地。

1　林芝瘿（摄影：崔憶，2017年7月29日）　西藏林芝林区野生树木之瘿，大而散，鲜有美纹，多为装饰或工艺品。

2　荥经桢楠瘿（2015年1月23日）　四川荥经县云峰寺所植桢楠，树龄长者早于西晋，历代遍植，处处生香，每树布瘿，乃为奇迹。

3　楠木瘿（1）（标本：北京梓庆山房标本室）　金光明亮、透彻，紫褐色明显，此为楠木阴沉木。

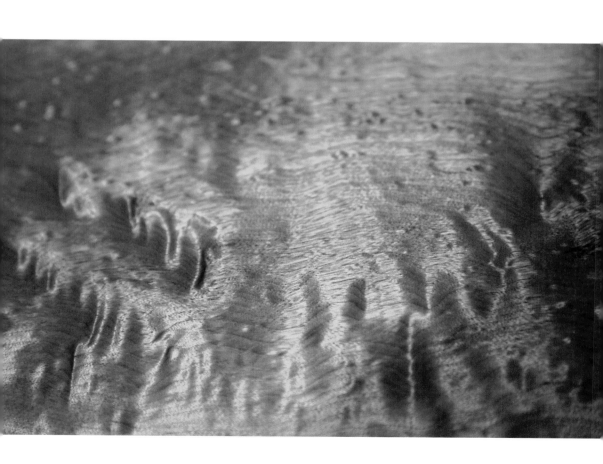

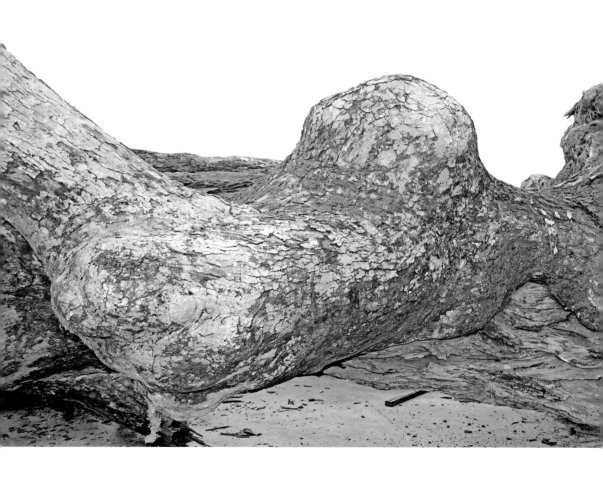

1 樟木瘿（2014年7月2日，南宁）樟木全身弯曲而生大包，小头直径超过1m，长度约9m。樟木瘿纹粗糙而散漫，千篇一律，缺少变化与生意，是其致命之处。故文人家具或名贵家具极少与樟木、樟木瘿有染。

2 花梨瘿（2009年10月13日，美国旧金山古董市场）西方家具，特别是近现代美国家具，常用源于东南亚、南太平洋岛国的花梨瘿制作餐桌、咖啡桌、矮柜、首饰盒等。

3 越南黄花梨瘿（2012年5月21日，海南潭门）瘿色紫，油性佳，尺寸大者长近1m，宽40～60cm，厚为10～20cm，原产于越南与老挝交界之长山山脉东西两侧。

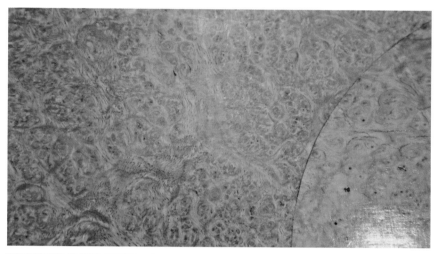

1　槐瘿（承德避暑山庄，2017年7月28日）　《太平广记》卷第四百七"瘿槐"记载："华州三家店西北道边，有槐甚大，葱郁周回，可荫数亩。槐有瘿，形如二猪，相趁奔走，其回顾口耳头足，一如塑者。"槐瘿多为花卉、动物或其他自然纹理，生动而具天趣。

2　油松瘿（2016年10月18日）　潭柘寺位于北京门头沟区潭柘山麓，始建于西晋永嘉元年（307年）。寺内外的千年银杏、油松、白皮松、古槐、柘树、七叶树、玉兰、丁香、海棠、侧柏、龙柏、柿树，少者几百年，长者上千年。除植于辽代由乾隆皇帝赐名的银杏树即"帝王树""配王树"外，最为出名的便为油松，多高耸虬屈，包节圆满，树皮色如胭脂，斑驳苍古。《诘老树》曰："老树千年无一语，看人衣冠变黄土。"

3　老红木瘿（标本：北京梓庆山房标本室）　老红木，特别是生于石山者，多生小瘿，有的稀疏，有的密集，其纹多为墨黑色，变幻无穷，并无常理。

3

1　2

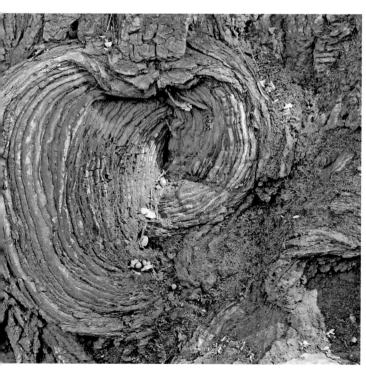

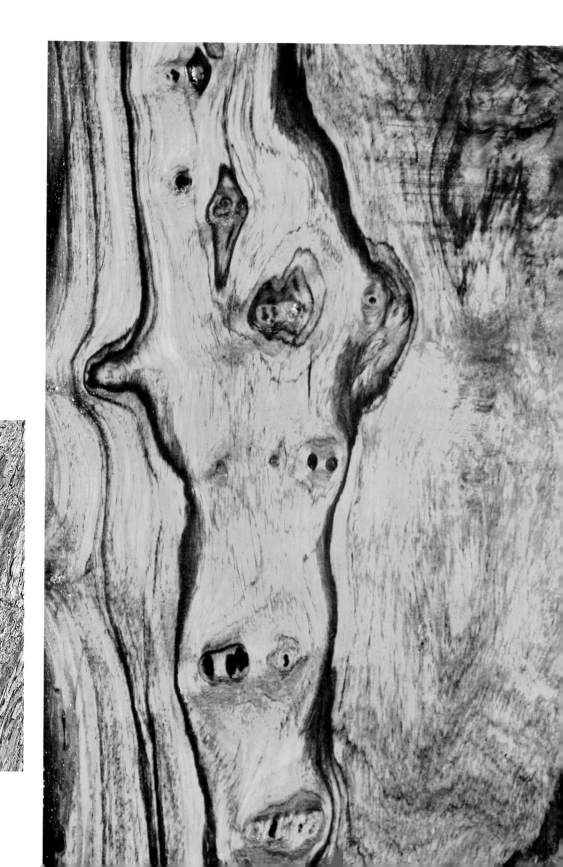

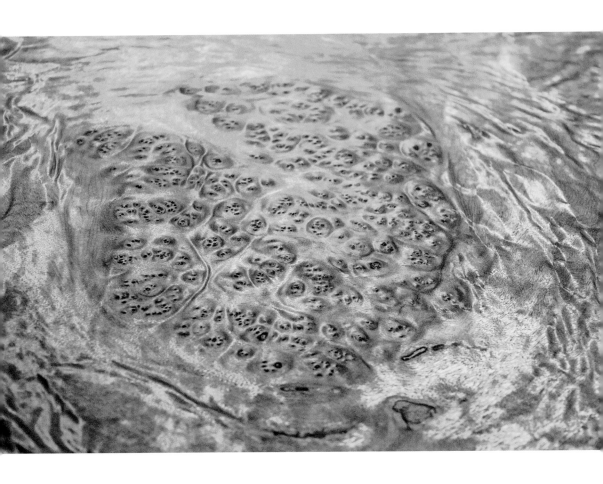

1 "满面葡萄"（标本：福建泉州陈华平） 楠木瘿纹之至美者应为"满面葡萄"，其纹源于树木主干之小瘿的密集，其余美纹源于其光泽之回反而使人产生视觉上的差异。

2 楠木瘿（2）（标本：福建泉州陈华平） 漳瘿纹凹凸起伏，底部纹如人面，与其本身光之折射有关。

3 日本柳杉瘿（2014年10月1日） 日本歌山县境内柳杉连片，特别是山涧、寺庙周围，柳杉节疤纵横，由其所生之瘿纹多水波纹及飞鸟、草木之图案，日人常弃之于地，喜径切直纹之板材。

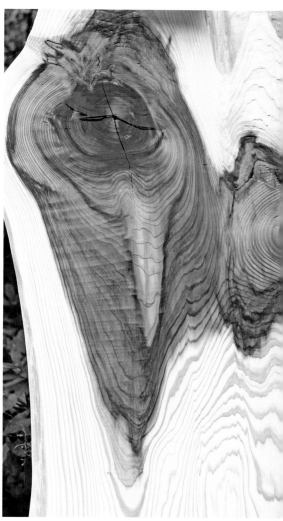

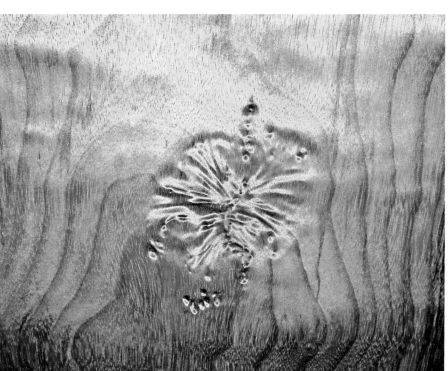

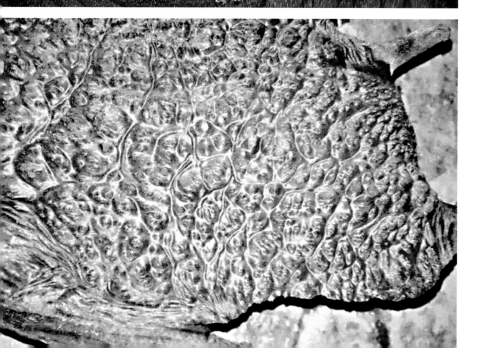

1 楠木瘿（3）（标本：福建泉州陈华平） 源于四川绵阳的楠木阴沉木，外枯槁而膏润，花纹奇变，纹如空谷幽兰、花蕊初放，有化机之感，见自得之趣。

2 楠木佛头瘿（标本：福建泉州陈华平）

3 楠木瘿（资料提供：南京正大拍卖公司）

4 花梨佛头瘿 原物尺寸长 2330 mm× 宽 1600 mm × 高 120 mm，小瘿包密集均匀，切面纹如佛头。如此大瘿，多见于印度紫檀（P.indicus）。

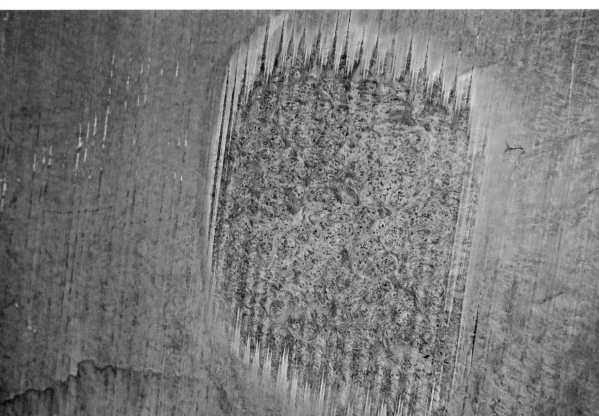

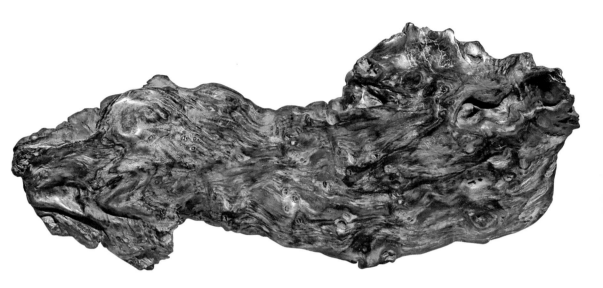

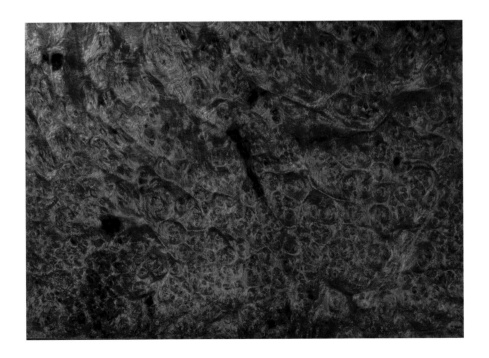

1 黄花黎自然纹（标本与摄影：北京杜金星）
2 花梨瘿（资料提供：南京正大拍卖公司）
3 柏瘿（2012年4月18日）北京凤凰岭之龙泉
寺桧柏主干无一不布满包节，活节、死节均有，
死节居多且有空洞，瘿纹与外部主干之纹吻合，
如人工印扣，不着痕迹。
4 日本柳杉瘿（2014年10月1日）柳杉侧枝而
生节，节呈深紫褐色，正圆形，周围小红色纹
理均为深色节疤挤压、扩散而外延的结果。

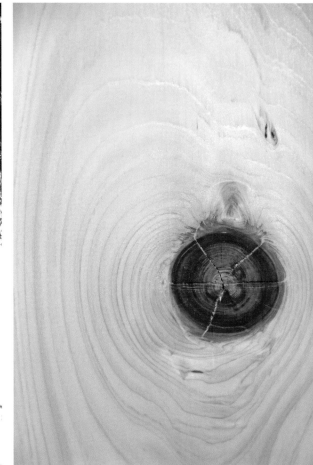

木 典
中国古代家具用材研究
The Encyclopedia of Wood
A Study of the Timber Constituting Ancient Chinese Furniture

1 │ 3
2 │ 4

320
321

1 树根包塔（2007年5月16日）柬埔寨吴哥窟的奇景之一便是巨木包裹残垣断壁，树之主干与树根瘿包相连，无一形似，无一不奇。

2 花梨全瘿（中国林业国际合作集团公司仰光贮木场，2009年6月29日）花梨原木全身布瘿，长12 m，小头直径80 cm。

3 花梨假瘿 花梨、柏木、柳杉、银杏、缅茄及楠木，表面并无瘿包，但心材切面纹美如画，除其他原因外，光泽回反或色素游走是最重要的原因。

4 根艺（收藏：北京张皓）

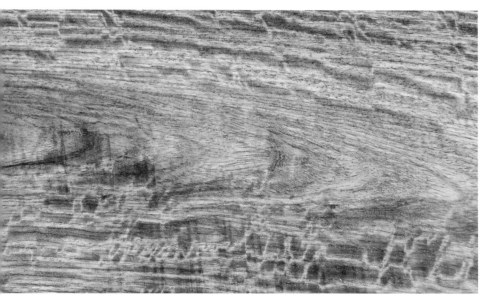

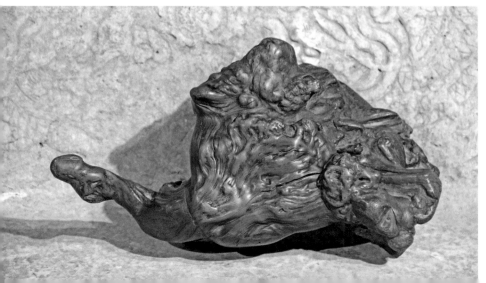

1 瘿木衣柜（槟城娘惹博物馆，2018年9月22日）
马来西亚槟城娘惹博物馆是展示华人历史文化
的一个重要场所，原籍福建、广东潮汕地区的
华人自汉唐开始移居今印尼、新加坡、马来西
亚，华人与马来族或其他土著如结婚所生子
女称为"峇峇娘惹"（baba nyonya），男性为
Baba（峇峇），女性为Nyonya（娘惹）。其文
化融合了中国传统文化与本土文化，但中国文
化的特征更为明显。娘惹博物馆藏有近300年
来的家具及日常用品、服饰、工艺品等。此柜
柜面采用瘿木（可能为假瘿），当地人称此型
是中国方角柜的改良，受广东、福建家具文化
的影响尤其深厚。
2 娘惹瘿木衣柜之瘿纹

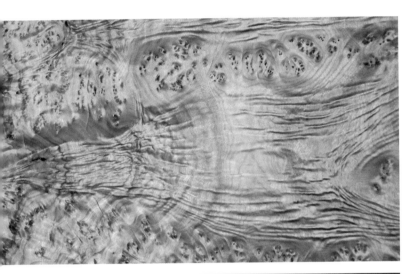

1　木果缅茄瘿（1）

2　木果缅茄瘿（2）（标本：老挝琅勃拉邦芒南县
Boun My 先生，2014 年 12 月 26 日）

3　乌桕瘿（广西博物馆院内，2017 年 12 月日）
乌桕（*Sapium sebiferum*）主产于长江流域，其
主干常瘿包缠身，也用于家具的制作。瘿木的
开锯，也应从扁平处开锯，或避开沟槽与沟
槽平行开锯，可以得到花纹理想、尺寸较宽
的板面。

1 楠木原木（北京南苑京都酒厂，2014年1月13日）新伐的贵州楠木，左侧为根部即大头，右侧为小头，实际上大小头尺寸相近，中间细小，且有沟槽，瘿包大而分布不均匀。开锯前先除皮，从两端观察纹理走向，从纹理最长一侧先开一片，再从垂直的一面开一片，比较纹理之优劣，然后决定下一步开锯方法。从其干形来看，应尽为美纹。

2 木莲瘿（云南腾冲县滇滩边贸货场，2012年5月5日）木莲（*Manglietia fordiana*），俗称黑心木莲，瘿多而大。此瘿中间死穴，四周分裂，可能由于真菌感染而生瘿。从断面看，如并无奇妙之纹，则可采用径切或其他锯切方法，也可用于工艺品制作。

1 黄兰瘿（云南省腾冲县滇滩边贸货场，2015年4月29日）黄兰（*Michelia champaca*），又名黄心楠，产于缅甸，周身生瘿。锯切方法应以瘿包密集的一面开第一锯，或从与其垂直的一面再开一锯，加以观察、比较。黄兰瘿纹之美者，色泽或纹理与楠木极为近似，易混淆。

2 黄兰根（云南省腾冲县滇滩边贸货场，2015年4月29日）此根长处约3 m，盘亘有形，气韵贯通，绝无阻碍，稍加梳理，便为美器，正如李白所言："蟠木不雕饰，且将斤斧疏。樽成山岳势，材是栋梁馀。"如过多的人工雕饰，留意于物，有违本心。

3 明·黄花梨鬼脸纹笔筒（收藏：北京刘俐君 摄影：韩振）

4 天然瘿几（中国嘉德国际拍卖公司嘉德四季第49期拍卖会，2017年9月4日）

榆 木

ELM

树冠（2015年6月18日）榆树树冠多呈伞状，枝条下垂，随风飞扬，榆花满地。榆树多植于屋后或作行道树或植于河畔，榆花从春初生，可与秋气相连，故有"榆钱落尽槿花稀"之说。宋人陈与义当年从开封乘船沿惠济河东行至150里开外的襄邑，惠济河百里榆堤，落英缤纷，诗人诗兴大发："飞花两岸照船红，百里榆堤半日风。卧看满天云不动，不知云与我俱东。"

基本资料	学　　　名	用于家具的榆木最主要的还是白榆
	中 文 名 称	白榆
	拉 丁 文 名 称	*Ulmus pumila* L.
	中 文 别 称	榆树、榆木、家榆、枌、枌榆、白枌、零榆
	英 文 别 称	Elm, Dwarf elm, Siberian elm.
	科　　　属	榆科（ULMACEAE）榆属（*Ulmus* L.），（榆属，中国有25种，几乎分布于中国各地）
	原 　产　 地	中国华北、东北及西北，四川、江苏、浙江、江西、广东，朝鲜、日本及俄罗斯西伯利亚也有分布。河北丰宁县邓栅子林场有一片天然纯林，塞罕坝也有不少团状天然林分布
	引 　种　 地	白榆是榆木中引种最广的树种，各地均有人工种植

释名

有关榆木之名称、种类极为繁复，我们将其几种主要的名称排列出来，一一分析：

1.王安石的《字说》云："榆渖俞柔，故谓之榆。其枌则有分之之道，故谓之枌。其荚飘零，故曰零榆。"《尔雅》中记载："榆，白枌（孙炎注：榆白者为枌）。郭璞注：枌榆，先生叶，却著荚，皮白色。"

2.《诗经·陈风·东门之枌》云："东门之枌，宛丘之栩，子仲之子，婆娑其下。"枌，即白榆。

3.《诗经》中有关榆树的描写较多，如《唐风·山有枢》："山有枢，隰有榆。"枢即刺榆。陆玑《疏》云："枢，其针刺如柘，其叶如榆。瀹为茹，美滑于白榆。榆之类，有十种，叶皆相似，皮及木理异尔。"

4.《秦风·晨风》有："山有苞栎，隰有六驳。"陆玑《疏》云："驳马，梓榆也，其树皮青白驳荦，遥视似驳马，故谓之驳马。"何谓"驳"？《尔雅》曰："驳如马，倨牙，食虎豹。"《山海经》曰："中曲之山，有兽焉，其状如马而白身黑尾，一角，虎牙爪，音如鼓音，其名曰驳，是食虎豹，可以御兵。"

何谓"梓榆"？清代植物学家吴其濬（1789—1847）在《植物名实图考》中称："《补笔谈》：梓榆，南人谓之朴，齐鲁间人谓之驳马。驳马即梓榆也。南人谓之朴，朴亦言驳也，但声之讹耳。《诗》：'隰有六驳'是也。陆玑《毛诗疏》：'檀木，皮似系迷，又似驳马'"，"盖三木相似也。今梓榆皮甚似檀，以其斑驳似马之驳者，今解《诗》用《尔雅》之说以为兽，'倨牙、食虎豹'，恐非也。兽，动物，岂常止于隰者，又与苞栎、苞棣、树檖非类，直是当时梓榆耳。"从这段文字来看，梓榆即榆科朴属（*Celtis* L.）之树种。据《河北树木志》：朴属，中国产 21 种，广布于南北各地。河北产 3 种。即小叶朴（*Celtis bungeana*）、黄果朴（*Celtis labilis*）、大叶朴（*Celtis koraiensis*）。故《诗经》中之"枌""枢""六驳"，只有"枌"属榆科榆属木材，而"枢"为刺榆属，"六驳"则隶朴属，三个树种同科而分散于三个不同的属。故我们不能将刺榆、梓榆归入榆木类。

5. 何谓"紫榆"

（1）清·屈大均在《广东新语》中认为"紫檀一名紫榆，来自番舶"。清·江藩在《舟车闻见录》中有："紫榆来自海舶，似紫檀，无蟹爪纹。刳之其臭如醋，故一名'酸枝'。"

清道光·高静亭《正音撮要》曰："紫榆，即孙枝。"

从江藩及高静亭的描述来看，紫榆并非紫檀，而是今"老红木"或"酸枝木"，历史上广东人称豆科黄檀属有酸味的木材为"酸枝"或"孙枝"。

（2）"紫榆有赤、白二种，白者别名枌，赤者与紫檀相似，出广东，性坚，新者色红，旧者色紫。今紫檀不易得，木器皆用紫榆。新者以水湿浸之，色能染物。"（清·徐珂《清稗类钞》第十二册，第 5888 页，中华书局，1986 年 7 月）

（3）古旧家具行也有人认为"紫榆为浅褐色或紫褐色的榆木"，紫榆家具多见于河南洛阳一带。

（4）紫榆即桃叶榆（*Ulmus prunifolia*），老者之心材多为暗紫褐色，主产于山西。

木材特征			
	边	材	浅黄褐色或灰白色
	心	材	浅栗褐色、浅杏黄色，也有的呈暗肉红色或酱褐色。河北、山西产白榆，新切材心材金黄者多，特别是旧材之新切面，主要与生长环境有很大关系，容易感染变色菌
	生 长	轮	十分清晰，宽窄不均匀。早材至晚材急变，轮间呈深色晚材带
	气	味	无特殊气味
	花	纹	榆属木材的花纹均十分近似，与榉属木材也很相似，径切面直纹较多，细长而宽窄不一的纹理整体呈长波形有序扭曲，但波动幅度不大。弦切面有时呈峰纹，多有不规则的美丽花纹。年长久远之旧家具，生长轮之间会形成沟壑状条纹，且十分明显，当然并不排除人工后天作为，以突显其古朴沧桑
	气 干 密 度		0.630 g/cm^3

我国有榆木约 25 种，现将几种主要用材之特征列表如下：

中文学名	代表产区	木材主要特征
川榆	云南 四川	边材浅褐色，心材黄褐或金黄色至浅栗褐色，木材有光泽，生长轮明显，在弦切面上呈有序的抛物线花纹；在径切面上，花纹、色泽也十分亮丽。材面光滑细腻。气干密度 0.580 g/cm³。
春榆	东北	边材浅黄褐色，心材浅栗褐色，花纹清晰而多变，边材易感染变色菌，可侵入心材而形成"大理石状腐朽"，有明显的棕黑色细线将腐朽与健康材分割，呈现不规则的大理石花纹。气干密度 0.581 g/cm³。
白榆	河北 山西	边材浅黄褐色，与心材区别略明显，易感染变色菌，木材也会产生"大理石状花纹"。心材浅栗褐色或酱褐色，光泽强，手感好，花纹呈峰纹者多。气干密度 0.630 g/cm³。
大果榆	山西 河北 东北	边材浅黄色，心材黄褐色或金黄色，生长轮清晰，纹理线条弯曲自如，呈浅棕色，光泽好。气干密度 0.661 g/cm³。
榔榆	山西 河北	边材浅灰白色，心材浅黄或金黄色，有些呈红褐或暗红褐色，浅棕色纹理布满弦切面，加工后极易与榉属（Zelkova）木材相混，生长轮在弦切面上呈美丽的抛物线花纹，但不如春榆、白榆。气干密度达到 0.898 g/cm³，是榆属木材中密度最大的。

分类

1.《诗经》中有三种：枌（白榆，榆科榆属）、枢（刺榆，榆科刺榆属）、六驳（梓榆，榆科朴属），三个树种同科但不同属，心材特征有类似之处。

2.《本草纲目》中有四种：荚榆、白榆、刺榆、榔榆。

3.按榆木心材颜色及花纹分：白榆、赤榆、黄榆、花榆（有明显美丽花纹者）。

4.陈嵘著《中国树木分类学》分类如下：

（1）白榆（*Ulmus pumila*，别称：钻天榆、钱榆、榆树）

（2）青榆（*Ulmus laciniata*，大青榆、大叶榆、裂叶榆、山榆）

（3）兴山榆（*Ulmus bergmanniana*）

（4）春榆（*Ulmus japonica*，柳榆、山榆、栖树、烂皮榆、流涕榆）

（5）毛榆（*Ulmus wilsoniana*，柳榆、榆叶椴）

（6）黑榆（*Ulmus davidiana*，山毛榆）

（7）黄榆（*Ulmus macrocarpa*，山榆、迸榆、扁榆、毛榆、柳榆、大果榆）

（8）滇榆（*Ulmus lanceifolia*）

（9）美国榆（*Ulmus americana*，原产美国，南京有栽培）

（10）榔榆（*Ulmus parvifolia*，桥皮榆、构丝榆、秋榆、掉皮榆、豹皮榆、脱皮榆、铁树、红鸡油）

5.孙立元、任宪威主编《河北树木志》中分类如下：

（1）欧洲白榆（*Ulmus laevis*，大叶榆）

（2）裂叶榆（*Ulmus laciniata*，青榆）

（3）白榆（*Ulmus pumila*，榆树、家榆）

（4）旱榆（*Ulmus glaucescens*，灰榆）

（5）脱皮榆（*Ulmus lamellosa*，金丝暴榆）

（6）黄榆（*Ulmus macrocarpa*，大果榆）

（7）黑榆（*Ulmus davidiana*）

（8）榔榆（*Ulmus parvifolia*，小叶榆）

每个省或地区均有不同种类的榆木，如四川、云南所产川榆即兴山榆（*Ulmus bergmanniana*）、滇榆（*Ulmus lanceifolia*，又称越南榆、红榔木树、懒木楝、常绿榆、常绿滇榆、披针叶榆）均是西南地区著名的家具用材。心材近黄，花纹清晰、美丽，色泽鲜亮，材质甚至超过北方的白榆。而东北的榆木主要有春榆（*Ulmus davidiana var. japonica*，又称白皮榆、白杆榆、小叶榆）、裂叶榆（*Ulmus laciniata*）、白榆（*Ulmus pumila*）。而榆木家具的故乡山西则主要以大果榆（*Ulmus macrocarpa*）、桃叶榆（*Ulmus prunifolia*，又称李叶榆，心材暗紫褐色）、白榆（*Ulmus pumila*）三种榆木居多。湖南、湖北则喜用榔榆（*Ulmus parvifolia*），其分布纵横南北，称谓不一，在福建、安徽称铁枝仔树、铁树、榆树，扬州称翘皮榆，河南称掉皮榆，山东称豹皮榆、脱皮榆，其余地区又有红鸡油、鸡公橱、蚊子树、榆皮、秋榆之称。由于其气干密度达 0.898 g/cm^3，故一般用于油榨坊、车轮及建筑桥梁或其他承重部位。湖南华容一带又有薄树、薄枝子树、榔树之称，其树皮内侧絮状物发达，黏液丰富。20 世纪 50 年代末，农村因饥荒多食榔榆皮。原木与榉树属木材难辨，榉树属木材树皮可整块撕裂、折断，而榔榆皮则不易撕裂、折断，且富黏液，絮状物多，其心材与榉木也易混淆。陈嵘先生称榔榆"多系天然野生，若秦岭以北各地，则有系人工栽培者。材质以坚硬著称，用为车辆、油榨及船橹等最为合宜；根皮为制造线香重要成分。本树种皮斑驳，小枝短细纷出，叶在本属中为最小，秋开花而隔月实熟，易于识别"。（陈嵘《中国树木分类学》第 215 页）

利用

1. 用途

（1）家具

榆木家具主要产生于山西、陕西、河北、河南、山东、北京等地，特别以山西、河北为甚。榆木家具制式高古、素朴，是中国古代家具中历史最悠久的一个种类，是研究中国古典家具的活化石。榆木用之于家具，几乎涵盖家具所有的种类与形式。

（2）建筑

北方多用于盖房，如柱、梁或门、窗、槅扇等。

（3）造船

明清时期有不少用榆木造船的记录，如四百料战船、一千料海船之舵杆便用榆木；平底浅船、遮洋海船之草鞋底即用榆木。

（4）药用与食用

白皮、叶、花、荚仁、榆耳均可入药，能安神、除邪气、利尿及治疗其他疾病。

白榆先生叶，着荚，皮白色，二月剥皮，刮除粗皮，中极滑白，取皮为粉，可以食用。《本草纲目》称："三月采榆钱可作羹，亦可收至冬酿酒。瀹过晒干可为酱，即榆仁酱也。……山榆之荚名芜荑，与此相近，但味稍苦耳。……今人采其白皮为榆面，水调和香剂，粘滑胜于胶漆。"故欧阳修有"杯盘饷粥春风冷，池馆榆钱夜雨新"之佳句。关于榆树的作用，还有许多记载。古代北方边塞密植榆树可为要塞，即"累石为城、树榆为塞"。骆宾王诗曰："边烽警榆塞，侠客度桑乾。"《韩诗外传》称："楚庄王将伐晋，敢谏者死。叔敖进谏曰：'臣园中有榆柳，上有蝉，蝉方奋翼悲鸣，饮清露，不知螳螂之在其后也。"《梦书》称："榆为人君，德至仁也。梦采榆叶，受赐恩也。梦居树上，得贵官也。"

2. 应注意的问题

（1）榆木天生就有两大缺陷：

① 在生长时期或伐后，树干或原木均易开裂，裂纹以近根部为多，离根部 1 m 左右的主干内干基凹凸及夹皮而形成各种交错的裂纹，别称"大花脸"，裂纹有时自始至终。开裂程度不一，与腐朽、立地条件、伐后堆放条件均有关系。榆木的采伐须在寒冷的冬天，不然极易生虫腐朽。

② 在树木生长期间，主干易产生干瓜子型腐朽，减低木材的韧性，使木材变粗糙、变脆。榆木伐后制成原木，在堆放期间易受彩绒菌感染，出现大理石状腐朽，由表及里，使发生腐朽部分的木材颜色变浅、变脆。

在加工利用榆木时要特别注意这两种现象，锯材时应与裂纹平行开锯。另外，不管新伐材还是旧房柁，首先要探明榆木的腐朽部分，有的腐朽部分特征并不明显，腐朽部分不能用于建筑、造船、家具的制作，应该予以剔除。

（2）榆木新伐材含水率高，极不易自然排湿。一般新伐材应自然干燥 1 年左右再进行锯解。新伐材在堆放过程中极易感染细菌而产腐朽，故榆木应保持完整的树皮，两端涂刷防护漆或乳胶，使其保湿，缓慢排放内存水分。当然，将新伐材进行防腐处理或熏蒸是最好的选择。榆木老房柁材性稳定，所有缺陷均已暴露，锯板后可以进行人工干燥或天然干燥，以保持其原有的稳定性。

（3）历史上榆木原料充足，尺寸大者易得，制作家具应一木一器，颜色、纹理应追求一致。榆木因树种不同，颜色、纹理也不同，故配料的原则仍应坚持腿、边料径切成直纹，有花纹的榆木即花榆应做案心、门心。材色重者做腿边，浅者为心。另外，除榔榆外，其他榆木的密度均较小，故在设计家具时，应特别注意这一点，尤其是承重部位。榆木家具的部件尺寸比一般家具的尺寸应肥厚一些，不像紫檀、乌木、黄花梨家具可以纤秀灵动，而榆木家具一般敦实、壮硕。

榆木独立成器者多，这也是榆木家具的另一个特色。在山西、河北等地，榆木也与柏木、桐木、杨木或柳木、槐木混用。榆木与榉木易混，特别是椰榆与榉木从外表（树皮）到心材均易混淆。故榉木家具与榆木家具在器形与工艺方面相同的地方多，二者特别是榉木家具与黄花梨家具的器形、工艺几乎一致。也可以说榆木家具是黄花梨家具的先辈。这也是榆木家具值得骄傲的一个鲜明特征。

广武榆（摄影：山西吴体刚，2010年5月7日）
黄兰（*Michella champaca*），又名黄心楠，产
山西省朔州市山阴县旧广武古城。古城始建于
辽，为历史上汉民族与北方少数民族战事频发
之地。古城墙之最上沿矮墙置垛口、望洞和射
孔。整个城墙共施马面16座，东、南、西三
面筑城门，不置北门，城墙上置门楼，结构严
密，布局合理。古城墙上孤榆独立，迎风而生，
自成风景，已近六月，仍树叶稀疏，不见花开。
《艺文类聚》引《庄子》曰："鹊上高城之垝，
而巢于高榆之颠，城坏巢折，凌风而起。故君
子之居世也，得时则义行，失时则鹊起。"

1 榆叶（俄罗斯哈巴罗夫斯克，2015年6月18日） 榆叶呈椭圆状卵形、长卵形、椭圆状披针形或卵状披针形，长2～8 cm，宽1.2～3.5 cm，边缘具重锯齿或单锯齿。榆叶可以食用，亦可入药。

2 敦煌榆（2011年4月30日） 1944年2月于甘肃敦煌成立"国立敦煌艺术研究所"，首任所长为常书鸿先生。1950年改组为"敦煌文物研究所"，1984年扩建为"敦煌研究院"，是敦煌学之学术重镇。《常书鸿日记手稿》称："院中有两棵栽于清代的老榆树，院中正房是工作室，北面是办公室和储藏室，南面是会议室和我的办公室。"从此段文字可知古榆生于清代，先有榆，后有研究所。

木 典
中国古代家具用材研究
The Encyclopedia of Wood
A Study of the Timber Constituting Ancient Chinese Furniture

344
345

1 | 2 3

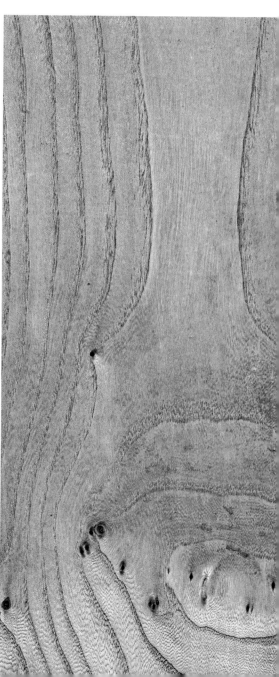

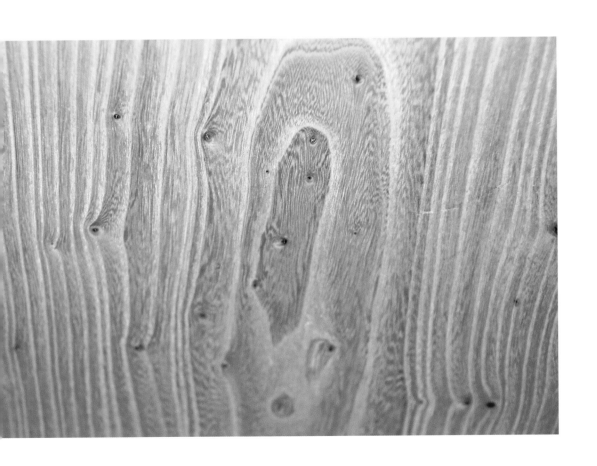

1　新切面（标本：北京梓庆山房标本室）　材色浅褐、干净，纹理色白，遇节隆起。

2　宝塔纹　清早期榆木书桌之宝塔纹，亦称峰纹，是古董行识别榆木的标志之一。

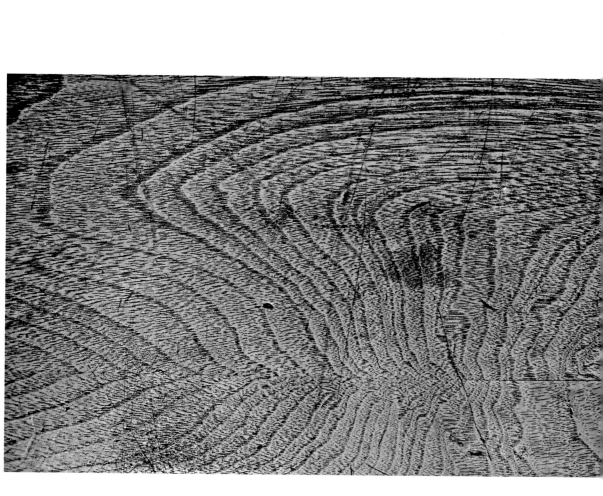

1 清早期榆木南官帽椅靠背板（收藏：天津马可乐，2016年3月2日）

2 清早期榆木酒桌腿（收藏：河北威县德义轩耿新超）此桌原产河南洛阳，洛阳及其周围地区为紫榆及紫榆家具的重要产地。桌腿承重，制材时应径切直纹，才能起到承重的功能而不至弯曲、开裂或损毁，但此桌腿弦切断纹，沿年轮碎裂，是制器之大忌。

3 清早期榆木酒桌面心（收藏：河北威县德义轩耿新超）榆木纹理细密，沟槽已现。

木 典

中国古代家具用材研究

The Encyclopedia of Wood
A Study of the Timber Constituting Ancient Chinese Furniture

1 │ 2

350
351

1 鹨鶒榆（标本：北京韩永）此标本为旧房料所开，具成片的鸡翅纹，故亦称之为"鹨鶒榆"。
2 榆瘿　榆树生瘿，成片连串者稀少，多似自然散纹居多。

1 清中期榆木供案杨木抽屉脸（收藏：马可乐，
2016年3月2日）山西古代家具，榆木多与杨木、
柳木、柏木混用。杨木性软而色净，易于雕琢，
是用于绦环板的上佳材料。
2 清中期山西榆木朱漆描金衣柜柜心（收藏：马
可乐，2016年3月2日）

1　雨后榆钱　榆钱即榆树的种子，亦称榆荚。外形圆薄，中间隆起如古钱，故名。榆钱飘落，春意将逝，即使"抛尽榆钱，依然难买春光驻"。榆钱或称榆花，从江南至西北、东北，于四月至七月次第开放，遇风遇雨则满地榆钱，唐·施肩吾的《戏咏榆荚》："风吹榆钱落如雨，绕林绕屋来不住。知尔不堪还酒家，漫教夷甫无行处。"

2　朽榆　榆树于自然生长过程中受虫害及真菌感染极易局部腐朽或形成空洞。桓谭《新论》曰："刘子骏信方士虚言，为神仙可学，……余见其庭下有大榆树，久老剥折，指谓曰：彼树无情，然犹朽囊，人虽欲爱养，何能使之不衰？"

黄杨木

BOXWOOD

老青山黄杨（1）老青山黄杨，枝叶长年翠绿，树皮灰白如鱼鳞开裂，常与九死还魂草（Selaginella tamariscina）一起生长于山之阳坡石缝中（右上角棕褐色者即为干旱时的还魂草，遇高温及雨水则枝叶伸展呈翠绿色）。苏轼《巫山》谓黄杨："穷探到峰背，采斫黄杨子。黄杨生石上，坚瘦纹如绮。"

基本资料	中 文 名 称	黄杨
	拉 丁 文 名 称	*Buxus spp.*
	中 文 别 称	豆瓣黄杨、千年矮、万年青、番黄杨（清造办处档案，多从南亚、东南亚进口）
	英 文 别 称	Box，Boxwood
	科 　 属	黄杨科（BUXACEAE）黄杨属（*Buxus*）
	原 　 产 　 地	中欧及地中海沿岸、东南亚、南亚地区及加勒比地区、中美洲；我国主要产于长江以南各省，北方地区有极少分布
	引 　 种 　 地	作为用材林在热带、亚热带地区均有引种，而作为园林及盆景则遍布全球

释名　　　　黄杨木色如骨黄、枝叶上扬，故谓之黄杨。又因其生长缓慢、树形矮小，树叶长年翠绿不谢，又有千年矮、万年青之别称。

清·李渔称黄杨为"君子之木"："黄杨每岁长一寸，不溢分毫，至闰年反缩一寸，是天限之木也。植此宜生怜悯之心。予新授一名曰'知命树'。天不使高，强争无益，故守困厄为当然，冬不改柯，夏不易叶，其素行原如是也。使以他木处此，即不能高，亦将横生而至大矣；再不然，则以才不得展而至瘁，弗复自永其年矣。因于天而能自全其天，非知命君子能若是哉？最可悯者，岁长一寸是己；至闰年反缩一寸，其义何居？岁闰而我不闰，人闰而己不闰，已见天地之私；乃非止不闰，又复从而刻之，是天地之待黄杨，可谓不仁之至，不义之甚者矣。乃黄杨不憾天地，枝叶较他木加荣，反似德之者，是知命之中又知命焉。莲为花之君子，此树当为木之君子。莲为花之君子，茂叔知之；黄杨为木之君子，非稍能格物之笠翁，敦知之哉？"

木材特征	边　　材	《崖州志》称："黄杨，不分格漫。"即心边材区别不明显
	心　　材	新切面呈杏黄色，以纯净无杂色为上；另有一种间含杂色，底色浅黄泛白，具有浅或深色条纹。经过数十年或数百年的氧化，黄杨木表面呈骨质感很强的褐色或古铜色
	生　长　轮	不明显
	纹　　理	部分国产黄杨几乎不见纹理，有的纹理清晰，弦切面之纹理各具特色
	油　　性	油性强，有明显的滑腻感，老者包浆明亮、干净；而产于越南、老挝的黄杨则木质疏松、油性差
	气　　味	新切面无特殊气味，有时呈泥土之清新气味
	气 干 密 度	国产黄杨的气干密度均接近于1，如黄杨（*Buxus microphylla*, var.*sinica*）的气干密度为 0.94 g/cm³

分类　　1. 陈嵘著《中国树木分类学》及唐燿著《中国木材学》的分类：

（1）黄杨（*Buxus microphylla*, var.*sinica*）

原种产于日本，现产于河南、山东等地。木材淡黄色，老则为浅绿色，生有斑纹状之线，质极致密，割裂难，加工容易，通常供为美术品；唯本种生长极缓，非达二三十年后不得为用材也。

（2）锦熟黄杨（*Buxus sempervirens*）

产于亚洲南部、欧洲南部、非洲北部。

（3）雀舌黄杨（*Buxus harlandii*）

产于湖北、贵州、福建、广东等省。（陈嵘著《中国树木分类学》第636—638页）。唐燿认为黄杨只有此种可以成树木，其他多为灌木或小树。树皮通常为浅灰色，质柔。心材与边材的区别不明显。材色黄褐色至淡红褐色，甚美丽而悦目。纹理直行或斜行，结构极细而致密，质细重。（唐燿著《中国木材学》第324—325页）。

2. 郑万钧主编的《中国树木志》分类：

（1）黄杨（*Buxus sinica*）[*Buxus microphylla*，var.*sinica*]

产华北、华中及华东。20 年生胸径 13 ～ 15 cm。散孔材，鲜黄色，心边材区别不明显，有光泽，纹理斜、结构细，坚硬致密，耐腐朽、抗虫蛀。车旋及雕刻性能极好。

（2）小叶黄杨（*Buxus sinica* var. *parvifolia*）

产江西、安徽、浙江。木材坚硬致密，可做细木工、雕刻、玩具、图章等。

（3）软毛黄杨（*Buxus mollicula*）

产云南丽江及四川叙永。

（4）皱叶黄杨（*Buxus rugulosa*）

产四川康定、大金川、崇化及云南丽江等地。

（5）杨梅黄杨（*Buxus myrica*）

产广东、广西、海南、贵州、云南及湖南衡山。

（6）阔柱黄杨（*Buxus latistyla*）

产云南、广西及越南、老挝。

（7）海南黄杨（*Buxus hainanensis*）

产海南三亚、保亭、儋州。

（8）大花黄杨（*Buxus henryi*）

产四川、湖北及贵州。

（9）长叶黄杨（*Buxus megistophylla*）

产广东、广西北部、湖南宜章、湖北及贵州。

（10）雀舌黄杨（*Buxus bodinieri*）

产西南、华南及华东诸省。

（11）华南黄杨（*Buxus harlandii*）

产广东、香港、海南。

（12）滇南黄杨（*Buxus austro-yunnanensis*）

产云南南部双江、澜沧、西双版纳。

（13）尖叶黄杨（*Buxus aemulans*）［注（4）郑万钧主编《中国树木志》第二卷，第1934—1940页，中国林业出版社，1985年12月第1版］。

3. 按心材颜色纯度分：

（1）纯黄

又称蜜黄，也即象牙黄。新切面杏黄色，久则浅褐透亮，包浆明显，似老象牙色。仅见于国产黄杨、软毛黄杨。

（2）杂黄

主产于广西南部及越南、老挝，原木干形通直饱满，直径一般在20～30 cm，长度1～2 m，但其心材颜色浅黄泛白，有宽窄不一的浅咖啡色条纹或其他杂色。

| 利用 | 1. 用途 |

1. 用途

古代文献记载，黄杨一般用于"木梳及印版之属""可备梳箸之用""作梳剜印"。中国和日本尤喜将其用于印章。日本人特别钟爱将产于云南西北部，尤其是丽江一带、贵州梵净山及湖北的黄杨用于印章，云南曾有专门的工厂为日本生产黄杨木印章坯料。

（1）家具。黄杨木制作整件家具的例子很少。雍正五年十二月二十一日，怡亲王进贡紫檀木边黄杨木心有抽屉插屏式书格两架；雍正八年八月初八日，黄杨木小香几一件（花梨木绦环）；雍正九年三月初四日，黄杨木六瓣夔龙式帽架一件；雍正十一年，黄杨木瓜式帽架一对（紫檀木座），其余均为压纸、算盘、如意、挂屏等小件。

（2）镶嵌。如椅子靠背、牙子或绦环板；清及民国的家具也用黄杨木与其他颜色的材料镶嵌成传统图案。

（3）内檐装饰。故宫倦勤斋之《竹簧花鸟图》《百鹿图》中的花、鸟、叶、细枝用竹簧，树干则用黄杨木。

（4）把玩及文房用具。如意、水丞、笔筒、镇纸、算盘珠等。

（5）根雕。采用黄杨木根料，以其自然造型来雕琢人物或其他素材。

（6）宗教造像及其他人物的雕刻。主要使用光滑细腻而又无纹的纯黄，时间久远则有古铜或象牙的质感。

2. 应注意的问题

（1）"天玄而地黄。"黄，本谓土地之色。自古五色配五行五方，土居中，故以黄色为中央之正色。用"黄"，在镶嵌工艺方面十分讲究与之相配的其他木材的天然色彩与密度。一般来说，与之相配的木材密度不能太小，颜色不能近黄或浅色，如酸枝中的浅黄者、鸡翅木中的浅黄者、黄花梨、楠木、榉木等，而紫檀、乌木、深色鸡翅木、老红木均可采用黄杨木镶嵌，二者色差明显、密度适宜，可起画龙点睛之妙用。在家具制作中，尽量避免大面积使用黄杨或整件器物使用黄杨，其色彩易喧宾夺主或使人心生不悦。

（2）黄杨木质细腻、光滑润泽，用于雕刻可表现人物丰富多彩的感情与局部细微特征，如眼睛、毛发、衣服褶皱、面部所呈现的喜怒哀乐等。黄杨木色浅而洁，质地硬而润，是雕刻艺术家最喜欢的材料。近年黄杨木雕佳作频出，如浙江温州高公博先生的五百罗汉、十八罗汉、孙悟空系列及各种以表现百姓生活题材的作品，无不将各自所要表现的稍纵即逝而又不易捕捉的细微特征反映在创作之中。黄杨木多以人物或动物为题材者多，以系列作品取胜。

（3）黄杨木纯色无纹且性脆，故忌镂空、忌承重、忌表现蔓枝薄叶。

1 老青山黄杨（3）老青山山顶呈灌木状的黄杨，材质坚硬，枝叶漫散，有诗曰："黄杨性坚正，枝叶已刚愿。三十六旬久，增生但方寸。今何成修林，左右映霞蔓。良材岂一二，所期不在钝。"

2 老青山黄杨（2）（2018年4月6日）孤立于云南省昆明市西山区老青山峭壁上的黄杨。观音山段加胜先生称黄杨多生长于山峰之巅或接近于山顶的石缝之中，多为灌木，也有不少主干直径可达10 cm左右，树龄500~800年，色黄而性脆。

1　网师黄杨枝叶（2018 年 4 月 13 日）　苏州名园网师园始建于南宋淳熙年间（1174—1189 年），为宋代藏书家、官至侍郎的扬州文人史正志的“万卷堂”故址，花园名为“渔隐”。园中有两棵黄杨，当地称为“瓜子黄杨”，枝叶繁茂，树干粗壮，与老青山黄杨迥异，正契合元 · 华幼武咏《黄杨》：“咫尺黄杨树，婆娑枝干重。叶深圃翡翠，根古踞虬龙。岁历风霜久，时沾雨露浓。未应逢闰厄，坚质比寒松。”

2　网师黄杨主干　主干皮薄如鱼鳞开片，因土壤肥沃，雨水丰沛，阳光充足，生长较岩石山快，密度不如后者。

3　横切面（标本：北京梓庆山房标本室，摄影：北京马燕宁，2015 年 12 月 30 日）　生长于云南丽江地区的黄杨木横切面呈杏黄透褐，年轮细密而又清晰可辨，除用于镶嵌外，20 世纪 90 年代曾出口日本，为印章及工艺品的原料。

4　原木　产于湖北西部、西北部的黄杨，材色浅，密度次于产于云南的，但颜色纯净，花纹雅秀，若隐若现。

木 典

中国古代家具用材研究

The Encyclopedia of Wood

A Study of the Timber Constituting Ancient Chinese Furniture

370

371

3

4

1 2 5

1　心材（1）（标本：北京梓庆山房）

2　心材（2）（标本：北京梓庆山房）

3　心材（3）（标本：北京梓庆山房）黑色斑点多
与小死节、空洞及腐朽有关。

4　心材（4）（标本：北京梓庆山房）

5　心材（5）（标本：北京梓庆山房）

木 典
中国古代家具用材研究
The Encyclopedia of Wood
A Study of the Timber Constituting Ancient Chinese Furniture

372
373

2
1 3 4

1　日本黄杨木雕工艺表演（2014年2月14日）日本东京三越百货组织的黄杨木传统雕刻艺人现场表演，多为各式梳、盒等日用工艺品。

2　清·老红木靠背椅靠背板（收藏：广西玉林罗统海，摄影：于思群，2014年7月5日）"窗前彩凤见来频"，原为明·商辂《墨竹二首》："一林苍玉发新梢，仿佛朝阳见凤毛。劲直不随霜雪变，也应素节养未高。淡墨何年写此君，窗前彩凤见来频。虚心不改岁寒意，为有清风是故人。"嵌字材料为黄杨木，色变为紫红色。

3　清·黄杨木八宝纹水丞（收藏：北京梓庆山房）

4　清·黄杨木人物纹如意（收藏：北京梓庆山房）

1　黄杨木兰花开光（标本：北京梓庆山房）酸枝木灯挂椅，靠背板为东非黑黄檀，黄杨木兰花开光。

2　酸枝木东非黑黄檀三面围子嵌黄杨兰草纹罗汉床（制作与工艺：北京梓庆山房周统）

3　黄杨木雕五方佛之阿弥陀佛（资料：中国工艺美术大师童永全，四川成都）

柏木

木典

中国古代家具用材研究

CYPRESS

绿潭悬崖怪柏（2017年10月14日） 北魏·郦道元《三峡》："自三峡七百里中，两岸连山，略无阙处。重岩叠嶂，隐天蔽日……春冬之时，则素湍绿潭，回清倒影。绝巘多生怪柏，悬泉瀑布，飞漱其间。清荣峻茂，良多趣味。"

基本资料	学　　名	从释名看，柏木并不指一个树种，是柏科中多个树种的集合名词。
	科　　属	柏科（CUPRESSACEAE）扁柏属（*Chamaecyparis* Spach）柏木属（*Cupressus* L.）圆柏属（*Sabina* Mill.）翠柏属（*Calocedrus* Kurz）侧柏属（*Platycladus* Spach）

柏木
Cupressus funebris

通称：柏树。四川：垂丝柏、香扁柏、花香柏，湖南：扫帚柏，湖北：白木树、柏香树、唐柏，河南：密密松，云南：宋柏、璎珞柏。
英文：Chinese weeping cypress

侧柏
Platycladus orientalis

《本草纲目》中引陆佃《埤雅》称："柏之指西，犹针之指南也。柏有数种，入药惟取叶扁而侧生者，故曰侧柏。"苏颂曰："柏实以乾州者为最。……其叶名侧柏，密州出者尤佳。虽与他柏相类，而其叶皆侧向而生，功效殊别。"
别称：浙江、安徽、四川：扁柏，江苏扬州：扁桧，河北：香柏，湖北：香树、香柯树。
英文：Oriental arbor-vitae

圆柏
Sabina chinensis

原隶刺柏属（*Juniperus* L.），今据其特征改为圆柏属。《尔雅·释木》曰："桧，柏叶松身。"《尔雅翼》曰："桧，今人谓之圆柏"。《本草纲目》中记载："柏叶松身者，桧也。其叶尖硬，亦谓之栝。今人名圆柏，以别侧柏。"陈嵘著《中国树木分类学》将其归为圆柏属，其属名拉丁文为"*Juniperus* L."
别称有《诗经》中为桧（《卫风·竹竿》："淇水浟浟，桧楫松舟。"）
《禹贡》中为栝（"杶干栝柏"）
《本草汇言》中为刺柏
《植物名实图考》中为血柏

北京：红心柏、刺柏、桧柏

江苏扬州：圆松

云南：真珠板、珠板

福建：桂香、柏树、柏木

英文：Chinese juniper

原产地：柏木主产于长江流域及以南地区，尤以四川为盛、为佳；

侧柏原产于我国西北、华北及西南部；

圆柏原产于内蒙古南部、华北及西南、华南各地。

引种地：这三种柏木几乎在全国各地均可引种，特别是在文物古迹集中的地区，如寺庙、陵园、公园等地

释名

《诗·商颂·殷武》云："涉彼景山，松柏丸丸。是断是迁，方斫是虔。松桷有梴，旅楹有闲，寝成孔安。"柏，又称栢。王安石《字说》曰："栢为百木之长，栢犹百也，故从百。"宋·寇宗奭《本草衍义》曰："尝官陕西，每登高望之，虽千万株，皆一一西指。盖此木为至坚之木，不畏霜雪，得木之正气，他木不逮也。所以受金之正气所制，故一一向之。"明·魏校在《六书精蕴》中则称："柏，阴木也。木皆属阳，而柏向阴指西。盖木之有贞德者，故字从白。白，西方正色也。"

我们从北方或南方所见到的柏木家具实际上不止一个树种，每个地方都有不同，山西、河北、北京等北方地区以侧柏、圆柏为主，云南的翠柏、冲天柏，福建及其他南方地区的福建柏、台湾地区的红桧，都是柏木中之翘楚。还有很多种柏木都可用于家具、建筑。下文将以柏木、侧柏、圆柏为着重点来叙述。

木材特征

柏木	边	材	黄白色，浅黄褐色或黄褐色微红，与心材区别明显
	心	材	草黄褐色或微带红色，与空气氧化久则材色变深。也有的呈白色，久则转为骨白或象牙白色
	光	泽	较强
	气	味	有柏木香气，以清香为主
	味	道	苦
	生 长 轮		明显，一般有紫红褐色筋纹
	花	纹	树龄老者纹理顺直，很少有明显的花纹，如遇大的活疤节则产生螺旋纹或连续波浪纹
	气 干 密 度		$0.562 \ g/cm^3$ 此种柏木家具多见于南方，特别是四川、贵州、云南及两广，北方地区鲜见

侧柏	边	材	黄白至浅黄褐色，与心材区别明显
	心	材	草黄褐色或至暗黄褐色，久露空气中则转深，老者近象牙黄色。心材油质感强
	光	泽	强烈
	气	味	柏木香气浓郁
	味	道	微苦
	生 长 轮		明显，轮间晚材带色深（紫红褐）
	花	纹	侧柏多生瘿，根部或离根部 50～200 cm 之间能生连串瘿子或大瘿，花纹回旋多变，丝丝重叠如涟漪相继。《本草纲目》记载："陈承曰：陶隐居说柏忌冢墓上者，而今乾州者皆是乾陵所出，他处皆无大者，但取其州土所宜，籽实气味丰美可也。其柏异于他处，木之纹理，大者多为菩萨云气、人物鸟兽，状极分明可观。有盗得一株径尺者，值万钱，宜其子实为贵也。"
	气 干 密 度		$0.618 \ g/cm^3$（山东）

圆柏	边　　　材	黄白色
	心　　　材	紫红褐色，久则转暗，有时其内含边材
	光　　　泽	光泽较强
	气　　　味	柏木香气浓郁
	味　　　道	苦
	生　长　轮	明显，轮间晚材带色深
	花　　　纹	圆柏极易生瘿，胸径大者可达 3.5 m，如主干粗壮而少瘿或无瘿，纹理细密顺直或有弯转自如的 S 纹。如瘿子密布则似梅花有序排列，大瘿者细波推浪，延绵不绝
	气 干 密 度	0.609 g/cm^3（浙江昌化）

分类

1.柏木除了按属及种分类外，木材行不论其属、种而按其心材颜色、花纹可分为四种：

（1）白木：不称"白柏"，主要是发音近似绕口。木材色浅近白，主要产于江南之柏木。

（2）黄柏：心材黄色、黄褐色，如侧柏、柏木。

（3）红柏：又称血柏。心材紫红褐色如圆柏，或其他柏木之根部、老材颜色红褐者。

（4）花柏：又称文柏，主要以圆柏即桧柏为主，其文章华美、线条洒脱、消散。主产于河北承德一带。

以上四种分类，主要便于柏木的加工利用及流通，简明而实用。

2.《本草纲目》中依据柏树之树叶、树干等外表特征将其分为五种：

（1）侧柏：叶扁而侧生向西者。

（2）桧：又称圆柏，也称栝，柏叶松身者。

（3）枞：松叶柏身者。

（4）桧柏：松桧相半者。

（5）竹柏：竹叶柏身者，产峨嵋山（据查，竹柏，叶如竹叶，种子如柏。属罗汉松科罗汉松属，学名 Podocarpus nagi）。

3. 按纹理分布分：

（1）扭纹：柏木表皮沟条状清晰明显，特别是侧柏，扭曲的沟槽从树根开始一直攀缘而上直至树梢，有些心材也由此而产生扭曲纹，有些心材则不受此影响而保持自身的纹理特征，如直纹。

（2）直纹：柏木树干表面沟槽直上直下，从底至顶均顺直而无变化，侧柏、圆柏或其他柏木均有此现象，心材一般呈直纹直丝者多，如遇活节或瘿则会生变，但直纹直丝之总的特征不会改变。

4. 近年来市场上流行的柏木还有三类也有必要补叙：

（1）越桧（*Cupressus* spp. ）

产于老挝、越南的一种柏木，树干通直粗大，心材米黄色，与云南产香榧木之颜色、纹理极其相似。木材表面干净、滑腻、纹理清晰、排序整齐。从越南、老挝进口到云南后销售至日本、中国台湾地区，主要用于工艺品雕刻及装饰用材，也用于围棋棋盘的制作。

（2）藏柏（*Cupressus torulosa* D.Don ）

胸径可达 1 m。产于藏东南波密、野贡、通麦等海拔 1800 ~ 2800 m 石灰岩山地。云南的德钦及印度、尼泊尔、不丹、锡金等地也有分布。心材金黄色、黄褐至暗紫色，具柏木香气。从 20 世纪 90 年代开始，经昆明、成都出口到日本，用于室内装饰、高级包装盒、家具制作。

（3）香柏（*Cupressus duclouxiana* Hickel ）

学名：冲天柏，又称云南柏、干香柏、滇柏。

主产于云南中部、西北部，缅甸西北部也有分布。胸径大者可达 80 cm，一般胸径较小，在 20 ~ 50 cm 之间，且网状腐较多，出材率极低。心材金黄色，生长轮明显且呈紫褐色，光泽度强。国内多用于棺木及其他工艺品。近年主要销售到日本和我国台湾地区，主要用于浴室壁板、室内装饰、家具及工艺品。

利用	1. 用途

（1）皇家园林之主要树种，如官殿四周、道路两旁、公园、陵寝周围。

（2）医用。木、树皮、树叶、果实均可入药。柏实，主治惊悸益气，除风湿痹，安五脏。柏叶，主治吐血衄血……轻身益气，令人耐寒暑。枝节，煮汁酿酒，去风痹、厉节风。脂，主治身面疣目。

（3）树根、树叶。可提炼柏木脑、柏木油。种子可提制润滑油。

（4）棺木。柏木属阴，且防腐、防潮、防虫，不易开裂，故我国历史上多用其制作棺椁。孔颖达疏："（椁）天子，柏；诸侯，松；大夫，柏；士，杂木也……以黄肠为里，表以石焉。"唐·颜师古注《汉书·霍光传》曰："以柏木黄心，致累棺外，故曰黄肠。木头皆向内，故曰题凑。"杂木则多用板栗树即栗木。陕西省宝鸡市凤翔县南指挥村发掘的"秦公一号墓"，墓主为秦景公（公元前577～前537年在位），棺椁用料全为柏木方材，长度有5.6 m和7.3 m两种，端头尺寸为21 cm×21 cm见方，每根重逾300 kg。表面连片的刀斧砍削后留下的凹凸痕迹十分明显、清晰。为防止地下水通过柏木节疤渗入而致棺椁腐朽，便将节疤完全挖出，再用铅、锡、白铁合金混成后浇注封护，所封金属与木枋一样平整。这种把握合金配比和浇注火候的技术已相当成熟。

（5）家具。柏木用于家具制作的历史应该在所有木材中是最久远的。《诗经》及其他史籍中已有许多记述。特别在黄河以北的北方地区，柏木几乎无所不为，日用家具或其他可以用木而制的器物均可见到柏木的身影。上等柏木家具，长年累月，色如象骨白里透金，几乎不见丝纹。雍正朝的档案中便有抽长柏木床、柏木压纸、柏木水法、楠木边柏木心横楣，楠木边柏木心帘架、落地罩、小槅扇等家具的记录。而我们从山西、河北、北京、山东、河南等地还可以见到古制依旧、造型秀雅简洁的柏木家具，包括槅扇、床、条凳、条案、几柜，多数优秀的柏木家具已于近年流往美国、欧洲、新加坡及香港、台湾地区。

鼠李寄柏（2016年5月8日）北京西山大觉寺，始建于辽代咸雍四年（1068年），院内的玉兰花、千年银杏、七叶树及柏树、楸树均极有特点，特别是四宜堂（修建于康熙年间，雍正皇帝以其斋号命名，俗称南玉兰院）奇妙罕见的"鼠李寄柏"，图中侧柏树龄约600年，离地面高1m左右分权为两棵独立的侧柏，小叶鼠李（*Rhamnus parvifolia*）则寄生于侧柏分权处，其水分、营养完全依靠侧柏供给，枝叶繁茂俊美如绿盖。

2. 应注意的问题

（1）柏木瘿锯开后缺陷较多，死节留下的窟窿或呈焦黑色者多。主要原因是柏木自幼龄时期便枝丫较多，容易产生死节或内部腐朽、空洞，腐朽的木质部分也容易被新生层包裹而不易从外表看出内部的真实情况，如何开锯是极为困难的。柏木生瘿易，合理利用难，我们很难看到柏木家具里有较大成形的柏木瘿，原因就是如此。另外，真正野生的柏木成瘿者少，树干上多生死节或大小不一的活节，但不易生成生动美丽的瘿纹。如遇柏木小节且明显者，不宜做心板或置于家具明显的部位，而应置于不显要部位或充当辅料、胎料。

（2）柏木有扭曲纹与直纹之分，故在选材时应特别注意。扭曲纹一般应放置在不显眼的部位，如背板、侧板或抽屉板，花纹生动可爱者可做心板或其他显眼处，但不宜做腿、边。直纹可与扭曲纹结合使用，直纹除可用于边、腿外，还可以用于家具的任何部位。

（3）柏木除了可用于漆家具及包镶家具的胎料外，柏木也与杉木、桐木、银杏搭配使用，也常作为黄花梨、紫檀、格木家具的配料，如侧板、背板、隔板、抽屉板等。除了其材性稳定、密度小外，柏木属阴，紫檀、黄花梨、格木属阳，阴阳相交，也是家具制作的一个重要因素。

（4）柏木香气浓郁，宜做画箱、画案、床、桌、凳及书柜、衣柜，也因其颜色干净温和、材质细腻，成器后十分养眼，也是高等级家具很重要的用材。

1　侧柏（2016年5月8日，大觉寺）侧柏多顺直沟槽，正圆高大者居多。

2　圆柏（2016年5月8日，大觉寺）大觉寺的圆柏表面包节成串，呈回旋纹，空洞腐朽较多。

1 柏瘿（1）（2016 年 10 月 18 日，戒台寺）
北京戒台寺侧柏分权处生瘿。侧柏多圆包瘿，
纹理清晰、回旋、流畅。柏瘿也为中药，《百
草镜》称："老树生此，其状如瘤，柏性西指，
乃禀西方兑金之气，故能平胃土而治胃痛，
亦取其气相摄服耳。"

2 柏瘿（2）（2016 年 10 月 18 日，戒台寺）
侧柏主干或分枝生瘿，并不一定影响到心材
纹理的变化。

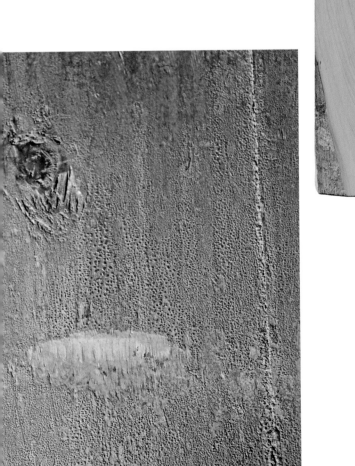

1　明·朱漆柏木经柜局部（收藏：北京张旭）
2　柏木古建构件之新切面（标本：北京梓庆山房
标本室）
3　明·柏木圆角柜柜门心局部（收藏：张旭）
4　侧柏横切面（标本：北京梓庆山房标本室）

1　圆柏根部之美纹（1）
2　圆柏根部之美纹（2）

1 | 2

1 柏瘿（3）（龙泉寺，2012年4月18日） 北京凤凰岭龙泉寺圆柏不仅树干满身布瘿，而且近地之树根，奇纹怪瘿散落一地。

2 柏瘿（4）（龙泉寺，2012年4月18日） 螺旋纹布满圆柏主干，内部心材纹理与外部纹理契合，柏瘿空洞多，很难为器。

3 柏瘿（5） 柏瘿曲折回旋，纹理不乱，是其特征与优点。

4 台风过后的日本柏树（伊豆半岛，2014年2月13日） 伊豆半岛直面太平洋，台风频繁，曾有海啸。岛上的树木从幼龄到成材，一直受到风灾的影响，摇摆不动，使心材的组织结构受到伤害，纹理也会受到影响，故日本木材商一般不会采伐或使用山谷垭口、海岸边生长的柏木。柳杉、松木及其他木材也如此，这是选材、用材的一个重要原则。

5 日本柏树（伊豆半岛，2014年2月13日）伊豆半岛的柏木心、边材明显，心材近赤红色，材质细腻、滑润。

1 藏柏（昆明植物园，2018 年 4 月 5 日）

2 藏柏 同一树苑生发粗细不一的七根柏树。

3 藏柏树皮与节

1 2 3

1 香柏（云南腾冲县滇滩边贸货场，2015 年 4 月 29）四根横卧的大原木即为来自缅甸西北部的香柏

2 香柏 心材近水红色。柏木香浓郁、持久。

1 椁室柏木枋 秦公一号墓椁室柏木枋,每根的横截面为 21 cm×21 cm 的正方形,两端中心有 21 cm 的榫头,每根重约 300 kg,长度为 5.6 m 和 7.3 m 两种。

2 黄肠题凑(陕西凤翔,2014 年 12 月 9 日)陕西省凤翔县南指挥村秦公一号墓,全长 300 m,面积 5334 m²,墓内有 186 具殉人,椁室"黄肠题凑"全为柏木枋。

1 辽金时期晋北地区明器：柏木脸盆及脸盆架
2 辽金时期晋北地区明器：柏木衣架
3 清中期柏木冰箱（收藏：北京梓庆山房）

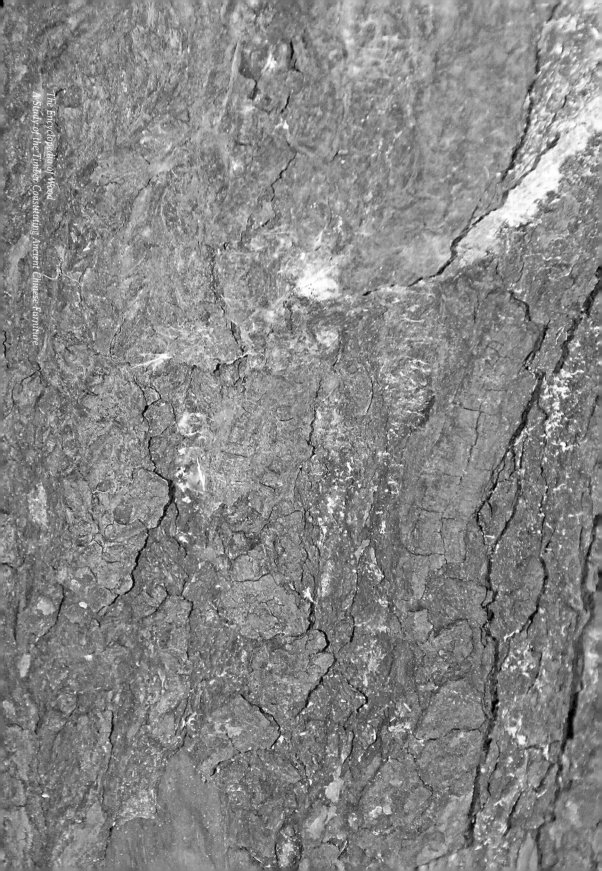

檀香木

木典
中国古代家具用材研究

SANDALWOOD

新喀里多尼亚檀香（2010年5月12日） 瓦鲁阿图桑托岛为新喀里多尼亚檀香的主产地，经英国、法国等国近300年的掠夺性开采，野生檀香几乎绝迹。

基本资料	中 文 名 称	檀香
	拉 丁 文 名 称	*Santalum* spp.
		檀香有多种，约18—20个树种，最有代表性的是产于印度及印尼、东帝汶的檀香（*Santalum album*）及产于南太平洋岛之斐济檀香（*Santalum yasi*）、新喀里多尼亚檀香（*Santalum austrocaledonicum*）
	中 文 别 称	老山香、白皮老山香、地门香、新山香、白檀、旃檀、真檀、震檀
	英 文 别 称 或 地 方 语	Sanders，Sandal，Sandalwood，White sandalwood，Chandan，Candana，Chandal Gundana
	科 属	檀香科（SANTALACEAE）檀香属（*Santalum*）
	原 产 地	关于檀香的原产地植物学家还有不少争议，认为其真正的原产地是印度尼西亚及东帝汶，印度只不过是引种地而已。根据已有的定论，总结如下：

（1）核心区：

印度尼西亚、东帝汶。

（2）太平洋东部地区：

夏威夷及智利的胡安·费尔南德斯群岛。

（3）南太平洋岛国：

主产地为斐济、所罗门群岛、新喀尼多尼亚、瓦鲁阿图等国。

（4）澳大利亚：

集中于新威尔斯南州及以珀斯为营销中心的西部地区。

（5）南亚：

主产于印度南部的卡纳塔克邦、泰米尔纳德邦、安德拉邦。另外，斯里兰卡也有少量分布。

| 引　种　地 | 檀香的引种历史比较悠久，中国的广东、海南、云南、广西、台湾、香港均有一定数量的人工种植。亚洲的泰国、缅甸、孟加拉、斯里兰卡及东南亚其他国家、非洲、南美洲及南太平洋一些适宜于檀香种植的地方，均有数量不等的人工种植。 |

释名　宋·赵汝适著《诸蕃志》中记载："檀香出阇婆之打纲、底勿二国，三佛齐亦有之。其树如中国之荔枝，其叶亦然，土人斫而阴干，气清劲而易泄，蒸之能夺众香。色黄者谓之黄檀，紫者谓之紫檀，轻而脆者谓之沙檀，气味大率相类。树之老者，其皮薄，其香满，此上品也。次则有七八分香者。其下者谓之点星香，为雨滴漏者谓之破漏香。其根谓之香头。"冯承钧先生校注《诸蕃志》称："檀香，佛经中名旃檀，一作真檀，梵名 Chandana 之对音，即 *Santalum album* 也，是为白檀"。《本草纲目》中有："檀，善木也，故字从亶。亶，善也。释氏呼为旃檀，以为汤沐，犹言离垢也。番人讹为真檀。"

木材特征　老山香（*Santalum album*，主产于印度南部。）

干　　形	通直、正圆、饱满，极少有节疤
边　　材	淡白透灰或浅黄色，无香气
心　　材	新切面淡黄褐色，久置则呈浅褐色，有人称之为"鸡蛋黄"。成器数十年或数百年后檀香木的颜色呈深褐色，包浆薄、透而明亮可爱。故《诸蕃志》中论及檀香有"皮实而色黄者为黄檀，皮洁而色白者为白檀，皮腐而色紫者为紫檀"之谓，实际上三者为一物，只不过是不同时期颜色变化或树干不同部分颜色相异的不同表现
气　　味	新切面檀香味浓郁、醇厚，久则香淡如兰，绵长悠远
纹　　理	纹理顺直或不见纹理，有时局部有波浪纹
光　　泽	光泽强，时间越长，光泽越柔和内敛
手　　感	细润滑腻
油　　性	油性强，是檀香木中含油量最高的，平均达 4% ~ 6.5%
气 干 密 度	0.84 ~ 0.93 g/ cm^3

地门香（*Santalum album*，主产于印度尼西亚、东帝汶）

地门香是历史上开发最早的一种，与印度所产老山香为同一个种，但其干形弯曲者多，较少有正圆饱满者，有少量节疤，故在国际市场上的价格大大低于印度老山香，其余特征与老山香近似。

新喀里多尼亚檀香（*Santalum austrocaledonicum*，产于瓦鲁阿图、新喀里多尼亚）

干　　　　形	通直、正圆、饱满，极少有节疤
边　　　　材	浅黄或淡白色，无香味
心　　　　材	杏黄色或浅褐色，纯正者多为象牙黄。部分檀香木心材有红棕色纹理
气　　　　味	新切面檀香味浓郁，与老山香之香味近似
生　长　轮	有时清晰
心　　　　腐	较之老山香、地门香，新喀里多尼亚檀香心材呈网状腐的比例约占 30%，对于檀香油的提炼及木材利用均产生十分不利的影响，这是新喀里多尼亚檀香的致命弱点
油　　　　性	树龄长者油性强，仅次于老山香及斐济檀香，檀香油占 3% ～ 6%，但树龄较短者或人工林之油性稍差，且心材颜色呈灰白色
气　干　密　度	据瓦鲁阿图林业局资料知，新喀里多尼亚檀香含水率在 12% 时，气干密度为 9 级，即 0.805 ～ 0.900 g/cm^3

分类　　　　檀香木的分类或分级十分复杂，印度、印尼、澳大利亚、瓦鲁阿图、斐济及巴布亚新几内亚均有自己的分类或分级方法，但国际市场上一般还是以檀香之干形、径级、檀香油含量来分类与分级。

1. 分类：

（1）老山香：主产于印度南部，是国际市场上等级最高、价格最高的佳品。

（2）地门香：主产于印度尼西亚、东帝汶，质量及价格仅次于老山香。

（3）波利尼西亚檀香：主产于南太平洋岛国，质量及价格应占第三位。

（4）新山香：一般指澳大利亚所产檀香。

（5）雪梨香：雪梨即悉尼（Sydney）粤语音译，历史上凡从悉尼运至香港，而从香港转运至中国大陆的檀香均称雪梨香。

2. 分级：

檀香木的分类实际上也是不同质量、标准的分类。在贸易过程中也会将不同产地或同一产地的檀香木分为五级：S、A、B、C、N。

S级（Special，特级）：

直径 20 cm 以上，长度 100 cm 以上；

颜色：色泽一致，纯象牙黄或杏黄，无杂色。

其他：干形正直、饱满，无心腐、节疤、弯曲或空洞。

A级：

直径 16 cm 以上，长度 100 cm 以上，其余标准与 S 级同

B级：

直径 10 cm 以上，长度 80 cm 以上；

颜色与 S 级同，其余标准与 S 级同。

C级：

直径 10 ~ 30 cm，长度 80 cm 以上；

其余：干形直或弯曲，允许有心腐、节疤或空洞，但木质腐朽部分必须剔除干净。

N级（Non-Grade）：

对直径、长度无要求；颜色不一致；允许有缺陷，但腐朽部分与树皮、内夹皮、边材必须剔除干净（如树根或檀香之末梢部分必须切除）。

利用

1. 用途

（1）印度

① 提炼檀香油，供应欧洲，除药用外，主要用于名贵香水之定香剂；

② 檀香木雕，印度班加罗尔为世界檀香木及檀香制品生产与贸易中心，檀香木雕（以佛像及其他工艺品为主）十分著名；

③ 历史上印度教徒火葬时均用檀香木作为燃料；

④ 寺庙用香；

⑤ 药用。

（2）中国

① 雕刻及工艺品。多用于把玩件、文房，如笔筒、如意、香斗、镇纸、匣或其他器物之镶嵌、扇骨、数珠、轴头。明·屠隆《考槃馀事》称："轴头，用檀香为之，可以除湿远蠹，芸、麝、樟脑亦辟蠹。"

② 香粉、香饼、香囊。

③ 家具。雍正时期用檀香木制作帽架、佛龛、乌木边嵌檀香面香几、沉香白檀香双陆、长方盘、白檀香安簧饰件九隔匣、白檀香心镶嵌宝石镀金梵字边满达。檀香用于家具多以镶嵌的形式出现，很少制作大器，主要受材料尺寸的限制。

④ 佛像。据传释迦牟尼的第一座雕像即旃檀佛像便采用檀香木，佛寺及民间多喜用檀香木雕刻佛像。建于 1090 年的缅甸蒲甘阿难陀塔（Ananda Pahto），塔底四面拱门内各有一尊高近 10 m 的独木雕成的释迦牟尼像，分别用檀香木、柚木、松木和玉兰雕成。这里的檀香可能为缅甸檀香，也称水檀。

⑤ 药用。檀香油中的成分有较强的抗菌作用。中医药学认为，檀香性温，味辛，有温中、止痛的功效。在其他方面也有广泛应用。

2. 应注意的问题

（1）干燥：檀香木富集檀香油，必须自然干燥，不能采用其他人工干燥方法，极易使檀香油自然流失，檀香味道变淡。

（2）如用于家具及其他器物的制作，多以镶嵌为主，且多与深色的紫檀、乌木或象牙、宝石、玉石相配，小型器物或把玩品则可单独成器。檀香材性特异、价值高昂，不易与一般木材或其他材料相配。

（3）如用檀香制作工艺品，配制底座，应以深色玉石或紫檀、乌木相配。

（4）用檀香木雕造佛像，尽量采用材质细腻、致密无纹者，法相庄严是首先要考虑的。缅甸所产之水檀或尼日利亚所产檀香均色变明显、纹理粗糙，极不适宜于佛像的雕造。另外，节疤明显者也不宜用于佛像的雕造。

1 檀香树（2007年7月30日） 与洋金花、白
豆蔻及南洋楹相伴相生的檀香树。宋·洪刍著
《香谱》有陈正敏云：“亦出南天竺末耶山崖
谷间，然其他杂木与檀相类者甚众，殆不可别。
但檀木性冷，夏月多大蛇蟠绕，人远望见有蛇
处，即射箭记之，至冬月蛇蛰，乃伐而取之也。”
2 檀香树主干及树皮（2012年5月18日）

1 老山香（标本：云南德宏州芒市寸建强） 产于印度的老山香原木，编有序号"17"，重量16.950 kg，编号10–43。

2 老山香原木端面 除有序号"20"外，还有卖家或政府用号锤打击的唛头（Mark）。

3 老山香心材 将边材剃净后，留下刀斧砍削的痕迹。

4 地门香 细小者为老山香，粗大色浅者为新伐的地门香，应为人工种植。

1 带皮的檀香原木　源于瓦鲁阿图的新喀里多尼亚檀香原木，含有树皮、边材与树苑，长者长约 6 m，小头约 26 cm。
2 新喀里多尼亚檀香树皮
3 新喀里多尼亚檀香原木（收藏：广东省鹤山市麦苟、麦启源）

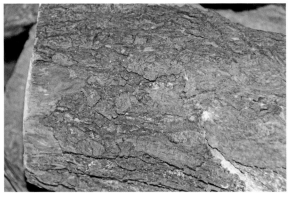

1　特级老山香（收藏：北京程藏君）长者长约
220 cm。
2　A 级老山香（收藏：寸建强）

1 ┃ 2

1 B级 B级老山香，长度约30 cm，径级
20 cm，色泽与材质均佳。
2 C级 C级老山香，长度约35 cm，径级
22 cm，表面径裂。
3 C级或N级 从端面看呈扁圆形，有径裂、
缺口与空洞，在实际贸易过程中，也应视
其长度、径级而定其等级。

1 老山香佛像（作者：福建仙游颜光辉）
2 檀香木火葬（加德满都，2007年2月3日）
南亚的印度教徒去世后实行火葬或水葬，火葬
燃料多用檀香木。现仅用一小块檀香木作为标志。

1 缅甸蒲甘阿难陀塔（2016 年 11 月 18 日）
2 缅甸蒲甘阿难陀塔位于东方的释迦牟尼像
3 清中期檀香木首饰盒（收藏：北京樊锰　摄影：
马燕宁）

1 檀香木佛像（作者：福建仙游颜光辉）

2 檀香木骆驼远行图（收藏：台湾许耀华）

楠 木

NANMU

树冠（2011年5月25日）　四川成都杜甫草堂桢楠荫蔽的树冠之局部

基本资料	学　　　名	楠木为樟科桢楠属（Phoebe，又称楠属）和润楠属（Machilus）多个树种之统称，故无法确定其学名，只有确认其具体树种时才能给出恰当的学名。
	中 文 别 称	楠木、水楠、金丝楠、香楠、骰柏楠、斗柏楠、豆瓣楠、斗斑楠
	英 文 别 称	Nanmu，Phoebe
	科　　　属	樟科（LAURACEAE）桢楠属（*Phoebe*）、润楠属（*Machilus*）
	原 产 地	润楠属的树种多分布于东南亚及日本南部，我国南方各省均有分布；而桢楠属的树种多集中于我国长江流域，特别是四川、贵州、湖南西部，亚洲其他的热带及亚热带地区也有分布。我国云南、西藏也有桢楠属树种生长，一般以滇楠（*Phoebe nanmu*）为主，颜色浅黄至灰白，香味很弱，明显不及四川所产桢楠。从材质来讲，桢楠属优于润楠属。
	引 种 地	我国南方各省及亚洲热带、亚热带地区均有引种。

释名	楠木为南方之木，故字从南。"楠木生南方，而黔、蜀诸山尤多。其树直上，童童若幢盖之状，枝叶不相碍。叶似豫章，而大如牛耳，一头尖，经岁不凋，新陈相换。其花赤黄色。实似丁香，色青，不可食。干甚端伟，高者十余丈，巨者数十围，气甚芬芳，为梁栋器物皆佳，盖良材也。色赤者坚，白者脆。其近根年深向阳者，结成草木山水之状，俗呼为骰柏楠，宜作器。"（明·李时珍著《本草纲目》第 1308 页，华夏出版社） 楠木，又称枏。《艺文类聚》中引《庄子》曰："腾猿得杉枏，揽蔓枝而生长其间，得便也。"《山海经》曰："摇碧山，朝歌山，脆山，多枏，负霜停翠。" 楠木，并不专指某一个树种或一种木材，为樟科桢楠属、润楠属木材之统称。桢楠属树种约有 94 种，我国有 34 种；润楠属 100 多种，我国约有 70 种。也有人认为楠木就是指产于四川之桢楠（*Phoebe zhennan*），或所谓的金丝楠也仅指桢楠，这一观点过于狭窄与片面。

木材特征　　　楠木的形态特征十分相似，很难区别，一般为高大乔木，树高可达 40 m 左右，胸径最大者可至 2 m，或更大。据称明清时期库存于皇木厂的一根大楠木，骑马察看而不见对面人物。陈嵘在《中国树木分类学》中描述产于四川之桢楠时称："乔木，高可达五丈。产鄂西及川西，为普通之楠木，在四川成都尤为茂盛。其干细长直耸，枝短而小，叶密生，较他种楠木小而狭，生长较缓，但以其树形之峭耸端丽，在川西一带多植于庙宇四旁，惟达海拔高三千尺以上之地，则罕见之矣。"桢楠之树皮呈浅灰黄或浅灰褐色，较为平滑，容易脱落，具有明显的褐色皮孔。（陈嵘编著《中国树木分类学》第 340 页）

1. 边材：浅黄褐色。

2. 心材：与边材区别不明显，浅黄褐色中泛绿是其明显的特征。阴沉木中的楠木如棺木、沉入河床沙石中的楠木有时会呈深咖啡色或深褐色，但含金黄色或带绿色之特征尤其明显。

3. 生长轮：十分清晰，特别是原木之端面，轮间呈深色带。

4. 气味：新切面有清新悠长之香气，房料及旧家具料、阴沉木几乎没有香味，但刮开一片仍然香气醇厚，沁人心脾。无论何种楠木，包括金丝楠，具有香味是鉴别楠木的主要特征之一。

5. 光泽：光泽性强。新刨光之新材并不明显，时间长久特别是长期使用，与人接触，木材光泽如镜，透明润泽。老料特别是阴沉木或树根部位的光泽更好，置于自然光下，折光刺眼。

6. 纹理：纹理清晰而多变。瘿木中最美丽动人者多出自楠木，从产地讲福建、浙江所产楠木纹理至佳者多，如闽楠（*Phoebe bournei*），浙江楠（*Phoebe chekiangensis*），清·谷应泰著《博物要览》称其"木纹有金丝，向明视之，闪烁可爱；楠之至美者，向阳处或结成人物山水之纹。"楠木瘿中最为贵重者应为"满面葡萄"或"山水纹"。

7. 气干密度：一般在 0.6 g/cm³ 左右，如四川峨嵋产桢楠为 0.610 g/cm³，湖南莽山产红润楠（*Machilus thunbergii*）0.569 g/cm³，四川产润楠（*Machilus pingii*）为 0.565 g/cm³，福建产刨花楠（*Machilus pauhoi*）为 0.511 g/cm³。

分类　　　1. 按属分：

（1）桢楠属：亦称楠属、雅楠属。桢楠属之木材材质明显高于润楠属之木材，传统意义上的"金丝楠木"多源于此属。其上品为产于四川之桢楠，贵州、湖南、广西也有分布，故桢楠又有"楠木之王"的美称。除桢楠外，还有紫楠、峨嵋紫楠、滇楠、利川楠、崖楠、茶杭楠、山楠、小叶楠、光叶楠、乌心楠、雅砻江楠、大果楠、红毛山楠、普文楠、台楠、白楠等。

（2）润楠属：从实践经验看，润楠属之木材材质逊于桢楠属之木材，心材呈灰白、无金丝者多，光泽及纹理也不能与桢楠属木材比美，所谓的"水楠"也多出自润楠属。主要树种有滇润楠、小黑润楠、大叶润楠、狭叶润楠、多脉润楠、信宜润楠、绒毛润楠、纳槁润楠、红润楠、香润楠、刨花润楠（又称刨花楠）、落叶润楠、宜昌润楠、利川润楠、华润楠、尖峰润楠等。

2.传统分类：

（1）楠木分三种（清·谷应泰著《博物要览》）：香楠（微紫、香清纹美）、金丝楠（出川峒中，木纹有金丝，向明视之，闪烁可爱）、水楠（色青，木质甚松，如水杨之类，惟可作桌凳之类）。

（2）楠木分四种（《安定县志》）：香楠、油楠、石梓、虎梓。

（3）楠木分五种（清·张嶲著《崖州志》）：香楠（一名端正树）、绿楠（一名鹦哥楠）、苦子楠、油楠、八角楠。

四种说或五种说带有明显的地方局限性，其中一些木材并不是我们所谈的楠木，故影响范围不大，至今传统家具行或收藏界、文博学术界还是认为楠木分香楠、金丝楠、水楠三种，这里的三种应为三类。

何为"香楠"？屈大均在《广东新语》中记载："有曰'香楠'，产崖州。童童若幢盖，亭擢而上，枝枝相避，叶叶相让，干甚端伟，一名'端正树'。肤有花纹，色黄绿而细腻，剖之香辣。""香楠有'紫贝'、'金钗'之名，金钗色黄赤，紫贝黄中带绿，皆香辣细润。黄楠木理粗疏。"清·张嶲在《崖州志》中称："香楠，干极端伟，一名端正树，色黄，质腻，油可燃烧，隐起花纹。剖之，香辣扑鼻。"也有人认为香楠为产于云南之岩樟（Cinnamomum saxatile）或产于海南之卵叶樟（Cinnamomum rigidissimum），而陈嵘先生认为香楠（Machilus odoratissima）为润楠属的一个树种，别名"假樟树"，产于海南岛。还有人认为所谓"香楠"即楠木中之芳香者，并不一定具有金丝。故从严格意义上讲，真正的香楠应该是产于海南岛的，亦即陈嵘先生所指的"香楠（Machilus odoratissima）"。（陈嵘编著《中国树木分类学》第343—344页）

何谓"金丝楠"？楠木中心材含有耀眼的金丝者。生长在野外的楠木，如剥下一小块树皮，其背面即接近边材的部分在阳光下可见金丝者便为金丝楠木。已为枯立木或采伐时间较长，表面腐朽者，从木材表面或从刀削面亦可看到金丝者即金丝楠木。金丝楠木的判别并不难，但首先要肯定是楠木，然后再看其他特征才能下结论。金丝楠的板面，其金丝细如毛发、绵密有序而无空白。关于金丝楠的定义与范围界定，争论比较大。归纳起来主要有如下五种：

（1）独种说：所谓金丝楠即指桢楠（*Phoebe zhennan*）。

（2）三种说：有学者认为所谓的金丝楠多为桢楠、雅楠（亦称滇楠）及紫楠（*Phoebe sheareri*）。雅楠"产云南及四川雅安、灌县一带，为普通之楠木，尤以在雅安深山中常成为广漠之天然林，其树干端伟材质优良，胜于他楠"。而紫楠又有紫金楠、金心楠、金丝楠之称。多产于浙江、安徽、江西及江苏南部，紫楠"小乔木或有时为大乔木"（陈嵘编著《中国树木分类学》第345页）。

（3）单属说：凡桢楠属之木材均可称之为金丝楠。

（4）双属说：金丝楠源于桢楠属与润楠属之木材含有金丝者。

（5）多属多种说：代表人物为活跃于20世纪30年代的木材学家唐燿先生，其观点主要指"商用楠木"的范围，而未明确"金丝楠"之范围。当今也有人借用唐燿之观点来套用金丝楠之范围，也有人按金丝所占楠木板材的比例来界定，这不仅过于机械，也不利于实际操作。

何谓"水楠"？楠木中香味淡、无金丝、材色浅或灰白、发干及少油者。水楠多出自润楠属，也可能出自樟科其他属之木材或近似于楠木的非樟科之木材，较少用于宫廷家具装饰，而用于一般建筑或民用家具。目前市场上流行的楠木，有很大一部分采用木兰科树种以替代楠木，如缅甸的木莲（*Manglietia fordiana* Oliv. 别称：黑心木莲）、黄兰（*Michelia champaca* L. 别称：黄心楠），木材特征极似我国产楠木，制作成家具后很难辨识。出材率高，无香味，耐虫耐腐性差，无金丝楠生动多变的美丽花纹，木材表面整体为浅黄带绿。此类木材在装饰业也被称为"金丝柚"。另外，近10年来，产于南美的一些近似楠木的木材也大量进口到我国，特别集中于上海及江浙一带，也有少量金丝，香味较淡，与国产楠木特别是金丝楠较难区别。

利用

1. 用途

（1）建筑用材

主要用于宫殿、寺庙、其他建筑、民舍之立柱与其他建筑构件。楠木的密度适中，其丝顺直，承重性能好，且木材自然干燥、排水性能好，油性重，不易开裂、腐朽，抗潮、防虫。这些优点均是楠木作为建筑用材最佳选择的必要条件。明长陵棱恩殿之梁、柱、枋、鎏金斗拱等大小构件均为优质楠木加工而成。大殿由 60 根楠木支撑，其中 32 根重檐金柱高 12.58 m，底部直径均为 1 m 左右。至今 500 余年仍丝毫未损。另外，四川许多寺庙或祠堂、民房历史上多用楠木。

（2）造船

唐武宗会昌二年（842 年），李处人在九州长崎县值嘉岛用 3 个月时间打造楠木大船，楠为上，栗次之。漕船之底板为楠木 3 根，栈板楠木 3 根，出脚楠木 1 根，梁头杂木 3 根，前后伏狮、拿狮杂木 2 根，草鞋底榆木 1 根，封头楠木连三枋 1 块，封梢楠木短枋 1 块，挽脚梁杂木 1 段，面梁楠木连二枋 1 块……遮洋海船，其用料标准是：底板楠木 3 根，栈板楠木 4 根，出脚楠木 1 根，……

（3）内檐装饰

北京故宫、恭王府及颐和园等许多皇家建筑的内檐装饰多采用楠木，如故宫倦勤斋的槅扇、炕罩裙板之内胎、门罩、楼梯及楼梯扶手、栏杆均采用金丝楠木。"圆明园内硬木装修现行则例"中有大量使用楠木的记录。楠木为暖色，为阴木，遇冷热而不开裂、变形，能阻挡风雨的侵蚀及前述之优点，均是内檐装饰采用楠木的原因。

（4）家具

楠木作为家具用材料的使用是十分讲究与慎重的。楠木的优点明显，缺点也十分明显。纵向承重较差，且色温而多美丽花纹，特别是楠木瘿。用得好则是优点，反之则为恶俗。一般有美丽花纹者适于椅类靠板镶嵌，桌案心、柜门心、官皮箱的门心板，而不适于制作整件家具。一般也少用于椅、案、桌之整件制作。除了物理性质方面的考虑外，其浅黄泛绿的本色也有显轻飘，视觉上也难以让人悦服。如果与紫檀、乌木或其他密度较大、色深之硬木相配，则比例轻重而适宜，色差明显而悦目。书函、画柜、书架、衣柜及其他用于封闭置放物品的器具最适宜于采用楠木。楠木香淡而雅，具君子之风度。适量、适宜陈设楠木家具可协调阴阳、改变视觉单一、室内空气，绝不可多、不可乱、不可俗。

（5）其他

① 寿材

楠木、杉木、柏木、桧木多用于寿材，除了迷信所致外，主要原因还是其具防湿、防虫及内具芳香油而不易腐烂有关。"柟木生楚蜀者，深山穷谷，不知年岁，百丈之干半埋沙土，故截以为棺，谓之'沙板'。佳者解之中有文理，坚如铁石。试之者，以暑月作合，盛生肉，经数宿启之，色不变也。然一棺之直，皆百金以上矣。夫葬欲其速朽也，今乃以不朽为贵，使骨肉不得复归于土，魂魄安乎？或以木之佳者，水不能腐，蚁不能穴，故为贵耳，然终俗人之见也。"（明·谢肇淛撰《五杂组》第 194 页，上海书店出版社，2009 年 4 月第 1 版）

② 神话及精神方面的作用

关于楠木的神话传说在文献中有许多记载。明·张岱在《夜航船》中称楠木为"神木"："永乐四年，采楠木于沐川。方欲开道以出之，一夕，楠木自移数里，因封其山为神木山。"另，相传北京城之五大镇物其一即为东方（木）广渠门外黄木厂的巨楠。民间一直传说楠木有避邪镇宅的作用。

③ 药用

古代文献中对楠木及其枝、叶、花、果之外部特征、药用价值进行了记述。唐·陈藏器称楠木味苦、温、无毒；李贤、万安等纂修的《大明一统志》则谓楠木"热，微毒"，并附有楠木可治水肿的药方。李时珍著《本草纲目》中曰："叶似豫章，而大如牛耳，一头尖，经岁不凋，新陈相换，其花赤黄色。实似丁香，色青，不可食。""气味：辛，微温，无毒。主治：霍乱吐下不止""煎汤洗转筋及足肿""皮，暖胃正气。"

2. 应注意的问题

（1）楠木家具

① 承重

因楠木的密度及其他特性，作为承重的家具极易影响其耐磨及使用寿命，故选择楠木制作家具特别是承重的构件，首先应考虑这一因素。

② 雕刻

楠木的密度多在 0.55 g/cm^3 左右，不宜于细雕，难以准确、细腻地表现人物、情感、花草的风姿，不过密度较大、无美纹者可以适当用于雕刻。

③ 楠木与其他木材相配

如前所述，无论楠木家具或其他器物，须考虑与深色硬木的合理搭配，材色、花纹必须符合审美的要求。书架、书函、书箱、画柜也有全用楠木制作的，有的书架之搁板用楠木，其余全部用硬木，除了考虑美观外，也考虑到承重的问题。雍正时期，楠木或楠木瘿多与紫檀、花梨木、乌木、杉木、柏木等搭配使用而成器。如紫檀木边楠木镶玻璃门佛龛、包镀银饰件紫檀木豆瓣楠木心桌、包镀金紫檀木边豆瓣楠木心桌、乌木边楠木架玻璃镜、楠木边柏木心落地罩、楠木心花梨木矮桌、楠木架杉木矮桌等。由于楠木之特性，在建筑或家具制作中也常作为包镶之内胎或外包之材料。故宫中大殿内之立柱外包楠木，内胎则为黄花松或其他木材。内檐装饰或家具，如紫檀、黄花黎或乌木等包镶家具之内胎多用轻质而不易伸缩之楠木，不仅解决硬木材性刚烈之患或节约珍稀硬木，而且在很大程度上也是高超、繁复之工艺表现，是巧智之流露。如雍正元年九月十二日楠木包镶书格、雍正六年正月十四日楠木胎糊红纸吊屏、雍正八年九月十八日楠木胎红漆大香几等。漆器之内胎大量采用楠木、杉木、松木、柏木，这也是楠木在家具中的主要用途之一。另外，从遗存的明清家具来看，一般楠木也多用于抽屉板、柜类之侧板、顶箱板或背板，除了节省木材外，对于所存内物也有防潮、防虫之作用。

（2）其他问题

① 采伐、运输、堆码与库存方法

采伐：楠木（分树种）为国家二级或三级保护树种，没有取得合法的采伐许可证与相关法律文件，是禁止采伐的。从历史上采伐楠木的方法看，有很多种，如用手锯、长锛或斧头、火烧、爆炸，而比较合适与可行的方法还是先将树苑周围泥土清掉，清除泥土的范围与深度视楠木的主根及旁根的大小与深度而定，一般泥坑的半径在 2 ~ 3 m，用斧头、锛或砍刀斩根，事先用绳子系于根干以固定楠木倒放的方向，其作用主要是防止树木震颤而造成开裂或内伤，另外人工用力可以提高楠木采伐速度或控制楠木的方向，而不至于伤害其他正在生长的树木。

运输：楠木多直丝，很容易开裂，故新伐原木两端应封蜡或毛边纸，封乳胶漆也是一种方法。运输时应注意避免剧烈碰撞以防止端部开裂。

开锯：大原木适宜于弦切，特别有大的活的疤节，不能从疤节中间开锯，应与疤节平行方向开锯，则可能得以板面较大的完整花纹，便于大器之完成。楠木开锯前应反复识别，判断其纹理的走向，如有原木中间有死节或虫眼、空洞，则要十分注意其缺陷所形成的后果。如果径级较大的原木中间形成通透的朽洞，其未腐朽部分很有可能会产生水波纹或"满眼葡萄"。原木表面平滑无节，并不表示心材不具美丽花纹，可以从中一破为二，也可弦切以究花纹。楠木易撕裂，如果有径裂，则应从径裂纹重叠处或平行开锯，而不能与径裂纹交叉即从中间开锯，不然一块完整的大板也难得到。另外，尽量保证有径裂之楠木纹理顺直，便于家具的边、腿之利用。另外，开锯后板面会留有较薄一层潮湿的锯末，一定要在开锯后及时清扫干净，以免霉变影响材色、材质。

干燥：楠木不宜采用人工窑干的方法，极易变形与开裂，如果端头已开裂，其裂纹可能会进一步放大、延伸。除了事先植入 S 钉或其他固定装置外，厚板应用石灰吸湿或室内阴干的方法。

贮存：干燥后的楠木应放在较干燥的室内，不宜存放在室外或敞篷内。楠木板材应离地面 50 cm 高以上，板材按不同的规格分别堆码，每层板均应置放规格一致的标准木条，以便通风、除湿，保证每片板平直而不发生翘曲、扭曲。另外，根据室内通风条件，端部应避免直接迎风而造成进一步开裂和损坏，特别是临时存放在露天和敞篷内，更应注意这一点。

② 关于阴沉木中楠木的利用

近 10 年来，四川的岷江、金沙江及贵州的乌江、广西的柳州及其他地区从河道或田地、山脚挖出不少阴沉木，数量较大的便是楠木。它们有的已经炭化而无法使用，有的还保持木材之特质，可以用于家具、装饰或其他器物的制作。阴沉木易开裂、干燥难。人工干燥时容易翘曲、开裂或碎裂，出材率极低，多数厂家采用阴干的方法，也有的立于室外任其风吹、日晒、雨淋，经过 1 年左右再取其完整部分制作家具。

阴沉木的另一特征便是颜色较深或深浅不一，特别是楠木锯开后很快呈深咖啡色或近似酱黑色，密度不大的木材或针叶材更为明显，楠木便如此。一些厂家抹柠檬黄或用双氧水浸泡以改变其颜色，使其尽量接近楠木的正常颜色。楠木阴沉木经加工处理后更加细腻、光洁，遇有美丽花纹者比一般楠木更为生动诱人，特别是手感与视觉效果均强于一般楠木，这也是其优点与价格奇高之原因。阴沉木之楠木瘿或带水波纹者，可用于柜门心、桌案心或其他器物的镶嵌。与之相配的木材材色要求较深，如紫檀、乌木或其他深色硬木，暖色木材不太适宜。

③ 楠木干燥后的伸缩

楠木干燥在未达到合理要求时伸缩性较大，但不一定开裂。这一点是与其他木材不一样的地方。老的房料，旧家具料的干燥程度并不一定能达到家具制作的要求。按照一定尺寸开料后，最好自然干燥一段时间或者低温窑干。楠木板材自然干燥时间越长，通风越好，其稳定性就越好。下料时要根据实际干燥度及相关尺寸留出余量，以便家具部件随着不同季节而合理、有序伸缩，不至于所留伸缩缝过宽或过窄。

1 西晋古楠 四川省荣经县云峰寺植于西晋的古楠，树龄约1700年，树高约36 m，树冠约23 m×18 m，胸径1.99 m，胸围6.24 m。
2 树皮 云峰寺古楠主干树皮、瘿包。

1 树叶（2015年1月24日） 四川三星堆遗址的桢楠树叶。

2 贵州桢楠（2011年12月8日） 长约9 m，尾径1.6 m的贵州桢楠。（操锯手为北京梓庆山房大木工潘启富）

1　边材与心材　从中横截的楠木，边材色浅而厚，心材金黄色。

2　带空洞的楠木　楠木大头（近根部），直径约 230 cm，空洞面积较大，贯穿始终，其壁厚实，色泽金黄纯一，材性稳定，瘿纹布满全身。

3　虫道纹（标本：福建省泰宁县明清陵园陈明清，2016 年 11 月 7 日）　撕开楠木树皮后显露的有规律布局的虫道纹，对于楠木纹理及色泽的形成有何影响，也是有待深究的问题之一。

4　佛纹（标本：北京宜兄宜弟古典家具张建伟　摄影：崔憶）　楠木弦切而产生的极为罕见的佛纹。

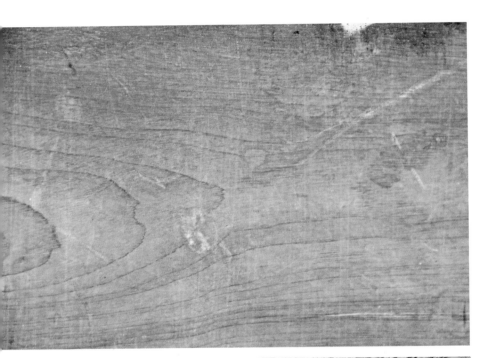

1　明·楠木圆角柜局部
2　阴沉木水波纹
楠木阴沉木表面波浪纹层叠，剖开后即为著名
的水波纹。
3　阴沉木水波纹　楠木阴沉木水波纹。

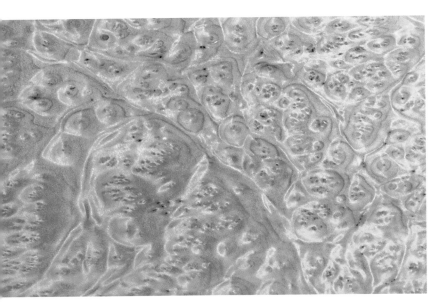

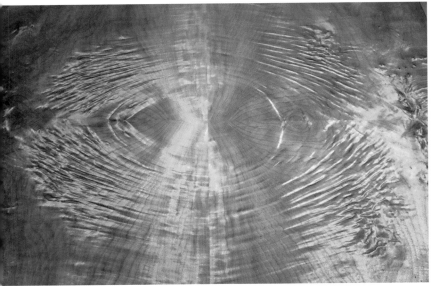

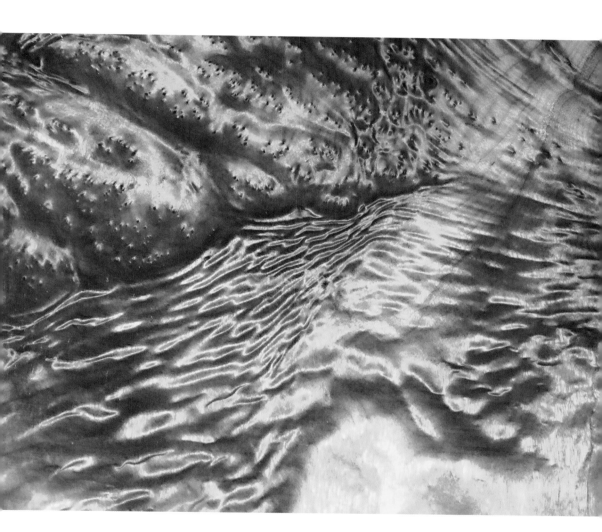

木 典
中国古代家具用材研究
The Encyclopedia of Wood
A Study of the Timber Constituting Ancient Chinese Furniture

452
453

1 | 3 4
2

1 大果楠树叶　云南大果楠树叶狭长，形如船桨，长 15 ～ 20 cm。

2 滇润楠树根　滇润楠与其他樟科树木不一样，根系发达如织网罗陈，面积可达数十平方米，根长者可达 20 ～ 30 m。

3 滇润楠　云南昆明市黑龙潭龙泉观东侧的滇润楠，树龄约 450 年。滇润楠别称白香樟、铁香樟、滇楠。

4 滇润楠树皮　滇润楠多高大粗壮，树皮灰褐色，浅纵裂，表面呈片状剥落。

1　滇润楠之著名的"鲤鱼纹"（标本：西双版纳景缘
红木胡平）

2　双拼方桌面心（标本：陈华平）

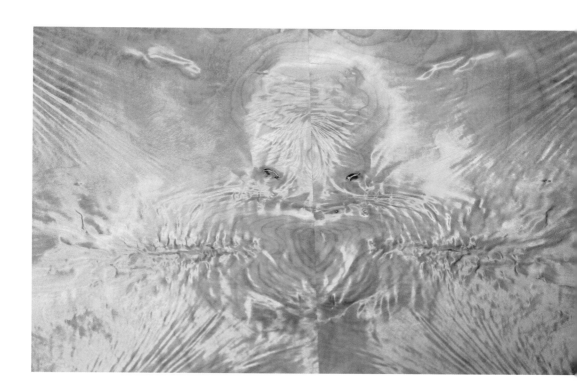

1 | 3
2 | 4

1 黄兰原木（云南腾冲县滇滩边贸货场，2014年8月3日）产于缅甸的黄兰原木，端头呈紫褐色，与产于中国的楠木极易分辨。

2 黄兰心材 黄兰心材咖啡色宽纹，材色多数呈土黄色。根部纹理极美，透明度好，易与楠木相混，故市场上也以"金丝楠"相称。

3 长陵棱恩殿 明十三陵之长陵棱恩殿内部的楠木立柱及楠木结构。

4 楠木建筑构件 四川、贵州及湖南、湖北的楠木民居、祠堂、寺庙有如海南黄花梨民居一样，几乎均被拆毁用于交易。此图之楠木建筑构件，源于四川雅安的祠堂，上面写有捐款人姓名、银两数量。

1　清早期楠木翘头案局部（收藏：北京张旭）　楠木密度大者约 0.8 g/cm³，宜于细微雕刻。此案为清早期楠木翘头案，色近褐，花卉纹及起线清晰、流畅，从其表面之光泽与包浆来看，应属密度较大的楠木。

2　紫檀楠木瘿心带霸王枨长方香几几面（制作与工艺：北京梓庆山房）

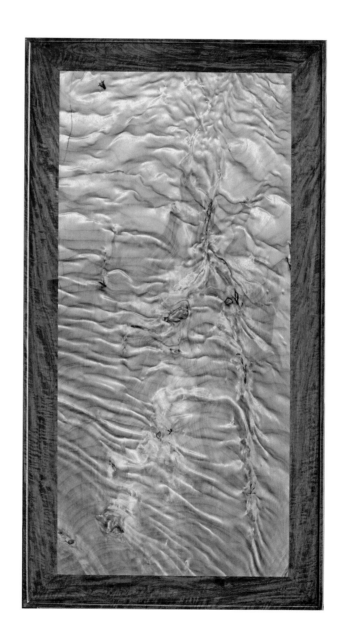

1　开锯前的检查（资料：北京梓庆山房）楠木性脆易裂，采伐后在有裂纹处钉有 S 形铁钉，开锯前须认真检查。

2　调整（1）依据楠木外表瘿色及其他特征，调整开锯之部位。

3　调整（2）在楠木开锯前，应将其调整至最佳位置。

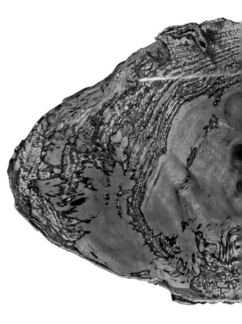

1 阴沉木 源于四川岷江的楠木阴沉木，表面已高度炭化。
2 楠木阴沉木瘦切面（标本：北京梓庆山房）

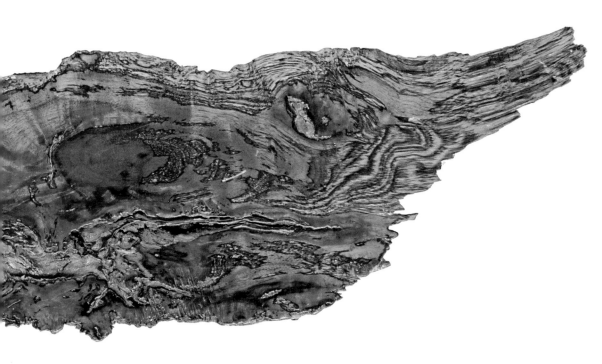

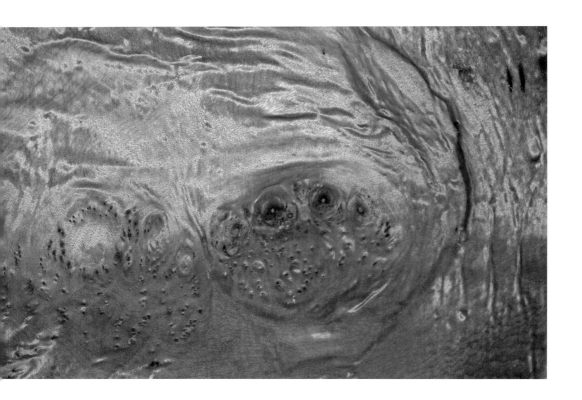

1 阴沉木瘿纹 成器后的楠木阴沉木瘿纹，纹理虽美，但阴郁暗淡，色泽不一，杂色较多。

2 雨滴纹 成器后的楠木阴沉木雨滴纹，夹杂其间的紫褐色花纹，只见于阴沉木，在楠木新伐材和旧料中少见。

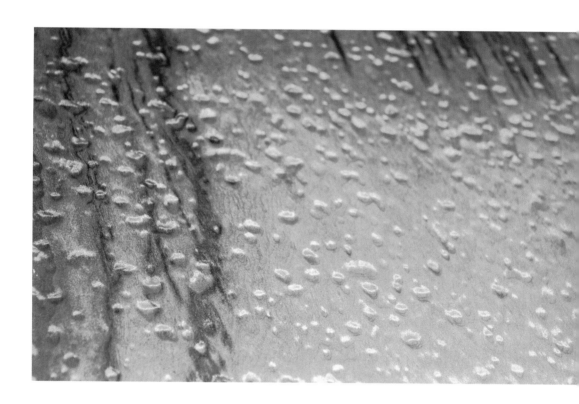

1 木屑 楠木阴沉木木屑，从其颜色与形状看，
此楠木阴沉木炭化程度很高，一般不宜于家具
或其他器物的制作。
2 刨花 楠木阴沉木的刨花自卷而色浅，说明
木性、木屑并未发生质的变化，可以用于器物
的制作。
3 汉代出土的楠木平头案（北京私人收藏）

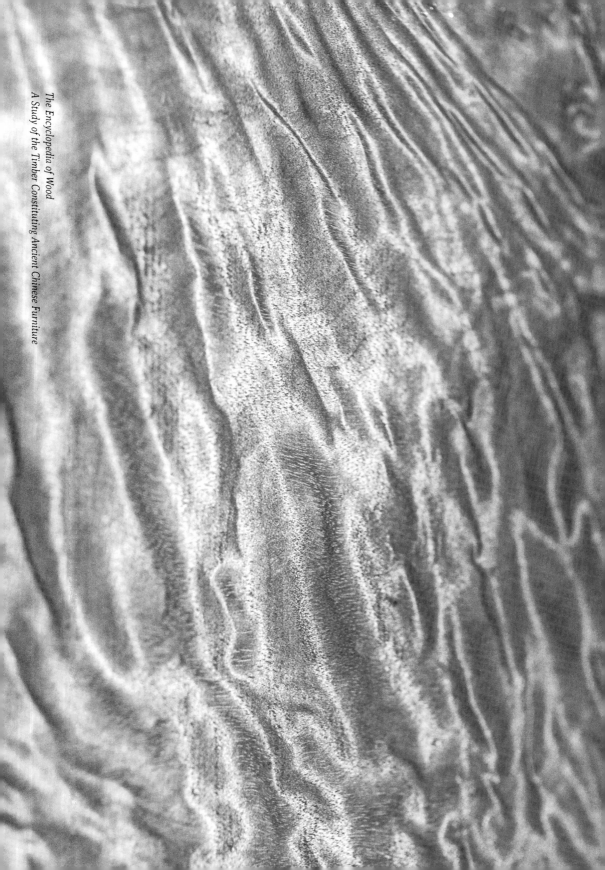

阴沉木

木典

中国古代家具用材研究

YINCHEN WOOD

林芝阴沉（摄影：崔憶，2017年7月31日）
西藏林芝林区伐后遗留在山林中的阴
沉木，树木长满青苔、野花。如为红
心松或柏类树木，其心材应该可利用。

基本资料	中 文 别 称	阴沉、古木、古沉木、古船木、阴杪、木变石、硅化木、树化玉、树化石、乌木、沉江木
	英 文 别 称	Yinchen Wood
	产　　　地	世界各地均有分布。我国主产区为四川的岷江、金沙江，广西的桂林、柳州，贵州的乌江，海南岛南渡江，东北的松花江及其他省份均有发现，如新疆沉埋于沙漠中的胡杨、云杉、柏木、梭梭树、松木等。

释名

关于阴沉木的概念及来源历史上有多种认识。

1. 地质运动

《辞海》中记录：木材因地层变动而久埋入土中者，称为"阴沉木"，也叫"阴杪"。一般多为杉木，质坚耐久，旧时以为做棺木的贵重木料。（《辞海》第 412 页，上海辞书出版社，1980 年 8 月第 1 版）

《滇海虞衡志》中"楠木"款描述云南所产楠木尤奇："盖滇多地震，地裂尽开，两旁之木，震而倒下，旋即复合如平地，林木人居皆不见，阅千百年化为煤。掘煤者得木板煤，往往有刀剪器物。或得此木，谓之阴沉木。"

清·徐珂在《清稗类钞》中称："阴沉木为施南府属山中产物，必掘地始得之，盖日久而陷入地也。质香而轻，体柔腻，以指甲掐之，即有掐纹，少顷复合，如奇楠。"

2. 木变石

清·西清《黑龙江外记》曰："松入黑龙江，岁久化为青石，号安石，俗呼木变石，中为磋，可发箭镞。"

明·张岱在《陶庵梦忆》中曰："松花石，大父异自潇江署中。石在江口神祠，土人割牲飨神，以毛血洒石上为恭敬，血渗毛氄，几不见石。大父异入署，亲自被濯，呼为'石丈'，有《松花石纪》。今弃阶下，载花缸，不称使。余嫌其轮囷臃肿，失松理，不若董文简家苗错二松橛，节理槎枒，皮断犹附，视此更胜。大父石上磨崖铭之曰：'尔昔鬣而鼓兮，松也；尔今脱而骨兮，石也；尔形可使代兮，贞勿易也；尔视余笑兮，莫余逆也。'其见宝如此。"

3. 河海沉沙之木

张岱在《夜航船》中说到"天河槎"："横州横槎江有一枯槎，枝干扶疏，坚如铁石，其色类漆，黑光照人，横于滩上。传云天河所流也。一名槎浦。"

张岱在《陶庵梦忆》中还讲到一则"木犹龙"的故事：木龙出辽海，因风浪波涛拍击漱洗，遍体波纹密布，凹凸无序。明初大将开平王常遇春得之运回京城置于府中，后开平王府因大火而毁，众人以为此巨木早已为炭，但刨开瓦砾后见巨木丝毫无损、旧貌依然，众人大惊，称此木为"龙"。后张岱祖先得此木传为世宝，当时的名流以"木犹龙""木寓龙""海槎""槎浪""陆槎"命名此木。

宋·苏洵在《木假山记》中讲述了"脱泥沙而远斧斤"之木用于庭院假山，从而引出庄子的"有用与无用"的哲学命题。"木之生，或蘖而殇，或拱而夭。幸而至于任为栋梁，则伐，不幸而为风之所拔，水之所漂，或破折、或腐。幸而得不破折，不腐，则为人之所材，而有斧斤之患。其最幸者，漂沉汩没于湍沙之间，不知其几百年，而其激射啮食之余，或仿佛于山者，则为好事者取去，强之以为山，然后可以脱泥沙而远斧斤……"

从以上所引资料可以得出如下结论：所谓阴沉木是指由于地质灾害或其他原因而埋入地下，且经数百年沉浸的各种木材（未炭化或部分炭化），自然倒伏、枯立或人工采伐后遗弃于山野的树木，或由木材变化而成的树化石或树化玉之总称。也有人认为树化石或树化玉及硅化木不应包含在阴沉木之列，而应另辟门类。

木材特征

1.如果从木材学角度讲，树化石或称硅化木、树化玉则应排除在外，不应算作阴沉木。阴沉木炭化程度较高，出水或出土时比较完整，但与空气、阳光接触后便开始龟裂，其深度与范围视其树种、年代、所处环境性质的差异而不同。龟裂或呈粉末状脱落的程度也就是阴沉木炭化的程度，炭化程度越高，其木材属性越不明显，可利用的部分就越小。这是阴沉木的第一个特征。

2.阴沉木因原有树种的密度、吸收外界物质的程度及所处的特殊环境，其所含有益或有害物质、放射性物质的程度也不一样，即使同一树种也因上述原因不同而程度不一。

3.阴沉木因长期与阳光、空气隔绝而深埋于泥土、矿床或深水之下，除了其木材的物理性能、化学成分发生变化外，其木材颜色也发生明显变化，一般为深褐色、黑灰或乌黑色，其密度也发生了变化。也有的阴沉木如楠木锯开时还有楠木原有的颜色与特征，但氧化后很快会变成咖啡色或深褐色，泛浅绿或暗黄，故色变也是阴沉木的特征之一。

4.阴沉木原有的管孔被其他物质所挤占、堵塞，或已改变了原有木材的本性，干燥时会出现翘曲、炸裂、自然粉碎及返潮、含水率不均匀等极端现象。

5.阴沉木一般为油性强或含芳香物质的木材，如楠木、桐木、栎木、苦梓、柏木、椆木、锥木、杉木、云杉、铁杉、桧木、柚木、花梨、坤甸、樟木、格木、红椿等。正因为其原本所含的油脂与芳香物质，打磨及烫蜡后表面如镜、滑腻如玉。

分类

1. 由于地质灾害（地震、泥石流等）所掩埋的树木可分为两种：

（1）沉入江河之中的木材；

（2）掩埋于山坡或田野的木材。

2. 沉入海洋或海滩的木材

（1）沉船（多楠木、樟木、格木、柚木、坤甸、娑罗双）；

（2）进出口木材沉入海底或沙滩（多乌木、红木、苏木）；

（3）由陆地或江河迁流入海的木材。

3. 棺椁

（1）埋入地下的棺椁（多为楠木、柏木、杉木、栗木）；

（2）悬棺（多用楠木，散见于四川、重庆长江沿岸）。

4. 自然倒伏、枯立或人工采伐后遗弃于山野的树木

5. 树化石

（1）硅化木；

（2）树化玉。

用途

1. 利用

（1）科学研究。用于地质灾害、水文、森林地理分布及植物地理方面的研究。"树木年轮，不仅是时间尺度的记录，更是科学信息的宝库。在每一轮迹中，都蕴藏着自然环境以至人为活动影响的信息链，浓缩在每一年轮生殖细胞排列组合中。"（李江风、袁玉江、由希尧等编著《树木年轮水文学研究与应用》，科学出版社，2000 年 1 月第 1 版）。我们更可以活立木年轮上探究许多科学信息。用碳 -14 的方法可测出阴沉木或硅化木的生长年代，从而准确地分析阴沉木出土之特定地区的森林分布历史、气候变化与水文地质情况，正是如此，才会诞生"树木年轮气候学""树木年轮水文学"等新兴学科。阴沉木在这方面所提供的是第一手的、原始而又鲜活的珍贵资料。

（2）医用。我国的本草类著作，如唐·陈藏器的《本草拾遗》、明·李时珍著的《本草纲目》等有关阴沉木药用的记述较多。"城东腐木"即城东古木在土中腐烂者，一名地主。"主鬼气心痛，酒煮一合服。蜈蚣咬者，取腐木渍汁涂之，亦可研末和醋敷之。凡手足掣痛，不

仁不随者，朽木煮汤，热渍痛处，甚良。"在谈到棺木即"古椟木"时，"主鬼气注忤中恶，心腹痛，背急气喘，噩梦悸，常为鬼神所祟挠者。水及酒和东引桃枝煎服，当得吐下。"

（3）制作古琴。陈藏器称"古椟木"："此古冢中棺木也。弥古者佳，杉材最良。千岁者通神，宜作琴底。"古桐木也是制作古琴的良材。

（4）家具或其他器具的制作。目前还没有发现古代用阴沉木制作家具的记载，只有制琴或其他把玩类小器物制作的记录。近20年来有不少厂家将其用于家具及文房用具的制作。

（5）根雕。阴沉木用于根雕的历史不超过20年，古代很少将其用于根雕。

（6）庭院、公园及其他公共场所作为景观存设。如四川金沙遗址公园中的"乌木林"（四川称阴沉木为"乌木"）。

（7）棺椁。我国历史上很早就有将阴沉木用于棺椁的记录，因其处理后不腐不裂，且耐潮防虫，是棺椁制作的理想材料。

2. 应注意的问题

（1）阴沉木属阴木，在室内存设中少量使用阴沉木家具或其他器物，可以起到阴阳协调的作用；

（2）阴沉木种类与来源复杂，制作家具前应逐一检查阴沉木的有害物质种类、含量及放射性物质是否超过国家规定的正常标准；

（3）阴沉木表面多已炭化，其木材的物理、化学性质已改变，多数已失其自性，尤其是承重方面应特别注意；

（4）棺材板及具有对人体有害的放射性物质的木材，不适宜于家具的制作；

（5）硅化木及树化玉作为家具材料（如茶几、桌面、案面），除了考虑承重因素外，也应考虑放射性物质的检测，一般适宜于装点庭院或室外使用，不宜过多陈设于相对封闭的室内。

1 立于深圳植物园的硅化木（2008 年 1 月 16 日）

2 金沙楠木阴沉木　四川成都市金沙遗址出土的楠木阴沉木。博物馆东南角建有近百根阴沉木组成的阴沉木公园。经碳 –14 测定，阴沉木距今有 3000—10000 年。

1　已玉化的老红木（收藏：寸建强，2000 年 1 月 1 日）
2　海南省万宁市石梅湾海滩上的阴沉木（2014 年 11 月 10 日）

1 因腐朽而分裂的树桩（摄影：崔憶，2017年7月31日）

2 云南西南部栎木车轮（2019年1月2日）

3 柚木阴沉木（资料：李忠恕） 缅甸伊洛瓦底江出水的柚木，距今约150年。当时的柚木主要出口至印度、英国，历史上缅甸柚木自16世纪起，多用于海上军舰、游艇、别墅及建筑装饰、家具。

4 乌木阴沉木 南海出水的源于南亚斯里兰卡、印度的乌木。

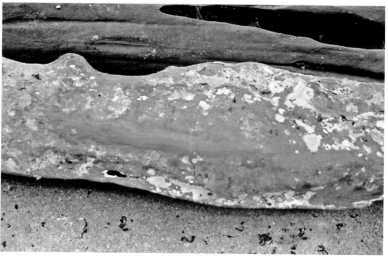

1 楠木棺材 一木整挖的楠木棺材，长度
为4～6m，多见于四川、贵州等地。湖南、
湖北及福建等地也有遗存。
2 自然倒伏于海南五指山的树木（2014年11
月12日）
3 云南昆明滇池的柳树树桩 （2018年12月
3日）

1　龟裂、炭化程度极高的楠木阴沉木。

2　表面已呈絮状的楠木阴沉木。

3　阴沉木板材　呈乌黑色的楠木阴沉木板材，
一般要经过化学处理才能接近楠木原色。

1　加工后的楠木阴沉木（1）
2　加工后的楠木阴沉木（2）（标本：陈华平）
3　金沙遗址的乌木林

1
2　3

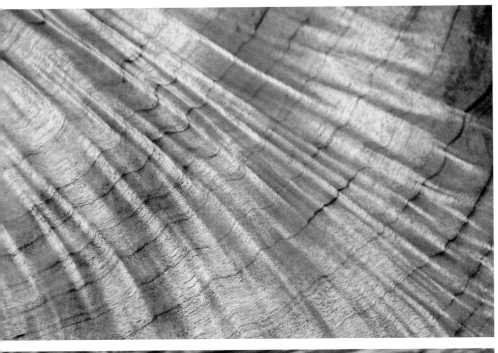

桧木阴沉木（摄影：吴体刚，2015 年 4 月 21 日）
台湾阿里山的桧木树苑，一般不易腐朽，遗于
山中任由杂草丛生其间，即成景观。

1　云南紫油木阴沉木果盘工艺品（2019年1月2日）

2　阴沉木雕莲花生大师（中国工艺美术大师，童永全，

四川成都）

The Encyclopedia of Wood
A Study of the Timber Constituting Ancient Chinese Furniture

TEAK

柚木树（2016年11月18日）生长于缅甸掸邦高原山脊上的柚木。

基本资料	中 文 名 称	柚木
	拉 丁 文 名 称	*Tectona grandis* Linn.
	中 文 别 称	胭脂树、紫柚木、埋尚、埋沙（云南）、麻栗（台湾）
	英 文 别 称 或 地 方 语	缅甸：Kyun；越南：Giati；泰国：Maisak；老挝：Teck；西班牙：Teca；印尼：Jati；印度：Sagwan, Sag, Tegina, Pahi；通用：Teak
	科 属	马鞭草科（VERBENACEAE）柚木属（*Tectona*）
	原 产 地	印度、缅甸、泰国、印尼、菲律宾。缅甸柚木一般生长在平原和低丘陵的落叶混交林中，通常在海拔920 m 以下的低丘陵地带。
	引 种 地	中国及其他热带国家。我国引种柚木的历史并不长，最早为鸦片战争前后有人将柚木引入云南之德宏、西双版纳等地。1900 年引种于台湾高雄。民国初年广东、广西开始种植。1920 年厦门天马、1938年海南岛开始引种。

释名　　　　　　因其心材富集天然油质，新鲜锯末手捏成团而不松散，故名柚木。柚木有两个种，*Tectona grandis* Linn. 最为著名。印度还有一种称 *Tectona hamiltoniana* Wall. 在习惯称谓上即有 "Teak" 与 "Dahat" 之区分，分别代表这两种木材。也有人认为："柚木（*Tectona grandis*）系唯一的真柚木（true teak）。不应与某些其他木材如所谓婆罗洲柚木（Borneo teak）、文莱柚木（Brune teak）及罗德里亚柚木（Rhodesian teak）相混，这些木材稍有柚木特征而相当不同。"（陈嘉宝编著《马来西亚商用木材性质和用途》第 109 页，中国物资出版社，1989 年 9 月）。这里我们只讨论 *Tectona grandis* Linn.，即 "Teak"。

木材特征　　　　唐燿先生已将产于印度与缅甸之柚木特征描述得非常清楚。缅甸木材公司（*Myanmar Timber Enterprise*）于 1992 年所编 "Some Common Commercial Hardwoods of Myanmar" 一书中对产于缅甸的柚木的基本特征做了十分详细的描述：

1. 颜色：一般为暗金黄色。随着树龄的增长，会变成褐色或暗褐色。木材的颜色和标号随地理条件的不同而变异很大。缅甸最好的柚木是生长于勃固（Bago）、约玛（Yoma）地区和上缅甸（Upper Burma）的森林中。一般都是呈均匀的金色，偶尔也有较暗的条纹。生长在干旱地区的柚木颜色较暗，一般都带有较暗的和宽的波状条纹，使木材的外表显得特别漂亮。在缅甸的其他地区也有灰褐色的柚木。人工林柚木与天然林柚木其特性极其相似，不过人工林柚木的颜色较浅而且较黄。边材的颜色从白色到淡黄褐色，条纹从窄到中等宽度。这种木材能闻到一股明显的油渍味，同时还有一股特别浓烈的特殊气味。

2. 纹理：一般较直，如果生长在干旱地区，其纹理一般呈波浪状。大多数纹理结构极粗且不均匀。

3. 密度：湿材 0.58 g/cm^3，气干材 0.586 g/cm^3。

分类　　　　柚木的分类与分级是一个世界性的难题。历史上中国、缅甸、印度与西方国家均有不同的分类与分级方法，繁简不一，标准不同。

1. 唐燿先生对于柚木有两种分类方法：

（1）印度所称之柚木，一为 *Tectona grandis* Linn.，一为 *Tectona hamiltoniana* Wall. 前者为显著之环孔材，春材孔大，心材色深，金黄色至褐色或深褐色，至略黑色；含油分，有显著之气味。第二种略成环孔材，春材孔小，在肉眼看不显著，材淡灰褐色，是不匀之心材，不含油分，木材无显著之气味。

（2）印度、缅甸所产之 *Tectona grandis* Linn. 可分为四种：

① 心材金黄褐色而匀，与年俱深；纹理直行而匀，若非依径而锯下，具甚少之斑点，否则春材显浅色之波浪线。此类为缅甸及印度西岸所产上乘之柚木。

② 产印度中部干燥之地带，其纹理较不直，材略硬，色较深，常有较深之浪形条斑，使木材之外形美观。

③ 为柱形小材，其纹理粗，材色为均匀之灰褐色。

④ 为人造林所产之柚木与（1）种相似，但材质还轻，而色较黄。缅甸所产人造林，其柚木之性质，较印度所产者更似（1）种，此或地土气候全然欤（唐燿著《中国木材学》第 144 页，商务印书馆，1936 年 12 月）。

2. 缅甸政府将柚木原木按生长区域分级方法

特级（Special）			I级 [GRADE（I）]			II级 [GRADE（II）]			III级 [GRADE（III）]		
标号	地 区	邦或省	标号	地 区	邦或省	标号	地 区	邦或省	标号	地 区	邦或省
J	甘高 Gan Gaw	马圭省	O	东敦枝 Taundwingyi	马圭省	U	只光 Zigon	勃固省	R	兴实达 Hinthada	伊洛瓦底省
JY	木各具 Parorru 尧河 Yaw	曼德勒省	YA	彬马那北 N. Pyinmana	曼德勒省	V	伊洛瓦底 Thayarwa-dy	伊洛瓦底省	F	茂叻西 W.Mawlair	实皆省
CD	葛礼 Kaie 钦敦 Chindwin	实皆省	K	彬马那南 S.pyinmana	曼德勒省		腊戌 Lashio	掸邦	E/EK	茂叻东 E.Mawlair	实皆省
			Y	东吁北 N.Taungoo	勃固省	L	莱林 Loilen	掸邦	B	八莫 Bahmaw	克钦邦
			MB	敏巫 Minbu	马圭省	NM DA	彬乌温 Pyin Oo Lmin	曼德勒省	I	杰沙东 E.Katha	实皆省
			P	阿兰 Aunglan	马圭省	G	蒙育瓦 Monywa	实皆省	X	勃固南 S.Bago	勃固省
			P	德耶 hayet	马圭省	D	高林 Kawlin	实皆省	PN	巴安 Pa An	克伦邦
			Q	卑谬 Pyay	勃固省	H	孟密 Momeik	掸邦	A	密支那 Myit kyina	克钦邦
				东吁南 S.Taungoo	勃固省	L	东枝 Taungyi	掸邦			
			D	瑞保 Shwebo	实皆省	H	瑞丽江 Shweli 马奔 Mabein	掸邦			
						F	勃固北	勃固省			
						CS	杰沙西 W.Katha	实皆省			

从此表中可以看出，上等柚木主要集中于缅甸西部、西南部，如实皆省、曼德勒省、马圭省、勃固省。欧洲商人寻找上等柚木一般将眼光集中于缅甸北纬18°～22°之间。特别是克耶邦（Kayah State 或 Karenni State）垒固（Loikaw）林区往西至马圭省的德耶（Thayet）林区。做高等级游艇、刨切材的柚木往往在这一狭窄区域可以得到满足。

确定柚木等级的主要因素有6个：

（1）木质（密度、松软、轻重）

（2）虫眼（大小、数量、部位）

（3）花纹（清晰、宽窄、均匀）

（4）密度（大小）

（5）油性（干或润）

（6）色泽（干净、浑浊、杂色）

多次往返于缅甸密林深处、实践经验十分丰富的任建军先生称"石头多、水分少的干旱地区柚木密度大，油质好；生长在山谷的柚木质量差，山坡或山脊的柚木质量好。"另外，采伐与制材的方法不同也直接影响柚木的等级。

特级（Special）柚木，并不特定于表中3种，每年都有调整，一般是从Ⅰ级中调至特级。特级柚木除了产地因素外，其树干修直、饱满、端头几乎正圆，没有矿物线及杂质，无节或节少，一般为高级游艇刨切用材。

Ⅰ级：树干通直，木材底色金黄，纹理清晰、线条明显且呈黄黑色，虫眼极少，一般用于游艇甲板或刨切材。

Ⅱ级：有虫眼，木材本色偏灰，一般用于锯材、建筑材。

Ⅲ级：虫眼多，木质松，颜色、纹理模糊而不干净，材色偏灰，树干树形差。此类柚木多产于缅北地区，如掸邦、克钦邦，以掸邦腊戍林区的柚木为典型代表。

3. 缅甸木材公司（MTE）出口柚木原木等级：

等级	1	2	3	4	5	6	7	8
代号	B	R		M	Mx	mx	Z	Y

一般在市场上极少见到3级，如有3级，一般为政府控制，私人公司是没有的，故没有3之代号。还有商人将柚木原木分为16个等级，但在实际操作过程中十分烦琐，采用者少。

4. 按材色分：

一些商人从柚木心材的颜色也可分出质量等级：

（1）金柚：材色金黄、油质明显、板面干净之柚木，一般用于游艇及高级会所、宫廷、别墅的建筑与装饰，也用于高档家具的制作。

（2）黑柚：由于稀少，故一般用于艺术装饰或起点缀作用，如家具、室内及游艇装饰、木制艺术品。另外，柚木阴沉木颜色发深，但不能将其归入黑柚类。

（3）灰柚：也称白柚。主要指产于缅甸北部，是油性差、木材表面颜色暗淡的柚木，也包括其他国家和地区人工种植的或品质较差的柚木。主要用于一般建筑、家具或农具等。

5. 中国云南、广东地区对柚木的分类、分级有许多不同方法，最有影响的方法有两种：

（1）按国别分：

① 泰柚

泰柚，相当于特级及 I 级柚木，所谓的泰柚实际产于缅甸与泰国交界处缅甸克耶邦（KAYAH STATE）的垒固（Loikaw）林区，盛产标号 KN 的上等柚木。垒固林区达到 KN 水准的天然林几乎采伐殆尽。克伦邦（KAYIN STATE）北部及勃固省的上等柚木近百年来也不断流失泰国，由泰国加工或以原木出口世界各地，故世人误认为泰柚产于泰国。不过，历史上泰国确实盛产天然优质柚木，但由于多年毁灭性采伐而近于灭绝，现在多为人工林，天然优质柚木不得不从缅甸进口。

② 缅柚

缅甸所产柚木分级较为严格，一般品质较差的柚木产于缅甸北部，虫眼较多、干形差、油质少、色灰，心材颜色较暗；近似于深褐色的柚木，产于濒临孟加拉湾、缅甸西南部的若开邦（RAKHINE STATE）。

（2）按地区分：

① 瓦城料

瓦城即缅甸中部的曼德勒（Mandalay），是缅甸古都，水陆交通要道，伊洛瓦底江流经曼德勒，曼德勒周围地区所产柚木一般水运或陆运至曼德勒，由南至仰光港出口至世界各地，由北经腊戌至云南各口岸进入中国。何谓瓦城料，一说产于伊洛瓦洛江中上游地区带黑筋（线条呈深色）的上等柚木。这种说法是与缅甸优质柚木天然林的分布区域有些差距；另一说为瓦城料应该是所有上等柚木（特级与I级）之集合名词。瓦城本身并不产柚木，而各地所产柚木集中于瓦城，再由瓦城向北进入中国，向南进入仰光方向分流而已。故将上等柚木称之为瓦城料。

② 南南料

一般指产于掸邦北部克钦邦等级较差的柚木。掸邦腊戌（Lashio）产柚木是南南料之典型代表，干形差、矿物线多、杂质多、板面不干净、油性差。"南南"二字，有人认为指掸邦南部所产之柚木，或谓其品质"烂"之代指。

利用	世界上只要可以用到木材的地方，肯定可以找到柚木的身影。柚木耐久性、防虫害特别是白蚁、防酸、防水的性能都很好，在水中长期浸泡仍能保持其良好的材性。因其耐久的特点，强度大、密度适中、加工容易、稳定性好和高贵大气的色泽、优雅秀美的外表，故柚木的用途极为广泛。正因为如此，柚木又有"木中之王"之美称。

1. 用途

（1）家具

缅甸及东南亚、南亚地区很多室内、室外家具均采用柚木制作，清末及民国时期上海用柚木制了大量的"海派家具"，广东、海南岛也有不少柚木家具。室外家具如沙滩椅、咖啡桌等均采用柚木制作。现在国内特别是广东和香港等地用柚木制作高档家具也蔚然成风，但多以现代家具为主。

（2）建筑或建筑雕刻

① 寺庙

仰光大金塔的主要用材便为柚木，曼德勒的金色宫殿僧院（Shwenandaw Kyaung）及喜迎宾僧院（Shwe In Bin Kyaung）纯为柚木所建。建于1834年的曼德勒市阿瓦的宝迦雅寺（Bagaya Kyaung），寺庙全部由金色的柚木构造，悬空于267根柚木立柱之上。故又有"柚木寺"之美称。

② 王宫

最为典型的便是曼德勒皇宫，有"柚木宫"之美名。

③ 别墅或民房

民房所用立柱、梁及其他部位如门、门框、窗、框架、楼梯、地板或木瓦均采用柚木，东南亚及欧洲一些别墅所用木材也大量使用名贵柚木。

④ 桥梁

曼德勒市郊建于19世纪末长达1200 m的乌本桥（U Bein Bridge），100%采用柚木所建，历经100多年风雨仍能供行人正常来往，已成了柚木品质的象征与明证。

（3）游艇和其他船舶

除了作为顶级奢侈品的游艇甲板、船舱等使用特级或I级上等柚木外，16 ～ 17世纪欧洲列强如英国、法国、荷兰、葡萄牙、西班牙的军舰与海运船只均在印度或缅甸用柚木制造，大大提高了使用寿命与远程航行能力。民用船只也多采用柚木、娑罗双等油性大、耐久、耐腐蚀的木材。

（4）装饰用材

除了建筑构件雕饰、楼梯、地板外，也用于阳台、栅栏，刨切单板几乎可用于很多方面的装饰，单一装饰或其他木材及材料混合装饰。

（5）雕刻及其他工艺品

佛像、人物造像及其他题材的工艺品。缅甸的柚木工艺品早期受到印度文化的影响，婆罗门教或小乘佛教的神、佛像或宗教故事的雕刻较多。现代则受到中国福建、广东木雕的影响比较明显。

2. 应注意的几个问题

（1）柚木分级严格而复杂，质量控制也十分专业与烦琐。根据硬木家具制作的特殊要求，首先必须采用纹理清晰、木材色干净、油性好的柚木，而色杂、混浊不清、发干发飘的柚木不宜使用。

（2）黑筋明显的柚木可用于装饰性强的部位，如柜面、案心；少纹或色纯之柚木可用于边框、腿或工艺品制作。黑筋料不宜于佛像或以人物为对象的雕刻。

（3）柚木色纯如一者多，金黄高贵者多，制作家具时应防止过度飘逸、散漫而有失厚重、淳朴、大气。过于雕琢不应强加于可用之于收藏的柚木家具之上。柚木密度适中，易于雕刻与加工，但其缺点在于不能细腻、准确地表达主人的思想而难以达到传神之功效。柚木家具如采用浑圆、少雕，多采用线条语言，则将尽显柚木之本性，华贵而尊荣。小乘佛教国家用"黄"是极为慎重的，"黄"一般代表佛教，柚木、白兰（Sagawa）、娑罗双均为纯黄，故南亚、东南亚到处都喜欢这几种"黄"色木材。

1　金黄色柚木之圆凳面（资料提供：缅甸曼德勒杨宏昌先生。2016 年 11 月 19 日）。
2　缅甸金黄色柚木的端面。

1
2

（4）柚木大径级材多，尾径大者超过 1 m，长度 10 ～ 20 m 者也多，故体量较大的家具或成套、成堂家具的制作，一木一器、一木成堂也须注意与其他木材的配合使用。

（5）注意颜色配比，软硬合一。缅甸及东南亚、南亚诸国喜用柚木板材、原木、天然树根雕刻花板、佛像及其他艺术品。如柚木与其他深色硬木结合，可以制作家具与艺术用以弥补其固有的缺陷，金色与深紫、褐红、墨黑、咖啡色或深褐色之结合给人以强烈的视觉冲击，但选用何种木材须视家具的型制、功能而定。

1 树叶　柚木树叶，叶如蒲扇，叶长可达70 cm。

2 老挝柚木（1）（2017年7月11日）老挝沙耶武里芒南县的柚木林常设祭台，供奉山神以保佑一方平安与富裕。

3 老挝柚木（2）　芒南县的柚木从生长之初便受到红蚂蚁、黑蚂蚁的侵害，从根部开始沿树干上行，满身黄土、虫道与虫屎，这也是老挝柚木心材多虫道与虫孔的主要原因。

1　缅甸林业部制作的柚木等级分布地图（2008年10月24日，仰光）。

2　生长环境（2016年11月15日）　掸邦高原 Lin Khae 山野生柚木分布区域薄土层下的坚石。

3　方材（资料：李忠恕）　特级柚木大方，带黑筋，已除髓心。

1 ┊ 3
2 ┊ 4

1 黑筋料端面

2 金黄透褐的柚木

3 泰柚阴沉木（标本：泰国杨明，2017年1月16日）泰国清盛的柚木阴沉木，纹理清晰，层次分明。

4 柚木独木舟（收藏：泰国杨明）泰国柚木独木舟，长约 6 m，宽 80 cm。

1 ┃ 3
2 ┃ 4

1 瓦城料原木
2 瓦城料方材
3 腊戌柚木端面　产于腊戌附近的柚木原料端面，虫孔明显。
4 凿痕（2009年7月2日，仰光）　专门用于检查柚木品质的圆弧形钢凿留下的痕迹，可以分析柚木的年轮、油性、色泽、杂质及其他指标。

1
2　3

သီပေါမင်းနှင့် စုပုရား:လ
KING THIBAW AND QUEEN

曼德勒皇宫　曼德勒皇宫中1878—1885年在位的
国王（THIBAW）和王后（SUPHAYALAT）之雕像。

1　东枝柚木建筑（2016年11月16日）缅甸东枝建于茵莱湖中的酒店（Myanmar Treasure Resort Inle Lake），此建筑多由柚木构成。

2　茵莱湖独木舟（2016年11月17日）缅甸传统的独木舟多用柚木制作。茵莱湖上的渔民单腿划桨，双手撒网，是一直延续至今的古老习俗。

3　乌本桥（2016年11月19日）

4　乌本桥柚木桥墩（摄影：北京季峰，2011年2月11日）

1　柚木有束腰带托泥五足圆香几（制作与工艺：北京梓庆山房）

2　民国柚木圈椅靠背板（收藏：马可乐，2016 年 3 月 2 日）

The Encyclopedia of Wood
A Study of the Timber Constituting Ancient Chinese Furniture

高丽木

MONGOLIAN OAK

柘树树叶

基本资料	中 文 名 称	柞木
	拉 丁 文 名 称	*Quercus mongolica* Fisch.
	中 文 别 称	蒙古柞、青杏子、蒙柞、槲柞、柞树、高丽木、小叶椭树、蒙古栎、参母南木（朝语）
	英 文 别 称	Mongolian oak
	科　　　属	壳斗科（FAGACEAG）麻栎属（*Quercus*）
	原　　产　　地	原产于我国东北、华北及山东、内蒙东部，俄罗斯西伯利亚、远东沿海地区，库页岛、朝鲜、日本等地

释名　　据史书记载：朝鲜，箕子之封国。汉代以前称朝鲜，燕人卫满所据。汉武帝平定后将其一分为四，即真香、临屯、乐浪、玄菟四郡。汉末，扶余人高氏据其地，改国号为高丽，居平壤即乐浪。

古人将产于我国东北及今朝鲜之柞木称之为"高丽木"，是因历史上的柞木及柞木家具多为高丽国所贡而得名。

《本草纲目》中记有"柞木"，又称"凿子木"。"此木坚韧，可为凿柄，故俗名凿子木。方书皆作柞木，盖昧此义也。柞乃橡栎之名，非此木也。""藏器曰：柞木生南方，细叶，今之作梳者是也。时珍曰：此木处处山中有之，高者丈余。叶小而有细齿，光滑而韧。其木及叶丫皆有针刺，经冬不凋。五月开碎白花，不结子。其木心理皆白色"。清·徐鼎著《毛诗名物图说》注解《诗经》"陟彼高冈，析其柞薪"引《诗缉》："柞，坚韧之木。新叶将生，故叶乃落，附著甚固。"徐氏认为："木干有刺，其材坚韧。登高冈者析其木以为薪，为其叶茂蔽高冈也，以喻贤女得在后位，必除嫉妒之女，为其蔽君明也。叶最茂盛，故《采菽》云：'维柞之枝，其叶蓬蓬。'"（清·徐鼎纂辑，王承略点校《毛诗名物图说》第412页，清华大学出版社）

此处柞木即"凿子木"，并非生长于北方的柞木，而是生长于江苏南通及长江中下游流域的柞榛木。柞榛木即柘树（*Cudrania tricuspidata*），桑科柘树属，又名刺针树、柘桑、角针、柘骨针、柞树，其心材金黄色或深黄褐色，其闪亮的金色年轮线分布匀称，在弦切面上更为明显生动。也有人认为柞榛木即蒙子树（*Xylosma japonica*），隶大风子科蒙子树属，其气干密度可达 0.96 g/cm³，常用于农具柄及榨油房之撞杆、楔子等，故有凿子木、凿树之美称。不过柘树或蒙子树与《本草纲目》之"其木心理皆白色"的描述不一致，而很像壳斗科的一些木材。

另外，还有一些木材在民间也将其称之为"柞木"，主要是壳斗科之青冈属、水青冈属、麻栎属中的许多木材，特别是江、浙、福建、江西、湖南、湖北等地的木工仍将这些木材称为"柞木"，也有个别匠人或收藏家将这些木材称之为"高丽木"，这是明显错误的。

从国外进口的柞木，主要源于欧洲及美国，一般称之为"橡木"，按木材的颜色分为红橡与白橡，这些木材的价格远高于产于中国及俄罗斯的柞木。

所以，认识与研究高丽木，则须弄清楚高丽木、柞木、凿子木、柞榛木、橡木、青冈等几个重要概念，以免造成不必要的混淆。

木材特征　　"落叶乔木，高三丈，直径一尺；树皮灰褐色，有粗裂；一年生之枝栗褐色，处处有淡绿灰色之斑纹，枝条粗大，多分歧……六月开花，十月果熟。"（陈嵘编著《中国树木分类学》第 197 页）。唐燿称柞木"外皮薄，淡或深褐色……边材淡褐色……年轮略宽，在中心部分每吋约 20 轮。质略重至重；炉干后每立方呎重约 42—48 磅，密度约 0.67—0.76 g/cm³；气干后在含水量约 8—9% 时，每立方呎重量约 46—52 磅。"（唐燿著《中国木材学》第 376 页）。

我们今天所称之高丽木，还应包括辽东栎（*Quercus liaotungensis* Koidz）及粗齿蒙古栎（*Quercus mongolica* Fisch.var.*grosserrata* Rehd. & Wils.）。后者原产于日本，又称水柞、水楢，河北东陵又称"胡青子"。树皮为片状剥落，常无深槽，心材黄褐色，边材淡红白色，年轮清晰，但年轮通常宽于柞木。径切面纹理细密有序，弦切面花纹美丽，在日本很受欢迎。我们所见的古旧高丽木家具还是以柞木为主，故在此主要讨论柞木的主要特征。

1.边材：浅黄褐色。

2.心材：与边材区别明显，黄褐色或浅暗褐色。

3.生长轮：明显，略呈波浪状，宽窄均匀。

4.纹理：纹理清晰而少有变化。径切面上，宽木射线有光泽，构成极为明显的斑纹。木材商一般称之为"银斑"，水青冈的斑点似芝麻粒分布细密均匀，而柞木的斑点一般较大或大小不一，颜色较周围木材稍深，光泽极强。这是柞木即高丽木的显著特征或标志性的象征。而弦切面上宽木射线呈线条状，颜色较木材深。

5.气味：无特殊气味。

6.气干密度：0.748 g/cm³（产地不一样，密度亦有差别，但差别不会太大）。

另外，产于长白山地区敦化、安图、露水河、三岔子、泉阳、红石、白河等地的柞木质量最好，而红石、三岔子、露水河又最为突出。据称产于长白山东部朝鲜境内的柞木质量更好。其共同特点是材色浅，板面干净，纹理细密均匀，干形好，出材率特别是径切材比率高。产于大小兴安岭之柞木颜色暗淡、光泽差，且主干端面呈正圆者比例不高，干形差而径切材的比率也低。

分类

1. 按颜色分：
（1）白柞；
（2）红柞。
2. 按地区分：
（1）大小兴安岭（黑龙江）；
（2）长白山地区（吉林）；
（3）高丽柞（朝鲜，特别是长白山东部）；
（4）东洋柞（日本北海道）。

利用

1. 用途
（1）家具。历史上东北及朝鲜地区因冬天漫长而寒冷，房屋低矮，室内多为火炕，日常生活或礼仪活动均在炕上进行，故所用家具很少。家具也一般置于火炕上，尺寸不大，如炕桌、炕几、炕柜、箱子等。高丽木家具只有在满人入关后开始盛行，可能与高丽木生长在黑山白水有很大关系。陕西、山西、河北等地的柞木家具流行较少，所占比例不大，但做榆木活的木匠多用柞木刨子。

雍正时期的档案资料中有：高丽木箱子、包安簧錽银金饰件高丽木桌子、花梨木包镶樟木高丽木宝座托床、暖轿（高丽木轿杆）、高丽木压纸、一封书式炕桌、高丽木栏杆紫檀木都盛盘、高丽木矮宝座（船上用）、高丽木边紫檀木心一封书式炕桌、高丽木把玛瑙四珠太平车、高丽木衣杆帽架、高丽木文具匣、高丽木盘紫檀木珠铁炕老鹳翎色字算盘、高丽木边围棋盘、高丽木灌铅压纸、黑漆高丽木胎攒竹轿轩。

这仅仅是雍正时期的记录，乾隆及以后的记录更为丰富多样，几乎无所不为。

（2）建筑。朝鲜、日本、俄罗斯西伯利亚，我国东北、华北地区的民居有不少采用柞木。

（3）造船。肋骨、机座、骨架。

2. 应注意的问题

（1）腐朽：主要以未采伐之立木腐朽为主，其中以瓜子形腐朽、块状红腐及大理石腐朽最为典型。腐朽在主干上蔓延 5~6 m，几乎整个木材均受到感染，使木材变软、变脆，并产生明显的黑色条纹。如果腐朽严重则不能用于家具制作，如果经过处理使其腐朽不再发展，木材仍能使用。在锯材时可以保留其完整的自然发生的美丽图案，则可改变柞木颜色及花纹单一的缺陷。

（2）柞木干燥极为困难，容易翘曲、开裂与变形。家具用材规格多且厚薄、宽窄、长短各一，给柞木干燥带来更大的困难。柞木开锯后应在通风条件好的室内存放约 10 天再进行低温窑干，时间在 20~30 天。出窑后木材应按厚薄堆码整齐，每块板之间应放格条以便通风。干燥后的养生时间以 30 天为佳，此时木材材性稳定，光洁度及色泽均可达到设计与制作的要求。

（3）柞木可以与深色木材及有纹理的木材相配，如乌木、条纹乌木、酸枝及老红木、鸡翅木及新近进口的风车木（*Combretum imberbe*，使君子科风车藤属，又称"皮灰"）等，不仅可以改变柞木自身的审美缺陷，而且使其合理利用以达到出其不意的效果。另外柞木家具的金属饰件以白铜为主，除了色彩搭配比较合理外，白铜也可提高柞木家具的档次。

（4）柞木几乎少有奇妙的纹理与图案，在装饰用材或家具用材方面，则以其整齐有序、细密匀称的直纹而著名，故下锯时应首先考虑径切，以径切为主。

柞木（2015年6月17日） 生长于俄罗斯哈巴罗夫斯克州维亚泽姆斯基区阿万斯克林场的柞木。

1 柞木树干（资料：田树旭，吉林省珲春市，2015 年
6 月 17 日）柞木主干之阴面，布满青苔，阳面
则少有青苔，这也是野外判别方向或区分树木
之阴阳的简易可行的方法之一。

2   柞木树叶

3   柘树主干（资料提供：苏琢、更生、刘理，湖南省
岳阳市，2016 年 10 月 4 日）湖北监利县柘木乡
新华村的柘树主干局部。

1 凿子树（2016年10月3日）湖南省华容县终南乡周家湾的"凿子树"，又称"柞木"，隶蒙子树属（从左至右：苏宜富、更生、刘理、苏证明）

2 "凿子树"树干、皮、叶及刺

3 麻栗树（2018年4月19日）云南省丘北县官寨乡秧革村向阳村民小组山沟阳坡上的麻栗树。

4 祭竜 向阳村民小组的祭竜仪式，用于分配每户的剩余祭品放置于麻栗树叶之上。每年春天三月三，当地的壮族及其他民族会在自己祖先灵魂聚集之地即竜山举行仪式，祭拜祖先、山神，敬重大自然。

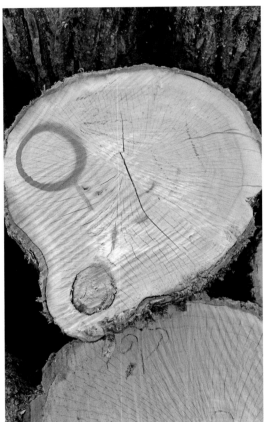

1 伐后的柞木树皮与新生的树叶

2 横截面　柞木端面，边材（外围浅色部分）与心材。

3 银斑　带皮、边材、心材的柞木，长短不齐的射线是其标志，有时会形成大小不一的所谓"银斑"。

4 阴沉木　伐后遗弃于山野的柞木，虽已腐朽，但丝纹笔直，清晰。

1 清早期高丽木平头案局部　清早期高丽木平头案局部特征，中间如佛足之迹者，为嵌补后之痕迹。无论木材贵贱，古人惜木如金的优秀品格，至今仍应为我们所效仿。
2 中空气中长久氧化后的柞木
3 弦切纹理
4 心材已全部腐朽的柞木

1　清中期柞木圈椅大边之螺旋纹、银斑
2　清早期井字格大罗汉床（中国嘉德四季第 27 期拍
卖会）

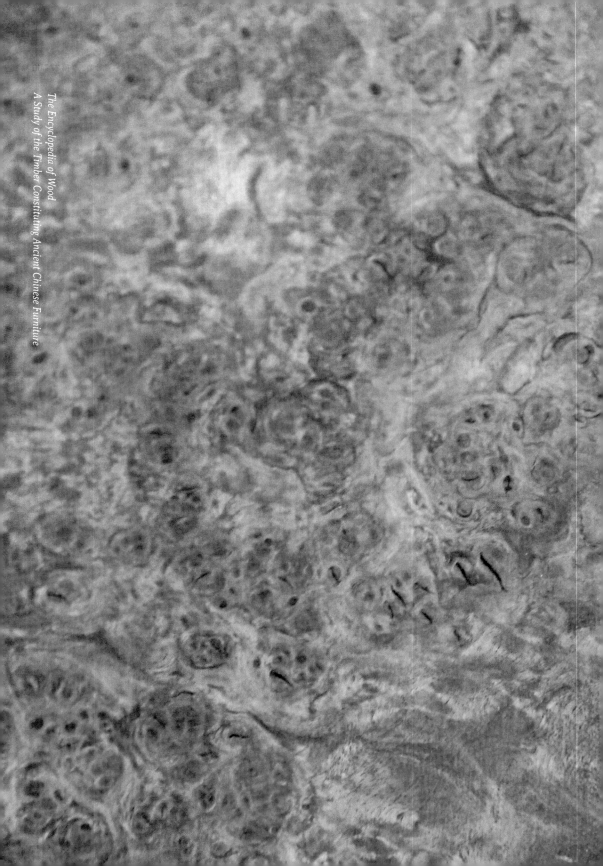

BIRCH

树叶（2015年6月8日）俄罗斯彼尔姆州（Perm）白桦树叶。

基本资料	中 文 名 称	白桦
	拉 丁 文 名 称	*Betula platyphylla* Suk.
	中 文 别 称	桦皮树、粉桦、兴安白桦
	英 文 别 称	Birch，Asian white birch
	科　　　属	桦木科（BETULACEAE）桦木属（*Betula* L.）
	原 　产 　地	中国东北、内蒙及华北。西伯利亚东部及远东地区、朝鲜半岛、日本也有分布
	引 　种 　地	与原产地同

释名　　　　桦木，又名檴。古时画工以皮烧烟熏纸，作古画字，故名檴。后简写为桦。

木材特征　　**边材与心材**　　"心边材区分不明显。木材黄白色略带褐。有时由于菌害心部呈红褐色,仿若心材。"（黄达章主编《东北经济木材志》第 113 页，科学出版社，1964 年 3 月）。王佐著《新增格古要论》述及鞑靼桦皮木称其"出北地，色黄，其斑如米大，微红色"。桦木旧器，如明朝或清早期者，木色杏黄几无纹理，与柏木近似

　　　　　　　　生 　长 　轮　　分界略明显

　　　　　　　　纹　　　理　　桦木新切面浅灰白或浅黄白色，很少有特征明显的花纹，旧器一片杏黄。桦木之所以在中国优秀的古代家具发展史上刻下自己的印迹，因桦树生瘿，其瘿细密、清晰、规矩、匀称，与花梨的佛头瘿齐名

　　　　　　　　气　　　味　　无特殊气味

　　　　　　　　光　　　泽　　新切面光泽较暗，久则骨黄透亮

　　　　　　　　油　　　性　　多数桦木从皮至心材，油质丰富，油性好

　　　　　　　　气 干 密 度　　0.607 g/cm^3

分类　　与白桦木材特征近似的，产于东北林区的桦木属树种还有枫桦（*Betula costata*，别名：千层桦、黄桦、硕桦）、岳桦（*Betula ermanii*）、黑桦（*Betula dahurica*，别名：臭桦、棘皮桦）。古代家具所用桦木以白桦为主，枫桦及岳桦、黑桦及产于南方的光皮桦（*Betula luminifera*）也占有一定比例。

另外，木材市场上白桦一般按径级大小分等级，空洞、腐朽者不进入市场。

利用　　1. 用途

（1）木材的用途极广，如建筑、乐器、农具、体育运动器材、飞机部件及室内装饰。古代家具中，东北的炕上家具除高丽木外，主要为桦木。西北、华北及山东也大量采用桦木制作家具。著名的桦木瘿多用于家具的看面，如柜门心、桌面、案面心等。

（2）树皮："树皮含有桦皮素……含量为38.2%（占桦皮绝干重％）。桦皮干馏可得桦皮焦油，润革、医药、机器润滑以及木材防腐、杀虫等用。从桦皮中提制的桦皮漆，其性能接近虫胶。"（黄达章主编《东北经济木材志》第117页）。

白桦皮多油脂，古人用以葺屋制器，如水勺、水桶、碗、匣及其他工艺品。《本草纲目》称："其皮厚而轻虚软柔，皮匠家用衬靴里，及为刀靶之类，谓之暖皮。胡人尤重之。以皮卷蜡，可作烛点。"明·谢肇淛《五杂组》有："桦木似山桃，其皮软而中空，若败絮焉，故取以贴弓，便与握也。又可以代烛……亦可以覆庵舍。一云'取其脂焚之，能辟鬼魅'。"

2. 应注意的问题

（1）木节

桦木的天然整枝能力较差，在主干部分，除裸出节外，还有许多隐生节，它在树干外部的特征是在树皮上长有八字形节痂。节痂的夹角与木节的潜伏深度及直径有关，夹角愈大，木节的潜伏深度愈深。"在桦木主干上分布最多的是角质节、轻微腐朽节和松软节，其次是健康节、活节，最少的是腐朽节。腐朽节常使桦木形成心材腐朽"。（黄达章主编《东北经济木材志》第114页）

桦木的生长寿命多在80～100年，可商用的原木直径多在20～30 cm，大径材较少。如果用于家具，开锯时必须注意其节疤的类型与纹理的变化，尽量取大尺寸、花纹美的部位，或避开朽节、松软节，使材面干净、整洁。

（2）腐朽

白桦极易心腐，即所谓水心材。树龄大者几乎全部会产生水心腐朽。一般发生于树干中心，呈现白色斑点，夹有深色圈纹状大理石腐朽，致使材质松软，但其材可用。

另外，桦木采伐一般在冬季及早春，新材存放不可过夏，过夏则产生色变、腐朽，几乎丧失利用价值。作为家具用材，过夏材不能使用，而水心材则谨慎使用。

明黄金红的树叶与主干（摄影：吴体刚，
2014 年 9 月 23 日）

1　内蒙古阿尔山初秋的白桦木（摄影：吴体刚，2014年9月23日）

2　桦王　彼尔姆州莫斯科庄园附近的白桦，主干1.5 m处直径约80 cm，被当地人称为"桦王"。

1　彼尔姆州桦木单板加工厂扔掉的桦木短材
2　桦木外层糙皮脱落后露出不同色彩的内皮
3　日晒雨淋后的桦木弦切面

1 ┊ 3
2

1 清·桦木竹鞭形高低几（中国嘉德2003
年秋拍）此桦木几呈金黄紫褐色，皮质
感强，原为桦树根部自然弯曲，后经人
工顺势加工而成，露斧斤痕迹而古拙之
气尽显。
2 日本产岳桦瘿（1）
3 日本产岳桦瘿（2）

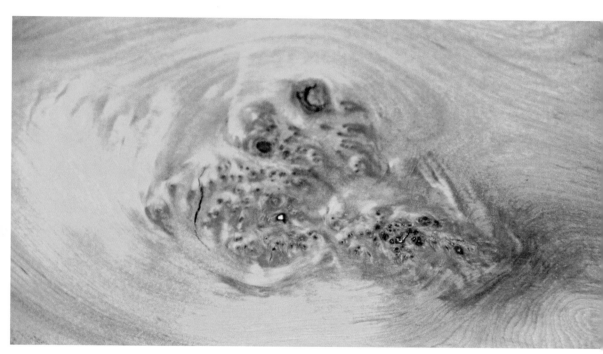

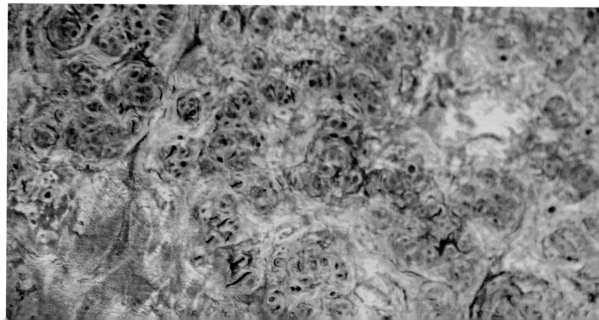

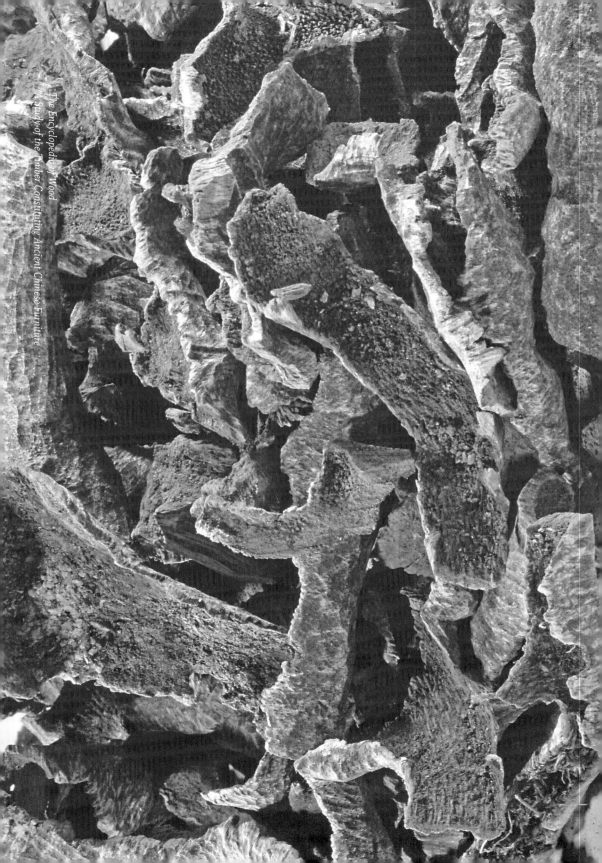

沉香与沉香木

CHINESE EAGLEWOOD

海南省屯昌县人工种植的沉香树（2006 年 8 月 23 日）

基本资料	中 文 名 称	土沉香（郑万钧主编《中国树木志》第2609页，中国林业出版社，1997年12月第1版）。沉香约有18～20树种，主要分布于南亚、东南亚及我国海南、广东、广西、云南。本节仅选产于我国的土沉香作为研究对象
	英 文 别 称	Chinese eaglewood
	中 文 别 称	白木香、香树、崖香、女儿香、莞香、香材、国香、琼脂、天香、海南香
	拉 丁 文 名 称	*Aquilaria sinensis*（Lour.）Gilg
	科 属	沉香科（Aquilariaceae）（郑万钧主编《中国树木志》第2609页）沉香属（*Aquilaria*）
	原 产 地	（1）海南岛600 m以下的山地、坡地和平原地区。尤以尖峰岭、五指山、黎母山、临高一带品质上乘； （2）广东电白、东莞、惠州、中山一带均有发现。其中，惠州绿棋楠极有特点； （3）香港； （4）广西钦州； （5）云南大理。

释名	《粤东笔记》称："海南香故有三品：曰沉，曰笺，曰黄熟。沉、笺有二品：曰生结，曰死结。黄熟有三品：曰角沉，曰散沉，曰黄沉。若散沉者，木质既尽，心节独存，精华凝固，久而有力，生则色如墨，熟则重如金，纯为阳刚，故于水则沉，于土亦沉，此黄熟之最也。其或削之则卷，嚼之则柔，是谓蜡沉。"（张巂、邢定纶、赵以谦纂修，郭沫若点校《崖州志》第74—75页，广东人民出版社，2011年3月第1版）。香之入水即沉者谓沉香，另一种说法则认为香气沉潜即沉香。李时珍将沉香分为三种：沉水、半沉、不沉。关于沉香的名称来历、分类、名称，系统庞杂，说法不一。

沉香树、沉香木与沉香的特征与关系	（1）概述 沉香树、沉香木、沉香为三个不同的概念。"沉香树是未砍伐的、活着的、生长于野外的树木；而沉香木则是经过砍伐，并按一定规格制材的原木或规格材（如方材、板材等）；沉香则是沉香木中的结晶体，已没有木材的特征，即完全不同于沉香木而进入了另一个境界，但其母体仍是沉香木，其递进关系应该是：沉香树→沉香木→沉香。不是每一棵沉香树之树干均能产沉香，只有达到一定条件后才能生香。沉香木黄白色，心边材无区别，密度约为 0.33 g/cm^3，松软，极不耐腐，并不适于雕刻，一般用于绝缘材料，海南一般用于制作米桶、床板等家居日常用品。其本身没有特殊气味或微有甜香气味。如果我们看到用沉香木所做的工艺品，其雕刻的细腻程度肯定不如沉香，其价值也与沉香相差很大。一些文物图录中将'沉香'标注为'沉香木'，实际上是一大错误。二者无论从外观、质地、密度、味道，还是价值、用途方面均有天壤之别。不过，我们目前在一些拍卖行所看到的所谓沉香器物过于轻软、雕刻粗糙、呆板，其多数为沉香木或其他软木，并不是真正意义上的沉香。因此弄清楚沉香树、沉香木、沉香三者之间的关系是十分重要的。"（周默著《问木》8—9页，中国大百科全书出版社，2012年8月第1版） （2）海南香（及土沉香）的基本特征 ① 海南香入炉有花香味，穿透力极强。头香清扬、淑雅、凉爽、甘甜。尾香醇和、绵软，蜜香味、甘蔗味、水果味，若隐若现，回味无穷。 ② 海南香干净、纯正。一是色泽干净，二是香气干净。沉水香、紫棋楠呈黑色，敲击有金属声，稍加打磨，光亮鉴人。黄熟香、黄棋楠呈金黄色，以手电照射，似金铂辉映，金丝游离。皮油（青桂）、鹧鸪斑、绿棋楠呈绿色，在放大镜下，有翡翠一样的通透感。白棋楠呈红褐色，红黄交错。

分类

海南沉香的分类，大致以四名十二状来区分。

（1）四名

四名，指的是海南香结香程度的划分，也是藏家衡量结香状况、划分品质优劣的标准。

① 沉水香：沉于水的香；

② 栈香：半沉半浮的香；

③ 生结：香树在自然生长状态下所结的香；

④ 熟结：也称死结。白木香树自然死亡后，遗存在树体或风摧日灼倒伏后埋于土中，沉于沼泽、江河里的香脂。

（2）十二状

① 鸡骨香：中间空虚，长于树枝，形如鸡骨的香。

② 小斗笠：薄而坚实，长于树杈脱落、折断处。因外观似脱落的笋壳，又如黎人的斗笠，故名小笋壳、小斗笠。其形又如蓬莱仙山，故古籍里，小斗笠还有一个很诗意的名字：蓬莱香。

③ 青桂：依树皮而结的香为青桂，也叫皮油。

④ 顶盖：因风折树枝，断面处油脂上涌，凝结成薄片的香为顶香。顶香大多数为平面，或稍有凹凸感，圆形。也有一种顶香，断面处凹凸感明显，或因滴水穿石的磨砺，形成山峰状，理出的香呈蓬莱仙山造型，古人把此类顶盖记述为蓬莱香。顶香因结香时间短，基本不沉水，属栈香类。

⑤ 包头：结香原理如顶香一样，都是因劲风摧折枝干，在断面处仰天结香。但其区别在于，顶盖结香时间短即被取出，香气稍薄，此类香树一般在大山的外围，容易发现，屡被香农采摘。包头一般形成于深山老林，人迹罕至，结香时间超过百年。断折面经几百年的修复愈合，树皮簇拥上翻，形成包裹，周围枝柯竞生，脂液喷薄，结油十足，入水即沉，紫褐相间，香气凉甜。所有包头无论大小全部沉水，状如仙山，此为名副其实的蓬莱香，属沉水香类。

⑥ 倒架：树仆木腐而香脂随雨水冲刷埋于土中的香为倒架，也称死沉、土沉、水沉。

⑦ 吊口：因强风摧折、飞石撞折、雷电击断、野猪啃咬等自然因素影响，香树枝干折断面朝向地面，汁液滴注成脂，形成吊刺一样的

形状，理清白木后，即如猬皮的吊口。

⑧ 树心格：结于树心的香为树心格。树心格为内结香，因结香环境处于真空状态，所以也叫无菌结香。而小斗笠、青桂、顶盖、包头、吊口、虫漏、蚁漏等，系受外部影响而结香，为外结香。

树心格大多数满油、实心，代表了海南香的卓越品质。沉香的菁华——棋楠，就是生于树心的奇绝蕴积。棋楠香分紫棋、绿棋、黄棋、白棋。其中，白棋并非单指白色，白蜡沉就是白棋中的无上妙品。

⑨ 虫漏：热带森林中常见的一种粗胖平头的白色肉虫在靠近根部的树干上咬啮成洞后形成的香叫虫漏。

⑩ 蚁漏：白蚁和黑蚁在白木香树树根部位蛀蚀做穴后所形成的香即是蚁漏。

⑪ 马蹄香：状如马蹄，或呈"丁"状的香是马蹄香。马蹄香生于地面根节相交处，或根节"丁"形交汇受伤处。

⑫ 黄熟香：又称黄油格，系白木香树朝阳部位的主干与树枝分杈处所结的香。黄熟香是海南香中紧随树心格之后的上乘香品。

（3）崖香四异

① 雷击：因雷电击中树干，受高温剧烈灼伤而结的香为雷击。

② 马尾浸：因龙卷风的作用，香树扭转受伤，树心成麻绳状，结香若油浸，又细如马尾丝，故称马尾浸。

③ 鸟巢香：啄木鸟或其他鸟类在白木香树干上啄木做窝而形成的香是鸟巢香。

④ 火结：因自然原因引发山火烧灼香树所结的香即火结。

鉴别要点

（1）干净。大理出的香品，偶带白木，亦如白雪一般纯净，沉水香则是黑脂如墨，香气有如花香味凉甜。

（2）色泽明亮。黑白分明，红黄彻底。稍加打磨，光亮如镜。

易混和冒充的香材。

（1）鸡骨香：乐东、昌江一带，有一种香农称为鸡骨香的树，结出的香外观和沉香完全类似，但入炉没有香气，清闻有淡淡的沉香味。过去，事香者以其掺杂沉香中冒充海南香。

（2）降真香：降真香分大叶和小叶，小叶降真香香气呈椰香味，其结香原理同沉香一样，都是受伤结香，但也有少量内结香。外观类似沉香，极易混淆。也曾有人拿上等降真香冒充沉香中的棋楠。

（3）也有人用其他产地的沉香或外形类似沉香的木材冒充海南香。

【注：本节部分照片及文字部分均为香学家、海南沉香学会秘书长魏希望先生提供。】

1 树叶

2 树主干（2012年5月1日）沉香树主干，从根部腐朽，主干也有空洞，一般内生沉香。

1 沉水板头（摄影与收藏：海南魏希望）

2 横截面 沉香木端面，土黄色，几乎不含任
何油质，多用于一般日常木器制作。

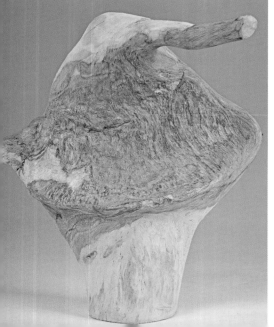

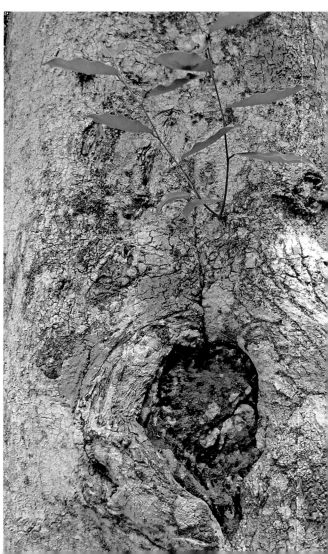

1　空洞　沉香树主干有空洞，是结香的主要诱因之一。

2　夹生沉香　香学家魏希望认为："白木香树在岩石夹缝中萌发生长，树干及树根部受到挤压而遭致创伤后聚集而成的香脂部分，即'夹生沉香'。因其受外伤后，由外向里结香，故其特征是香脂在外而内含白色生木，香气里外交融，含蓄内敛，清氛层次分明。"

3　死结　树干有死结，也是结香的重要原因。

4　崖香十二状（作者：海南黄黎祥）

崖香十二状

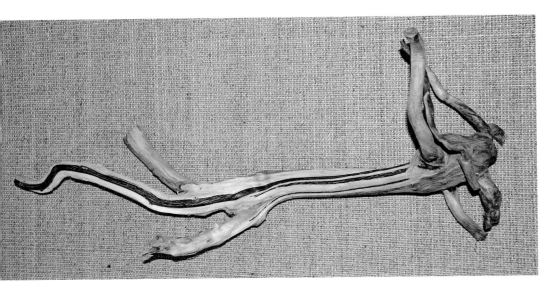

1　黄熟香（摄影与收藏：魏希望）

2　虫漏（摄影与收藏：魏希望）

3　生长于海南省乐东县秦标村的鸡骨香（2015 年 8 月 22 日）

1 | 2
　　| 3

第二部分

其他木材

木 典
中国古代家具用材研究

海南黄檀

HAINAN ROSEWOOD

树叶（摄影：海口杨淋，2019 年 3 月 8 日）

1 生长于中国林业科学研究院热带林业研究所海南尖峰岭试验站的海南黄檀（摄影: 海口杨淋，2019年3月8日）
2 树干（摄影: 海口杨淋，2019年3月8日） 海南黄檀树干横向沟槽、包节及空洞较多，多为黑色蚂蚁所为。海南黄檀之主干多数空心，主干在3 m左右断头，再发新枝，故有"鬼剃头"之说。

1 | 2

基本资料

中 文 名 称　海南黄檀
拉 丁 文 名 称　*Dalbergia hainanensis*
中 文 别 称　花梨公
英 文 别 称　Hainan rosewood
科　　　属　豆科黄檀属
原　产　地　海南岛

木材特征

因其树木在生长过程中极易受到病菌、虫害侵蚀，故心材多空腐，且多数木材干涩、轻泡，故很少用于建筑或器物制作，但其心材、根材枯朽而埋入地下，其密度、颜色、油性均会发生变化。也有好事者将其入香、入药或制器。

1 心材（收藏：海口 符集玉） 掩埋于山林之中的花梨公，心实色紫，密度较大，油质感强。

2 断头与空洞（摄影：海口 杨淋 2019年3月8日） 断头之处纵向、横向空洞及断头处新发主干。

3 心材（收藏：海南儋州 符海瑞；摄影：海口 杨淋 2019年3月8日）海南土著称树木之心材为"格"。花梨公之格中间空洞，其壁单薄，但含油量丰富，海南当地人用其熬油，用于出售，称可包治百病；另一用途则为制作手串、项链等工艺品。

桄榔木

SUGAR PALM

桄榔树（海南儋州，2012年5
月18日）

木 典
中国古代家具用材研究
The Encyclopedia of Wood
A Study of the Timber Constituting Ancient Chinese Furniture

586
587

1　桄榔木标本局部
2　桄榔木标本

2

1

基本资料	中 文 名 称	桄榔
	拉 丁 文 名 称	*Arenga saccharifera*
	中 文 别 称	姑榔木、面木、铁木、董棕、糖树、砂糖椰子
	英 文 别 称	Sugar palm
	科　　　属	棕榈科桄榔属
	原 产 地	东南亚、南亚及我国广东、广西、海南岛

木材特征　　　　《广东新语》称"木色类花梨而多综纹，珠晕重重，紫黑斑驳，可以车镟作器。"

香 樟

TRUE CAMPHOR

香樟树（2018年3月16日）生长于福建省光泽县的香樟树。

基本资料	中 文 名 称	香樟
	拉 丁 文 名 称	*Cinnamomum camphora*
	中 文 别 称	樟树、樟木、小叶樟、红心樟、豫章、血樟
	英 文 别 称	True camphor，Camphor tree
	科 属	樟科樟木属
	原 产 地	我国长江流域以南各地，台湾、海南岛等地也有分布。

木材特征 　　　　樟木，因其香气扑鼻、文章华美而得名。樟木富含樟脑，可防虫、防潮，多用于制作柜、箱、箧等。

1 横切面（标本：湖南省华容县周家湾周金峙，周匡）
樟树横切面，年轮较宽，色泽灰暗。
2 树叶（2018年4月13日） 苏州拙政园外的
香樟树叶。

1 樟木老料　樟木老料重新打磨后的纹理与颜色，醇和、温润而清晰。

2 明·樟木大画箱顶盖银锭形合页

3 明·樟木大画箱（尺寸：长 1730 mm×宽 700 mm ×高 780 mm）（收藏：北京刘俐君 摄影：韩振）

圭亚那蛇桑木

SNAKEWOOD

源于苏里南的蛇纹木原木

基本资料

中 文 名 称	圭亚那蛇桑木
拉 丁 文 名 称	*Piratinera guianensis*
中 文 别 称	蛇纹木、美洲豹、蛇木
英 文 别 称	Letterwood，Snakewood
	除此之外，还有杂色蛇桑木（*Piratinera discolor*）、糙蛇桑木（*Piratinera scabridula*）、茸毛蛇桑（*Piratinera velutina*）等，花纹如蛇如豹，多用于工艺品、装饰及家具镶嵌
科 属	桑科蛇桑属
原 产 地	南美洲的苏里南、圭亚那，亚马孙地区热带原始丛林

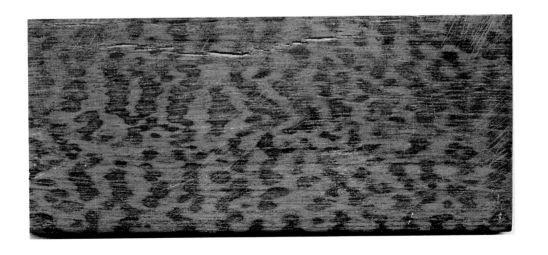

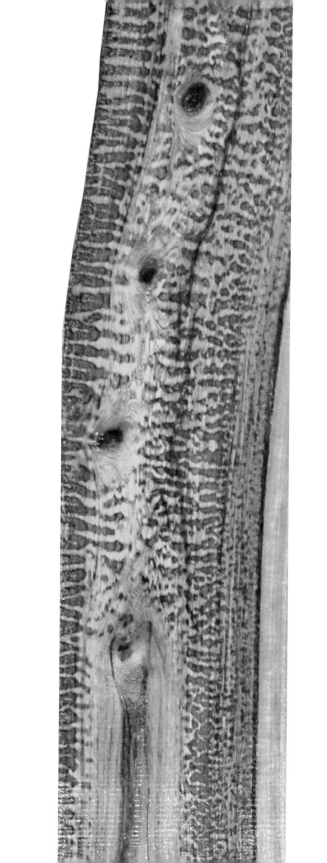

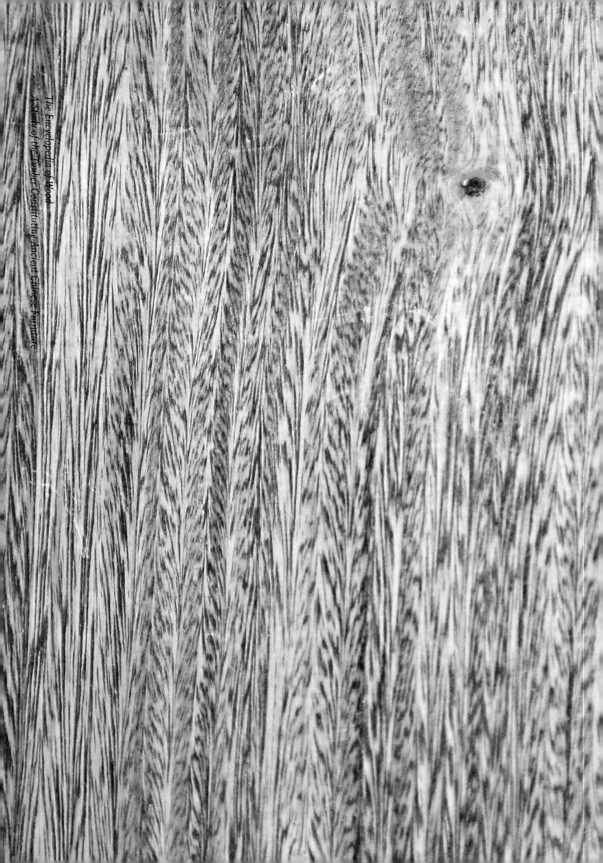

绿檀

GREEN IRONWOOD

绿檀原木端面

基本资料	中 文 名 称	绿檀为两属木材之统称，又有绿铁木、绿斑之别
	英 文 别 称	Green ironwood，Verawood。
	科　　　属	蒺藜科愈疮木属、维腊木属
	主 要 树 种	萨米维腊木（*Bulnesia sarmientoi*）、乔木维腊木（*Bulnesia arborea*）、愈疮木（*Guaiacum officinale*）、圣愈疮木（*Guaiacum sanctum*）

木材特征　　　　绿檀，因其心材颜色呈深绿或浅灰绿色而得名，维腊木香气浓郁，愈疮木的香气较淡。

1　带有明显麦穗纹的绿檀

2　绿檀表面纹理清晰，但并不洁净，这也是在中国家
具市场不受欢迎的主要原因

榧木

木典
中国古代家具用材研究

TORREYA

榧树（2018年3月16日）生长于福建省光泽县武夷山深处的野生榧树。

基本资料	中 文 别 称	香榧、柏、杉松果、赤果、柀子、玉山果、玉榧
	英 文 别 称	Torreya
	科　　　属	红豆杉科榧树属
	原 　产　 地	原产日本及我国云南、江、浙以及其他南方诸省
	主 要 树 种	日本榧树（*Torreya nucifera*）、榧树（*Torreya grandis*）、云南榧树（*Torreya yunnanensis*）、巴山榧树（*Torreya fargesii*）、长叶榧树（*Torreya jackii*）

木材特征	榧木心材杏黄或黄褐色，气味清香，纹理顺直平滑。主要用于围棋棋具的制作，也用于家具的制作。

1 │ 2

1 云南榧木弦切所致的云纹

2 榧木雕"叶衣佛母"（中国工艺美术大师童永全，四川成都）

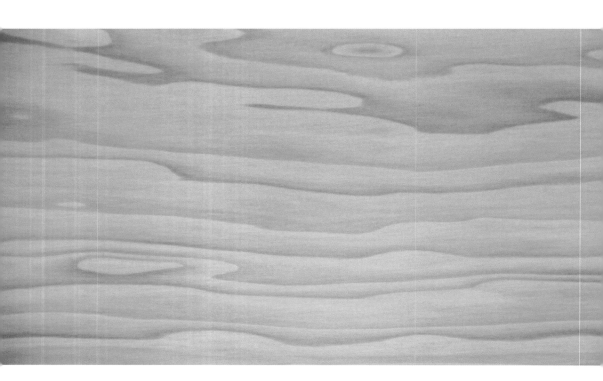

红豆杉

木典
中国古代家具用材研究

YEW

红豆杉树干与树皮

基本资料	中 文 别 称	紫杉、赤柏松、一位（日）、水松（日）、血柏
	英 文 别 称	Yew
	科　　　　属	红豆杉科红豆杉属
	原　产　地	原产于日本、朝鲜、中国及欧美等北半球地区
	主 要 树 种	红豆杉（*Taxus chinensis*）、南方红豆杉（*Taxus mairei*）、东北红豆杉（*Taxus cuspidata*，又称日本红豆杉）、西藏红豆杉（*Taxus wallichiana*）、云南红豆杉（*Taxus yunnanensis*）

木材特征　　　　心材橘红黄色或玫瑰红色，有的浅黄透红，多旋涡纹。日本视红豆杉为神木，用于房屋建筑以镇宅避邪。江西、浙江、福建等地用其制作圆桌、橱柜、供案。红豆杉的新鲜树叶、树皮可用于提炼阻止癌细胞分裂的紫杉醇，而树干或根部几乎不含紫杉醇，故没有药用价值。

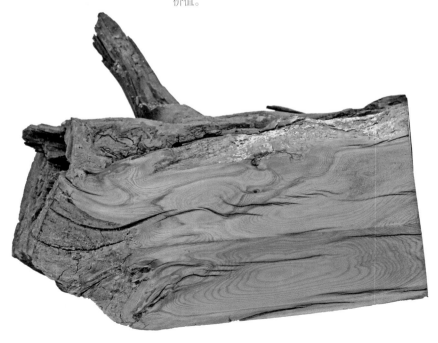

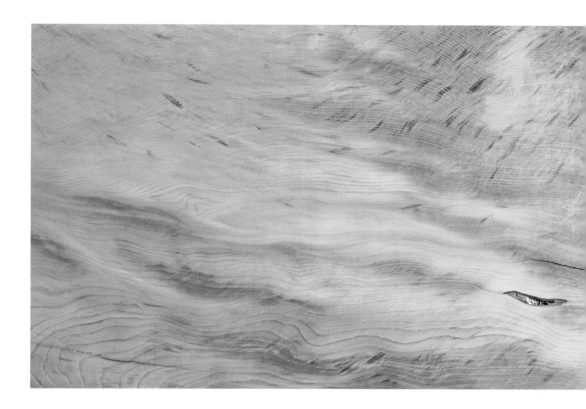

1　东北红豆杉树根剖面（标本：北京梓庆山房标本室）
2　西藏红豆杉弦切面（标本：崔憶）

2

1

1 日本岐阜县白川村明善寺的红豆杉（2015年8月11日）

2 红豆杉树叶与红豆

3 红豆杉雕"阿弥陀佛净土"局部（中国工艺美术大师童永全，四川成都）

山槐

AMUR MAACKIA

山槐横切面

木 典
中国古代家具用材研究
The Encyclopedia of Wood
A Study of the Timber Constituting Ancient Chinese Furniture

带树皮、边材的山槐弦切面

616
617

基本资料	中 文 名 称	山槐
	拉 丁 文 名 称	*Maackia amurensis*
	中 文 别 称	檀槐、黄色木、犬槐（日）、高丽槐
	英 文 别 称	Amur maackia
	科 属	豆科槐树属
	原 产 地	原产于东北小兴安岭、长白山、俄罗斯阿穆尔州及朝鲜、日本的北海道、本州中部以北地区也有分布

木材特征　　　"心材颜色自髓部向外逐渐变淡，由栗棕色至暗棕褐色或黄棕色，有时带紫红色，纵断面上更为明显。木材纹理直，结构粗，重量及硬度中等，板面颜色花纹美丽，有特殊的气味，似豆腥味"（黄达章主编《东北经济木材志》第100页）。山槐木一般用于家具、木制车辆及小木器。日本将红豆杉、山槐木视为神木，用以镇宅避邪。

The Encyclopedia of Wood
A Study of the Timber Constituting Ancient Chinese Furniture

木典
中国古代家具用材研究

杉 木

CHINESE FIR

日本和歌山皆瀬神社的柳杉（2014 年 10 月 1 日）

木 典
中国古代家具用材研究
The Encyclopedia of Wood
A Study of the Timber Constituting Ancient Chinese Furniture

1　2　3

620
621

基本资料	中 文 名 称	杉木
	拉 丁 文 名 称	*Cunninghamia lanceolata*
	中 文 别 称	沙木、沙树、真杉、正杉、正木、香杉、广叶杉（日）
	英 文 别 称	Chinese fir
	科　　　　属	杉科杉木属
	原 产 地	原产于长江流域，心材白色泛浅灰，也有呈浅栗褐色；新切面有清香味或浓香味。节疤较多，纹理顺直者多。王佐《新增格古要论》称杉木"色白，而其纹理黄稍红，有香甚清。或云：南番脑子生此木，中有花纹，细者如雉鸡斑，甚难得。花纹粗者亦可爱，直理不花者多"
	气 干 密 度	0.38 g/cm^3

木材特征　　日本所谓"杉"，多指杉科柳杉属日本柳杉（*Cryptomeria japonica*），别名孔雀杉。日本柳杉是当地的主要用材，产本州、四国、北海道等，台湾也有引种。树高可达40 m，胸径2 m，心材淡红色至暗赤褐或黑赤褐色，边材白色或浅黄白色，心边材区别明显。径切面纹理顺直，弦切面则花纹眩目多变。柳杉在日本的用途十分广泛，用于园林、绿化、建筑及家具、各种器具制作，如包装盒、食盒、砚盒、首饰盒等。

1 湘杉新切面（标本：北京梓庆山房潘启富）

2 生长于云南腾冲县滇滩的杉树林（2015年4月29日）

3 杉木立柱（2016年11月7日） 福建泰宁县金湖甘露岩寺独立支撑的杉木立柱。杉木密度小，但多直丝，承重性能佳，故多用于建筑构件，特别是承重部位。

1　横切面（标本：福建省光泽县傅文明）　杉木横切面
年轮均匀、清晰，与本色分明。

2　明末圆角柜侧板局部　杉木圆角柜侧板，红筋明显。

3　柳杉树叶

1
2
3

1　柳杉弦切面　由死节而形成的心形纹。

2　明·杉木大门　明杉木菱形纹大门成对，铁制面叶、闩、拉环已生酱色铁锈，杉木呈褐色，高古、敦厚。鼓钉纹及铁环的位置布局应为大门点睛之作。

胭 脂

TOKIN ARTOCARPUS

生长于海南的胭脂

基本资料	中 文 名 称	胭脂
	拉 丁 文 名 称	*Artocarpus tonkinensis*
	中 文 别 称	越南胭脂、胭脂树、狗浪、黑皮、狗肉胭脂
	英 文 别 称	Tokin artocarpus
	科　　　　属	桑科波罗蜜属
	原 产 地	树皮表面暗褐色，薄皮剥落。主产海南岛、广东、广西、云南。
	气 干 密 度	0.560 g/cm³

木材特征　　　其心材为深栗褐色或巧克力色，密度不大。材质远不及同属的小叶胭脂（*Artocarpus styracifolius*），海南称其为胭脂、英杜、将军木、二色波罗蜜。《崖州志》指其"色正黄，纹理细腻。状类波罗，中含粉点为异。性涩，难锯"。心材金黄褐色，久则转深呈栗褐色带黄。

1 树皮　撕开粗皮,便露出色如胭脂的内皮。

2 胭脂旧材新切面(标本:郑永利)　胭脂新切面材色浅褐,久则深紫褐色,木材手感差,易生倒茬,可做一般实用家具。

海红豆

CORAL PEA-TREE

海红豆树干折弯处之包节

1 海红豆横切面（标本：中国林科院凭祥热
林中心，2014 年 7 月 7 日）
2 海红豆（摄影：海口杨淋，2019 年 1 月
23 日） 海红豆，主干直立达十数米，
树冠如将开将合之油伞，枝叶纤细萧
散，仪态可掬。

2

1

基本资料

中 文 名 称	海红豆
拉 丁 文 名 称	*Adenanthera pavonina*
中 文 别 称	孔雀豆、银珠、大叶银珠
英 文 别 称	Coral pea-tree
科　　　　属	含羞草科孔雀豆属
原 产 地	主产于海南岛
气 干 密 度	0.740 g/cm³。

木材特征　　　　研究中国古代家具的学者也将其误认为红木。据其木材特征应归入
　　　　　　　　　漆鹆木类。《崖州志》述及"银珠"称："结质坚实，干多虫孔。
　　　　　　　　　色黄红，里更夹撒蓝。纹理盘错，实难光泽。"心材黄褐色或红褐色，
　　　　　　　　　常具美丽的漆鹆纹。种子呈椭圆形，鲜红美丽，多作饰物。

The Encyclopedia of Wood
A Study of the Timber Constituting Ancient Chinese Furniture

子 京

HAINAN MADHUCA

生长于海南尖峰岭的子京树（2019 年 3 月 8 日）

基本资料	中 文 名 称	子京
	拉 丁 文 名 称	*Madhuca hainanensis*
	中 文 别 称	海南紫荆木、紫荆、海南马胡卡、毛兰
	英 文 别 称	Hainan madhuca
	科　　　属	山榄科子京属
	原 产 地	主产于海南岛南部、西南部林区
	气 干 密 度	1.110 g/cm³，是海南岛最坚硬的木材

木材特征　　　　《崖州志》称："紫荆，色紫，产于州东山岭。去肤少许，即纯格。质细致，光润而坚实。重可沉水。理有花纹。道光以前时或有之，今已罕见。"心材紫褐色，新切面具辛辣味；心材泼水后摩擦会生白色汁液。天然耐腐，抗虫蚁。锯削困难，光洁滑腻，是海南民众最喜用的木材之一。

1 子京小方材端面
2 主干与树皮 全身布满蚂蚁侵蚀后的黄泥及排泄物。

坡垒

HAINAN HOPEA

树叶

基本资料	中 文 名 称	坡垒
	拉 丁 文 名 称	*Hopea hainanensis*
	中 文 别 称	石梓公、红英、海梅
	英 文 别 称	Hainan hopea
	科　　　属	龙脑香科坡垒属
	原 产 地	分布于海南岛五指山和尖峰岭林区
	气 干 密 度	1.000 g/cm³

木材特征　　心材深黄褐色。《崖州志》论坡垒："色初白渐紫，久则变乌。质
坚而重，纹理紧密。入地久，不朽。为材木冠。"坡垒油性大，光
泽好，耐磨、耐腐，是古代广东、海南常用的舟船、桥梁、民房及
家具用材。

1　新切面（1）（标本：魏希望）

2　新切面（2）　新锯开的子京，内部心材呈土黄色，久则呈褐色、紫褐色或酱红色。

3　坡垒

青 皮

STELLATEHAIR VATICA

青皮（摄影：杨淋，2019年1月23日）主
干高达 20 m 左右而无旁枝，树冠冠幅
拘谨，也是热带雨林物竞天择之必然。

2

1

基本资料	中 文 名 称	青皮
	拉 丁 文 名 称	*Vatica astrotricha*
	中 文 别 称	青梅、青楣、苦叶、苦香
	英 文 别 称	Stellatehair vatica
	科 属	龙脑香科青皮属
	原 产 地	分布于海南岛及越南
	气 干 密 度	0.837 g/cm³

木材特征　　心材暗黄褐色，久则转深成咖啡色。油性好，光泽明亮。《中国木材志》中称："据谓在低海拔旱生型季雨林中的青皮，树叶较小，生长较快，树皮较厚，心材多呈黄褐色，像蜂蜡一样，坝王岭林区叫'蜂蜡格'；另一类型是在山地常绿林中混生的青皮，树叶较大，生长较慢，树皮较薄，心材多呈深褐色，这类在林区中叫'乌糖格'。'格'即'心材'，前者木材较轻软，据云不变形，更受群众欢迎。"据称万宁濒海的一片青皮纯林，当地百姓据此观测天气变化，如遇变天或暴风雨来临之前，青皮会变湿，树木一片混响。

1 主干

2 新切面（标本：郑永利） 材色多浅黄或黄色带浅褐，细腻顺滑，鲜有美纹。

母 生

中国古代家具用材研究

木典

HAINAN HOMALIU

母生小片林（摄影：杨淋，2019 年 1 月 23 日）

基本资料	中 文 名 称	母生
	拉 丁 文 名 称	*Homalium hainanense*
	中 文 别 称	龙角、高根、天料、麻生、红花天料木、海南天料木
	英 文 别 称	Hainan homaliu
	科 属	天料木科天料木属
	原 产 地	生长于海南低海拔的密林中
	气 干 密 度	0.819 g/cm^3

木材特征　　　　　母生树长大成材被砍伐后，萌生能力很强，树根部位会萌发很多幼
苗，一般有 3 ~ 6 株幼树能继续长大，故称之为母生树。农村生
儿育女多在房前屋后广种此树。待儿女成人，母生树也长大可以利
用了。母生心材红褐至暗红褐色，光泽很好，能抗海生钻木动物危
害，耐腐抗蚁，是海南本地人最喜爱的木材之一，一直将其列为特
等材加以重视。适于加工与利用。另外，同科嘉赐树属的海南嘉赐
（*Casearia aequilateralis*），别称"母生公"，材色黄白，材质及
其他指标远逊于母生，并非同一种或近似的木材。

1 母生标本（1）（郑永利） 心材呈赭色，心材少有花纹，但其根部常有奇纹异理。
2 母生标本（2）标本侵染春雪即露本相，色褐而纯，质细而密。

1 主干局部（摄影：杨淋，2019年1月23日）
主干通直，高可达20多米，全身密布薜荔（*Ficus pumila*）。薜荔为攀缘或匍匐灌木，热带树木或岩石、墙壁上常见其踪迹，柳宗元便有"惊风乱飐芙蓉水，密雨斜侵薜荔墙"之诗句。
2 树叶（摄影：杨淋，2019年1月23日）

荔枝

LYCHEE

主干　荔枝小片纯林之主干分杈极低，几乎接近地面，呈伞状散开，形式极美。

基本资料

中 文 名 称　荔枝
拉 丁 文 名 称　*Litchi chinensis*
中 文 别 称　荔枝母、火山、酸枝、格洗
英 文 别 称　Lychee
科　　　　属　无患子科荔枝属
原　产　地　原产福建东南部，后移植于两广、云南及海南岛
气 干 密 度　1.020 g/cm³

木材特征

《崖州志》中记载："荔枝，大可数围，高数丈。一大株，得板数十块。色红，肉细且坚，制器最为光泽。材经久则蛀，咸水浸之可免。"海南岛产野荔枝材质，材色与纹理最佳，常替代"酸枝"。荔枝树高达 30 m，胸径可达 1.3 m，心材暗红褐色，光泽好，至美之纹若隐若现。野荔枝果可食，味涩，材质比人工栽培的荔枝树要好，故广东将野荔枝列为特等材，后者则为一等材。

另外，海南另产一种"荔枝公"，中文名：毛荔枝（*Nephelium lappaceum* var.*topengii*），隶无患子科毛荔枝属，别称毛调、山荔枝、酸古蚁、海南韶子。果似荔枝，有毛带刺，味酸，心材黄红褐色。也用于家具、建筑及农具。但与荔枝木不属一类。

1　荔枝树包横切面
2　荔枝瘿　清李调元《南越笔记》称"广木多瘿，以荔枝瘿为上，多作旋螺纹，大小数十，微细如丝"。如此美纹多见于野生或树龄较大且粗壮的荔枝树。
3　清早期黄花梨荔枝木面心半桌局部（收藏：北京张旭）

荔枝树（摄影：杨淋　2019年1月23日）　《广东新语》中有："荔字从'艹'从'劦'，不从'协'。劦音离，割也。协音协，同力也。'荔'字固当从'劦'。《本草》谓荔枝木坚，子熟时须刀割乃下。今琼州人当荔枝熟，率以刀连枝斫取，使明岁嫩枝复生，其实益美。故汉时皆以为离支，言离其树之支，子离其枝，枝复离其支也。"
荔枝，除名离支外，也有丽支之说："南方离火之所出。荔枝得离火多，故一名'离支'，亦曰'丽支'。丽，离也。丽文从两'日'。天地之数。水一而火二，故丽从两'日'。日为五行之华，月为六气之精，日丽乎支，犹之乎日出于扶桑也。丽支乃震木之大者，震木以扶桑为宗子。而丽支其支子，故曰'丽支'也。"

坤甸木

BORNEO IRONWOOD

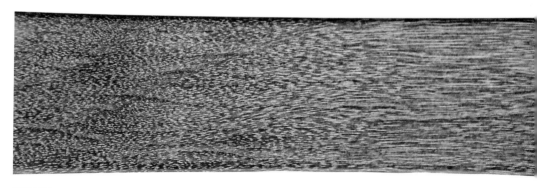

坤甸木标本

1 坤甸木的色变过程极为有趣,由新切面的土黄至浅褐色、深褐色,直至产生包浆而呈紫黑或漆黑色

2 家具残件(1)(标本:广西容县徐福成 叶柳) 材色近灰黑色,纹如鸡翅,故易与格木、鸡翅木、铁刀木及红豆木相混。

3 家具残件(2)(标本:广西容县徐福成 叶柳) 长长的直丝一贯到底,不见其他有特征的花纹。

基本资料	中 文 名 称	坤甸铁樟木
	拉 丁 文 名 称	*Eusideroxylon zwageri*
	中 文 别 称	坤甸、坤甸木、铁木
	英 文 别 称	Borneo、Borneo ironwood(加里曼丹铁木)
	科 属	樟科铁樟属
	原 产 地	分布于印度尼西亚、菲律宾、马来西亚,尤以产于印尼加里曼丹的坤甸木出名。
	气 干 密 度	1.198 g/cm^3

木材特征

坤甸木为高大乔木,枝下高可达 15 m,直径 1.2 m。心材新切面具柠檬味,黄褐色至红褐色,久则墨黑,油性极好。古旧器物多呈光亮的漆黑色,细长的丝纹一贯到底,不会断纹。木材坚硬如铁,敲击如铜器回声。广东、海南等地将坤甸木主要用于民居、舟船、桥梁、码头,也大量用于家具制作,特别是佛寺家具。据称龙舟沉入河底第二年仍完好如初,可继续用于竞赛。埋入地下数十年或数百年也无残缺,寺庙凋敝破败,而寺庙主体骨架不倒、不散、不烂,所存家具、法器也如新制,只是颜色漆黑。

波罗格

木 典
中国古代家具用材研究

MERBAU

菠萝蜜树

木 典
中国古代家具用材研究
The Encyclopedia of Wood
A Study of the Timber Constituting Ancient Chinese Furniture

664
665

基本资料	中 文 名 称	帕利印茄
	拉 丁 文 名 称	*Intsia palembanica*
	中 文 别 称	"波罗格"是其俗称，也称"菠萝格"
	科　　　属	豆科印茄属
	原 产 地	马来西亚、印尼称之为"Merbau"，主要分布于东南亚及南太平洋岛国
	气 干 密 度	0.800 g/cm³

木材特征　树高可达 45 m，直径可达 1.5 m，大者可达 3 m。心材褐红至暗红褐色，夹杂浅土黄色长条斑纹。波罗格手感粗糙，纹理呆板单一，价格低廉，多为建筑用材，但广东及海南岛也常用波罗格制作日常家具，与其坚硬、耐潮之材性有较大关联。另外，海南、广东、广西、云南及东南亚还分布一种称为波罗蜜（*Artocarpus heterophyllus*）的木材。

基本资料	俗　　　称	木波罗、树波罗、天波罗、包蜜、婆那娑，隶桑科波罗蜜属。
	英 文 别 称	Jack fruit
	气 干 密 度	0.529 g/cm³

木材特征　树可高达 20 m，胸径 80 cm，心材鲜黄。也是广东、海南等地广泛用于民房及家具制作的优质树种，材质以广东、海南为最佳，其果硕大，软糯香甜。波罗蜜与波罗格是两个不同的树种，不同科不同属，木材特征也有显著差别，从字面上理解，易生歧义。

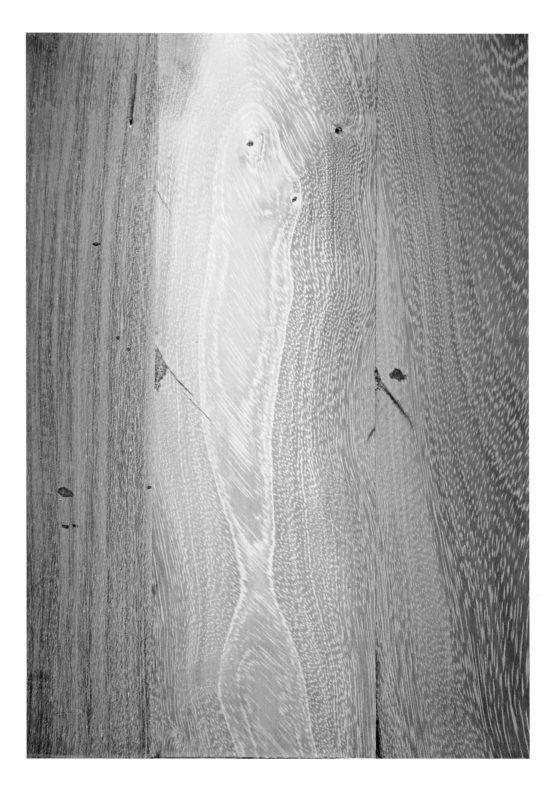

1 新切面（1）

2 新切面（2）新切面多明黄色或浅褐色，久则呈咖啡色或深褐色。

3 广西玉林地区的米斗（用于量米的量具）（标本：广西玉林梁善杰，2014年7月5日）

The Encyclopedia of Wood
A Study of the Timber Constituting Ancient Chinese Furniture

木 典
中国古代家具用材研究

东京黄檀

MAI DOU LAI

越南河内植物园内的东京黄檀
（摄影：李英健，2011 年 11
月 27 日）

1　树叶（摄影：李英健，2012年5月14日）
2　弦切面

基本资料	中 文 名 称	东京黄檀
	拉 丁 文 名 称	*Dalbergia tonkinensis*
	中 文 别 称	也称越南黄檀，别称越南黄花梨，老挝称其为 Mai Dou Lai，越南语为 Sua、Súa Do、Súa Vàng、Trac Thoi。

近年来广西大学一批学者认为东京黄檀与降香黄檀应为一个树种，东京黄檀命名在先，故产于海南的降香黄檀即东京黄檀，也有不少学者及藏家并不认同这一观点。主产于越南与老挝交界的长山山脉东西两侧。日本正宗严敬的《海南岛植物志》及 20 世纪初的《中国主要植物图说》记录了海南岛也产东京黄檀。

	科　　　　属	豆科黄檀属
	气 干 密 度	$0.700 \sim 0.950$ g/ cm^3

木材特征　　边材浅黄白色，心边材区别明显。心材呈浅黄、黄褐色或红褐色、深红褐色，但常有杂色而使木材表面不干净。具深色条纹，多数条纹模糊不清晰。新切面辛辣酸香浓郁。材质佳者并不逊于海南产降香黄檀。

1 果荚

2 老挝甘蒙省新伐材（2000年1月1日）

3 小料（2013年7月7日）
海南海口古玩市场待售的东京黄檀小料。

4 源于越南旧家具上的残件

5 新切面
东京黄檀新切面，呈酱紫色，纹理交叉重叠，界线不清。

6 紫褐色纹理的东京黄檀

1	4
2	5
3	6

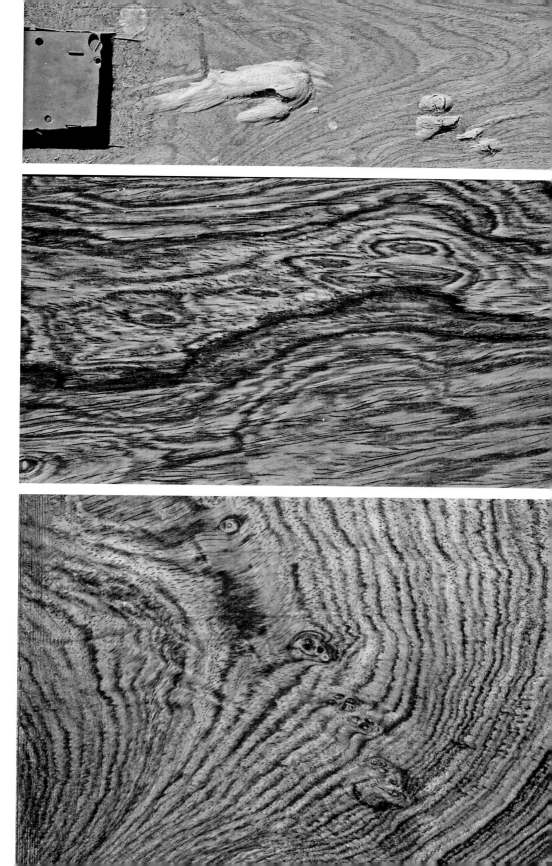

1　横切面

2　老料弦切面　老料弦切面，油性重、密度强。从其纹理、密度、油性来看，材质并不逊于个别产地的海南黄花梨。

卢氏黑黄檀

BOIS DE ROSE

原木（资料：中国林产工业公司，2009 年 7 月 11 日）

1　虫道、虫眼

2　开料（2015年8月11日）　北京东坝名贵木市场
正在开锯的卢氏黑黄檀原木老料，材色紫红。

1　　2

基本资料	中 文 名 称	卢氏黑黄檀
	拉 丁 文 名 称	*Dalbergia louvelii*
	中 文 别 称	大叶紫檀、玫瑰木、老紫檀
	英 文 及 法	Black rosewood，Palisander（马达加斯加），
	文 名 称	Bois de Rose
	科 属	豆科黄檀属
	原 产 地	主产于非洲马达加斯加岛国
		此木20世纪90年代中期进入中国，曾以"紫檀木"之名横行于中国市场，冒充明清时期产于印度的檀香紫檀，其实为黑酸枝类木材
	气 干 密 度	约 0.950 g/cm³，有的大于 1 而沉于水。

基本资料

木材特征　　　边材白透浅灰，心材新切面橘红色，艳如玫瑰，久则为深紫、黑紫；成器后呈大面积深咖啡色或灰乌色，有的夹带团状或带状土黄色。新切面有酸香味，木屑浸水呈天蓝色机油状。

1　锯屑

2　水浸液　开锯喷淋后的积水呈天蓝色，这也是判别卢氏黑黄檀的重要指标。

3　板材　一木所开的四片板材。成器后的色变，多呈土灰带黄。

染料紫檀

木典
中国古代家具用材研究

AFRICAN RED SANDERS

活树（资料提供：陈韶敏，广西南宁品翰家具厂）
生长于赞比亚北部的染料紫檀。

基本资料	中 文 名 称	染料紫檀
	拉 丁 文 名 称	*Pterocarpus tinctorius*
	中 文 别 称	血檀、非洲小叶紫檀
	英 文 别 称	Mukula，Padauk，African Red Sanders
	科　　　属	豆科紫檀属
	原　产　地	主产于安哥拉、刚果（金）、刚果（布）、坦桑尼亚、赞比亚、贝宁、尼日利亚等非洲国家
	气 干 密 度	波动范围很大，为 0.45 ~ 1.30 g/cm^3

16 世纪以来，欧洲的葡萄酒、香水、食物中的调色剂多源于植物提炼的色素，特别是从紫檀属树种中提炼的紫檀素。染料紫檀之变种或异名有 10 多种，如霍尔茨紫檀（*Ptercarpus holtzii*）、降香紫檀（*Ptercarpus odoratus*）、卡斯纳紫檀（*Ptercarpus kaessneri*）、斯托兹紫檀（*Ptercarpus stolzii*）、齐默尔曼紫檀（*Ptercarpus zimmermanii*）、变色紫檀（又称金毛紫檀，*Ptercarpus tinctorius* var. *chrysothrix*）、卡拉布紫檀（*Ptercarpus cabrae*）、德莱凡紫檀（*Ptercarpus delevoyi*）及大叶紫檀（*Ptercarpus macrophyllus*）等

木材特征　　染料紫檀的木材特征变化极大，与产地的不同环境有关，佳者之密度、油性、光泽、颜色与檀香紫檀无异，次者如酸枝一般。木材实心者多，空心极少。新切面呈血红色或粉红色，黑色条纹较少，如所谓鸡血紫檀，久则呈深褐色，色变过程缓慢，致密油重者变色快，轻而色浅者变色慢；木材干涩、油性差，少数油性好；鲜有金星、金丝，即使有，其比例极少，细密程度与檀香紫檀相差较大；成器后，木材表面特征易与老红木、酸枝木相混，香味极难界定，"有如鱼腥草的腥香味"（北京刘传俊语），而檀香紫檀具微弱的清香味。据称，产于非洲的降香紫檀具浓郁的蜜香味，近似于降香死结的香味，这可能是一例外。

1　果荚（摄影：陈韶敏）

2　横切面　新伐材的横切面，边材呈浅灰白色（摄影：陈韶敏）

3　利比里亚染料紫檀（标本：张旭）利比里亚染料紫檀，生鸡翅纹，密度多数小于1。

4　染料紫檀木碗（标本：陈韶敏）人工旋制的染料紫檀木碗，有琥珀质感，半透明。

5　端头　端头之色与纹，与印度产檀香紫檀区别明显。

6　刚果（金）染料紫檀　刚果（金）染料紫檀，颜色、纹理多与酸枝木近似，密度小于1。

柳木

木
典

中国古代家具用材研究

WILLOW

雁门关柳树（2009年5月13日） 山西忻州市代县雁门关的柳树。

旱柳（2012年5月31日）北京延庆区四方镇黑汉岭村的古旱柳。

基本资料

中文名称	柳木
拉丁文名称	*Salix alba*
英文别称	Babylon weeping willow，Willow
科属	杨柳科柳属
气干密度	垂柳：0.531 g/cm^3 旱柳：0.588 g/cm^3（安徽），0.524 g/cm^3（陕西）

因柳枝细软柔弱而垂流，故谓之柳。柳属约520种，我国约257种，122变种，32变形。全国各地均有分布，多数柳树均有作为家具用材。比较有名的树种如垂柳（*Salix babylonica*）、旱柳（*Salix matsudana*）

木材特征

边材黄白或浅红褐色，树龄越短则心材颜色越浅，白里透黄，或白里透浅灰；径级大或树龄较长者，心材颜色呈浅红褐色或暗红褐色，接近地面之主干、树蔸部分尤其如此。光泽好，没有明显的、有特征的纹理，老树有宽窄不一的浅灰或灰褐色纹理。

木 典
中国古代家具用材研究
The Encyclopedia of Wood
A Study of the Timber Constituting Ancient Chinese Furniture

692
693

1 2 3

1 垂柳横切面（标本：北京梓庆山房标本室）

2 带树皮、边材的垂柳（标本：北京梓庆山房标本室）

3 清·柳木四出头官帽椅　河北省威县张营乡军寨村的耿新超先生称："柳木家具多见于太行山以东的河北、山东及河南北部地区。"柳木柔软，韧性好，易弯曲，用水煮或火煨则自然弯曲，但咬合能力差，故各连接处用铁皮固定。

柘树

CUDRANIA

古柘树（2016年10月4日） 湖北
省监利市柘木乡华新村的古柘树。

1 鸂鶒纹（摄影：张金华） 柘木弦切，纹如鸂鶒。
2 主干（测量者为刘理、更生，摄于湖南华容县）
柘树主干沟槽凸立，瘦包稀散。

基本资料

中 文 名 称	柘树
拉 丁 文 名 称	*Cudrania tricuspidata*
中 文 别 称	柞榛木、柘木、柞树、文章树、柘刺等
英 文 别 称	Cudrania, Tricuspid Cudrania
科 属	桑科柘树属
原 产 地	主产于长江流域，特别是江浙一带。
气 干 密 度	0.990 g/cm³

另外同属的柘木还有毛柘（*Cudrania pubescens*，别称黄桑）、柘木（*Cudrania cochinchinensis*）。材质坚硬，也是很好的家具及刨架、工具柄用材。《诗经·大雅》中有记载："攘之剔之，其檿其柘。"《齐民要术》中称"柘叶饲蚕，丝好，作琴瑟等弦，清鸣响彻，胜于凡丝远矣"。边材黄褐色，易蓝变。

木材特征

心材金黄褐或深黄褐色，旧器呈咖啡色，金黄色纹理明显，纹理变化不大，材性稳定。材色、纹理、光泽及密度与文人家具契合，柘木家具与榉木家具在明代均有很高的地位，集中出现于江苏南通、扬州一带。

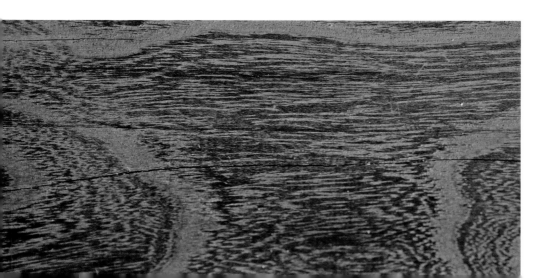

1 树皮 柘树主干及树皮,皮薄如纸,其形如鳞。

2 树冠局部

3 横切面(标本:山东莱阳县丁字湾于海)

1　瘿纹　因节疤所形成的不规则纹理。

2　弦切面（标本：福建仙游傅滨）　柘木弦切，瘿纹细密精致，立体画面感强。

3　明·南官帽椅靠背板（摄影与收藏：张金华）

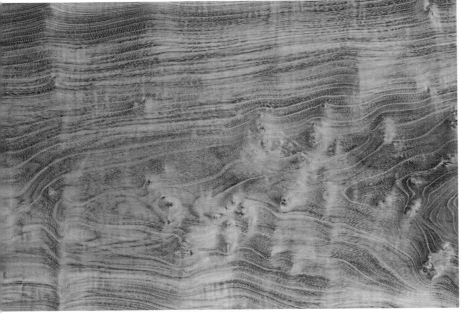

龙脑香木

木典
中国古代家具用材研究

CHHOEUTEAL

龙脑香树（2013年3月8日） 柬埔寨吴哥
窟的龙脑香树。

木 典
中国古代家具用材研究
The Encyclopedia of Wood
A Study of the Timber Constituting Ancient Chinese Furniture

基本资料

中 文 名 称	翅龙脑香
拉 丁 文 名 称	*Dipterocarpus alatus*
中 文 别 称	龙脑香木、铁力木、粗丝铁力、克隆
或 地 方 语	Chhoeuteal（柬埔寨）、Apitong（菲律宾）、Gurjun（印度）、Keruing（马来西亚、沙巴、印尼）。
科 属	龙脑香科龙脑香属
原 产 地	主产于东南亚、南亚
气 干 密 度	0.750 ~ 0.760 g/cm³

木材特征

龙脑，依其结晶体之形状与贵重，故称之为龙脑香，又有片脑、羯婆罗香、婆律香之称。以白莹如冰、状如梅花片者为上。另外，所谓米脑、速脑、金脚脑、苍龙脑均不如冰片脑（梅花脑）。历史上认为龙脑为树根中干脂，婆律香是根下清脂，旧出婆律国，故有此名。宋朝洪刍著《香谱·卷上》开篇第一款即"龙脑香"："《酉阳杂俎》云：'出波律国，树高八九丈，可六七尺围，叶圆而背白。其树有肥瘦，形似松脂，作杉木气。干脂谓之龙脑香，清脂谓之波律膏。子似豆蔻，皮有甲错。'……今复有生熟之异：称生龙脑，即上之所载是也。其绝妙者，目曰梅花龙脑；有经火飞结成块者，谓之熟龙脑。气味差薄焉，盖易入他物故也。"

龙脑香木在我国用于家具制作的历史很长，古旧器物多列入铁力（格木）之列，北方工匠称之为"粗丝铁力"。龙脑香木边材淡黄白色，心材新切面为灰红褐色，久后呈灰黑色或深咖啡色；具深色宽条纹，纹理少变化；生材时透明的树脂明显且易外溢，木材干燥后油性很好。

1　露天台阶局部　吴哥窟用龙脑香木铺路、搭桥，日晒雨淋从未腐朽。此为露天台阶之局部。

2　纹理　纹理与格木（俗称"铁力木"）无异。

3　树干　龙脑香树常被人挖槽以获取龙脑香汁液。

The Encyclopedia of Wood
A Study of the Timber Constituting Ancient Chinese Furniture

银杏木

GINKGO

主干局部（2016年2月4日） 湖南省华容县桃花山白果村银杏树主干局部。

基本资料	中 文 名 称	银杏木（因其种子形状似杏，外披银色白粉而得名）
	拉 丁 文 名 称	*Ginkgo biloba*
	中 文 别 称	白果树、鸭脚树、鸭掌树、公孙树、秦树、秦王火树、赭树
	英 文 别 称	Maidenhair Tree、Ginkgo
	科　　　属	银杏科银杏属
	产　　　地	贵州、云南及陕西、甘肃、湖北、浙江、江西、安徽等地
	气 干 密 度	0.532 g/cm^3

木材特征　　　　野生天然林在浙江天目山、云南、湖北、四川等地均有零星分布。《本草纲目》称："银杏树生江南，以宣城者为佳。树高二三丈，叶薄纵理，俨如鸭掌形，有刻缺，面绿背淡。二月开花成簇，青白色，二更开花，随即卸落，人罕见之。一枝结子百十，状如楝子，经霜乃熟烂。去肉取核为果，其核两头尖，三棱为雄，二棱为雌。其仁嫩时绿色，久则黄。须雌雄同种，其树相望，乃结实；或雌树临水亦可；或凿一孔，内雄木一块，泥之，亦结。阴阳相感之妙如此。其树耐久，肌理白腻。术家取刻符印，云能召使也。"银杏"其花夜开，人不得见，盖阴毒之物"。陈嵘编著的《中国树木分类学》中称银杏"木材淡黄色，质柔软，木理致密，不开裂亦不反翘，为大建筑及精美制作之良材"。银杏木边材淡黄色、浅黄褐或带浅红褐色。心材黄褐或黄中透白，也有红褐色者，尤其旧材或老龄树；气味难闻，尤以新切面更为明显，久则消失。纹理若有若无，素雅沉静。

1 弦切面　银杏木弦切面，细腻光滑，光泽好，色泽与纹理近似于楠木。
2 色变（标本：北京梓庆山房）　银杏木，久则渐变为浅酒红色或枣红色。
3 清·银杏木雕人物故事座屏局部（上海博物馆藏）

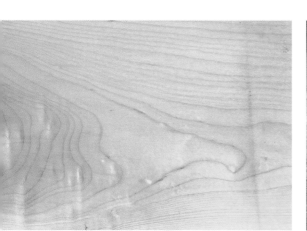

日本京都御苑的银杏树（2015 年 11 月 9 日）

The Encyclopedia of Wood
A Study of the Timber Constituting Ancient Chinese Furniture

木典
中国古代家具用材研究

木果缅茄

MAKHARMONG

木果缅茄侧枝（2013 年 4 月 4 日）

1　原木（标本：刘庆，西双版纳喜事红木，2014 年 8 月
3 日）　尾径约为 180 cm 的木果缅茄原木。
2　横切面　近树根部分横切面之局部。
3　心材　缅茄心材之本色金黄，密布其间的褐色斑
点是区别于花梨木的重要特征。
4　色彩艳丽的缅茄

2
3
1　4

基本资料	中 文 名 称	木果缅茄
	拉 丁 文 名 称	*Afzelia xylocarpa*（Kurz）Craib（*Pahudia xylocarpa* Kurz）
	中 文 别 称	缅茄、沔茄、冤枉树、含冤树、老挝红木、老挝花梨、红花梨、草花梨，主产于缅甸、泰国、老挝
	英 文 别 称	Makharmong，Malkamong，Woodyfruit Afzelia
	科　　　属	苏木科缅茄属
		明·谢肇淛在《滇略》中称："缅茄，枝叶皆类家茄，结实如荔枝核而有蒂。"
	气 干 密 度	0.820 g/cm³

木材特征　　　　缅茄木边材浅白色或灰白色，心材浅褐至深褐色，有的金黄透红，
久则近暗红褐色；色彩艳丽炫目，花纹回旋多变、雅致优美，特别
是缅茄瘿，大者直径 2 ~ 3 m，瘿纹布局密实、连绵不已，与花梨瘿
近乎一致，故市场上也常将缅茄瘿当作花梨瘿出售，能分辨者鲜。

木 典

中国古代家具用材研究

黄 兰

SAGAWA

黄兰（2016 年 11 月 18 日） 缅
甸蒲甘 Kyaung Pan 佛寺的黄兰

木 典
中国古代家具用材研究
The Encyclopedia of Wood
A Study of the Timber Constituting Ancient Chinese Furniture

1 | 2
  | 3

720
721

1 树根

2 纹理 浅褐色纹理，心材本色土黄色，近似于楠
木，也是其常被用来冒充金丝楠的主要原因。

3 原木端面（2015年4月29日）云南腾冲市滇滩
货场的黄兰原木端面，边材灰白，心材已呈枣红

基本资料		
中 文 名 称	黄兰
拉 丁 文 名 称	*Michelia champaca*
中 文 别 称	黄心楠、黄心兰、缅甸金丝楠、水楠
英 文 别 称	Sagawa、Sagah、Safan、Champapa
科 属	木兰科白兰属
原 产 地	原产于缅甸平原及丘陵地区，印度、泰国、越南及我国云南南部地区也有分布
气 干 密 度	0.441 g/cm³

木材特征　　边材很窄，呈浅黄泛白或浅灰色，心材浅黄棕色或橄榄绿泛黄，颜色一致而几无变化；木材少有花纹，根部时有水波纹，其瘿巨大或瘿包大小连串，但瘿纹呆板粘滞，缺少变化与生机。国内常以黄心兰冒充金丝楠或其他楠木。

印度黄檀

SISSO

印度黄檀（尼泊尔加德满都，
2007 年 2 月 11 日）

基本资料

中 文 名 称	印度黄檀
拉 丁 文 名 称	*Dalbergie sisso* Roxb
中 文 别 称	印度黄花梨
英 文 别 称	Sisso、Shisham
科 属	豆科黄檀属
原 产 地	原产于喜马拉雅山南麓干旱、半干旱地区，尼泊尔、印度北部、阿富汗南部、巴基斯坦及伊朗高原均有分布
气 干 密 度	$0.801 \sim 0.848 \ g/cm^3$（含水率为 12%）

木材特征

唐燿著《中国木材学》中称："其边材白色，至浅褐白色；心材金褐色至深褐色，具褐色条纹，露大气中后，其色变暗；无显著之气味；质略重至重；纹理交错，结构略粗，弦面成叠生。"印度黄檀新切面有酸香味，但香味较浓；部分心材纹理与海南产降香黄檀近似，布局奇巧，鬼脸纹稀少。有一部分木材纹理粗宽，混浊不清，但板面底色干净。

1 树叶

2 边材与心材 边材浅黄，带麦穗纹，材色与纹理
近似于海南黄花梨。

1 瘿纹木碗（标本：北京梓庆山房）
2 果荚
3 心材

1
2
3

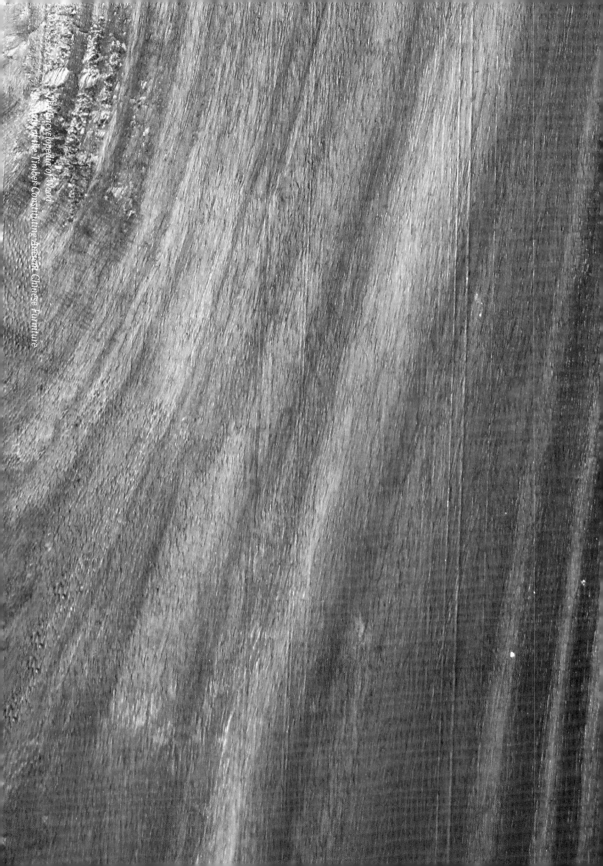

阔叶黄檀

EAST INDIAN ROSRWOOD

阔叶黄檀纹理　色杂、纹理粗疏为阔叶黄檀之重要特征，久则混成深紫黑色。

心材（标本：北京王国军）黑、灰、暗紫色相杂的阔
叶黄檀，商家多将其染成紫红色，成器后木材之本
色、纹理均不可见。

基本资料		
	中 文 名 称	阔叶黄檀
	拉 丁 文 名 称	*Dalbergia latifolia* Roxb
	中 文 别 称	印度红木、黑木、孟买黑木、东印度玫瑰木
	英 文 别 称	Blackwood、Bombay Blackwood、East Indian rosewood
	科　　　　属	豆科黄檀属
	原 　产 　地	原产于印度、印度尼西亚爪哇
	气 干 密 度	0.75 ~ 1.04 g/cm^3

木材特征　　阔叶黄檀大径者多，在印度北部之阔叶黄檀胸径可达 1 ~ 2 m，生
于南部者可达 5 m；在爪哇，阔叶黄檀胸径为 1.5 m。边材浅黄白色，
伴有深色窄条纹；心材金黄褐色至玫瑰紫或深紫色，常带黑色条纹，
新切面颜色变化差异较大。产于印度的阔叶黄檀心材多为金色带褐、
玫瑰紫或深紫色，并带有明显的宽窄不一的黑色条纹；产于印尼爪
哇者心材多为土黄或浅红褐色两种，久则呈乌灰色或浅蓝色，有时
深玫瑰紫色呈团块或片状分布，鱼鳞纹或鸡翅纹在靠近中心部位十
分明显。故国际市场上认为，产于印度者为上，印尼次之。

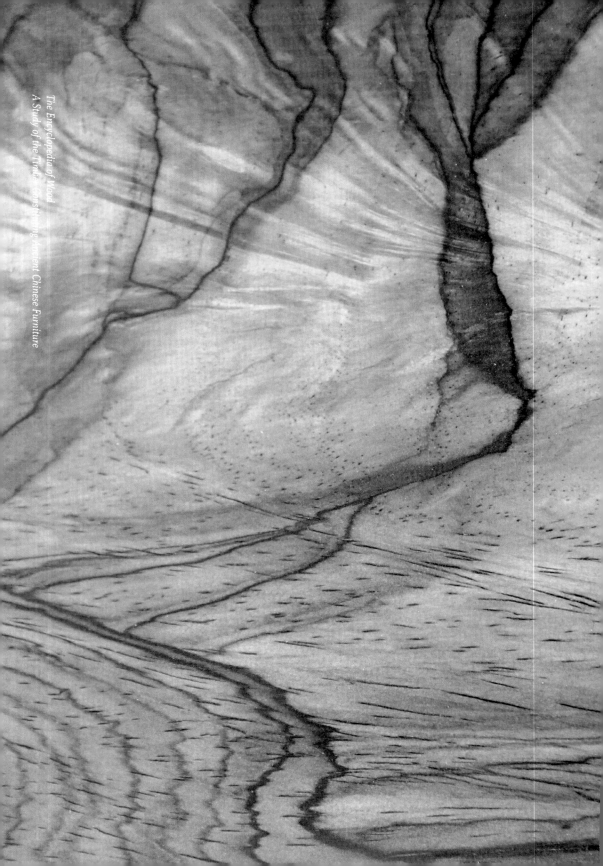

微凹黄檀

COCOBOLO

原木　原木边材窄，多空心，因纵裂从头至尾，故原木常分裂成片。原木表面凹凸之瘿包连续不绝，心材纹理变化无穷。

基本资料	中 文 名 称	微凹黄檀
	拉 丁 文 名 称	*Dalnergia retusa*
	中 文 别 称	南美大红酸枝、小叶红酸枝
	英 文 别 称	Cocobolo
	科 属	豆科黄檀属
	原 产 地	原产中北美洲
	气 干 密 度	0.980 ~ 1.220 g/cm³

木材特征　　微凹黄檀干形很差，运至中国的原木有很大一部分开裂或成不规则的长条块；原木表面呈凹槽状，树疱、树节或空洞较多，原木心腐而致空洞者所占比例较大，空洞所占端面面积可达 60 ~ 80%，端面呈菊瓣式分裂。边材浅黄白色；心材新切面橘黄色、橘红色或紫玫瑰色、浅红褐色，也有的呈浅黄褐色，杂以黑色或浅褐色条纹；新切面气味辛辣，略带酸味；花纹多变而无定式。由于树木生长的特性，使材色深重、纹理清晰、自然可爱。油性强，锯末几乎可以手捏成团。

色变　成器后的微凹黄檀，经阳光照射，纹如蝉翼
展开，点墨入水。

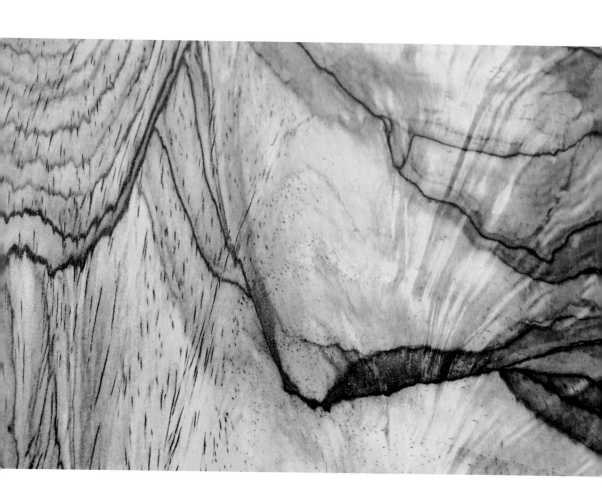

1 横切面 原木实心不空者稀见，端面呈杏黄色。
2 新切面 开锯时艳红色的板面。
3 墨西哥微凹黄檀 产于墨西哥的微凹黄檀，鬼脸纹、黑筋及纹理近似于紫檀木，也有人将其混入紫檀木中出售。
4 色变 部分光照后的微凹黄檀，颜色变浅，混浊不清，与产于老挝的老红木有明显区别。

1 | 3
2 | 4

泡桐木

PAULOWNIA

紫花泡桐（2018 年 4 月 16 日）

基本资料	《本草纲目》中记载："桐华成筒，故谓之桐。其材轻虚，色白而有绮文，故俗谓之白桐、泡桐，古谓之椅桐。先花后叶，故《尔雅》谓之荣桐。"
	中 文 名 称 泡桐木
	拉 丁 文 名 称 *Dalnergia retusa*
	中 文 别 称 日本泡桐、紫花泡桐、南方泡桐（*Paulownia australis*）、川泡桐（*Paulownia fargesii*）
	英 文 别 称 Paulownia
	科　　　属 玄参科泡桐属
	原　产　地 原产于中国及东亚其他地区，如朝鲜半岛、日本。主要树种有白花泡桐（*Paulownia fortunei*）、楸叶泡桐（*Paulownia catalpifolia*）、兰考泡桐（*Paulownia elongata*）、毛泡桐（*Paulownia tomentosa*）
	气 干 密 度 白花泡桐（$0.286\,\text{g/cm}^3$），毛泡桐（$0.360\,\text{g/cm}^3$），楸叶泡桐（$0.341\,\text{g/cm}^3$），川泡桐（$0.269\,\text{g/cm}^3$）

木材特征	树干粗大通直，生长较快，胸径可达 1 m 左右，心材色白轻虚是其总体特征。心边材无区别，木材淡黄白色。如果处理不及时会产生蓝变或明显的色斑，故有时木材偏浅灰或有斑点。新切面有明显的臭味，旧材及干燥好的木材无特殊气味。由于泡桐轻虚，年轮宽，故鲜有美丽的自然纹理，但楸叶泡桐是例外，其密度稍大，年轮较窄，花纹较之其他泡桐更富有特点，浅灰色或浅红褐色的纹理互不交叉，分布规矩、流畅。

1　日本桐木工艺品

2　清晚期山西产桐木黑漆彩绘箱（收藏：马可乐，2016
年3月2日）

3　清·桐木整挖圆炕几（收藏：北京梓庆山房）

核桃木

WALNUT

云南丽江市玉龙县金沙江边的核桃树（2008年9月9日）

基本资料	中 文 名 称	核桃
	拉 丁 文 名 称	*Juglans regia*
	中 文 别 称	本出羌胡，故又名羌桃、胡桃。《本草纲目》有"外有青皮肉包之，其形如桃，胡桃乃其核也。羌音呼核如胡，名或以此作核桃。"
	英 文 别 称	Walnut
	科　　　属	核桃科核桃属
	原 产 地	原产亚洲西南部。而孙立元、任宪威编的《河北木材志》中称："据史料及出土文物考证，河北为核桃原产地之一。武安磁山出土的炭化核桃，经鉴定距今已有 7000 ~ 8000 年。" 新疆霍城山区及云南景东哀牢山有成片的野核桃林。
	气 干 密 度	0.461 g/cm^3

木材特征　　　　　边材浅黄褐或浅栗褐色，伐后易变色，与心材区别明显；心材红褐
　　　　　　　　　或栗褐色，偶有紫色，具深色条纹，久则呈浅咖啡色；纹理宽窄不一，
　　　　　　　　　常带深色条纹，有时大面积没有纹理。连绵密布的细短斑纹或小针
　　　　　　　　　点是其重要特征。

1 清·核桃木方桌局部
2 清·核桃木方桌柜龙纹雕饰（收藏：马可乐，2016 年 3 月 2 日）

The Encyclopedia of Wood
A Study of the Timber Constituting Ancient Chinese Furniture

苏 木

SAPPAN

苏木（摄影：杜金星，2012年5月12日）　苏木树干长满鼓包尖刺，树高约3m。

木 典
中国古代家具用材研究
The Encyclopedia of Wood
A Study of the Timber Constituting Ancient Chinese Furniture

752
753

1
2

1 苏芳染试验（北京梓庆山房）
2 苏芳染黑柿木座屏（设计：沈平，制作与工艺：北京梓
庆山房）

基本资料

中 文 名 称	苏木
拉 丁 文 名 称	*Caesalpinia sappan*
中 文 别 称	苏枋、苏芳、赤木
英 文 别 称	Sappan
科　　　　属	苏木科（又名云实科）苏木属
原 　 产 　 地	多产于南亚、东南亚，我国云南、海南岛也产

木材特征

《南方草木状》称："苏枋，树类槐。黄花，黑子。出九真。南人
以染黄绛。渍以大庾之水则色愈深。"《本草纲目》中认为"苏枋"
系南海产。有学者认为"苏枋"一词由南海产这种植物的岛名派
生。"……此岛为爪哇东面的松巴哇岛 Sumbawa。然而学名种加词
sappan 则很可能直接来自印度文而不是马来语原名。Watt（1908）
记载的许多土名中有一个名称是 sappanga。"（中国科学院昆明植
物研究所编《南方草木状考补》第237页，云南民族出版社）。按
照一般想法，一种植物料能染红色，怎么又能染黄色，苏枋既以
染绛著称，就认为"黄"字系衍文而删去。但苏枋这种小乔木的心材，
浸液可作红色染料，而根材却可作黄色染料；心材浸入热水染成鲜
艳的桃红色，但加醋则变成黄色，再加碱又复原为红色。系因苏枋
的木部含有巴西苏木素（brasilin）及苏木酚（sappanin）。

苏木为历代海外贡品，主要用于织物染色及药用。用于家具染色，
即所谓的"苏芳染"。日本正仓院的唐代器物有一部分便采用"苏
芳染"，特别是黑柿器物。中国古代家具的染色最主要的便是"苏
芳染"，北京梓庆山房的黑柿家具也部分采用这一古老工艺。《广
东新语》论及铁力木即格木成器后的表面处理工艺时称："作成器
时，以浓苏木水或胭脂水三四染之，乃以浙中生漆精薄涂之，光莹
如玉如紫檀。"

东非黑黄檀

AFRICAN BLACKWOOD

原木　东非黑黄檀径级大者易空腐，原木表面沟槽排列有序，从端头来看，形如菊花瓣。

2
1 3

1 小径材本色　径级越小者，颜色反而趋黑，光泽、油性近于乌木。初入中国时，一些紫檀家具中也掺入少量的东非黑黄檀，故有"紫光檀"之别称。
2 边材与心材　东非黑黄檀边材浅黄色，厚约1～2cm，紫黑色与咖啡色、土黄色相混。
3 内夹皮　东非黑黄檀在生长过程中遭虫害及其他原因而形成沟槽、腐朽、空洞，制材后板面也会留有内夹皮、空洞等现象。

基本资料

中 文 名 称　东非黑黄檀

拉 丁 文 名 称　*Dalbergia melanoxylon*

中 文 别 称　紫光檀、黑檀、黑酸枝、紫檀木、乌金、乌金木、黑金木、非洲黑檀、莫桑比亚黑檀、塞内加尔黑檀

英 文 别 称　African blackwood，Mozambique ebony，Senegal ebony

科　　　属　豆科黄檀属

原 　产 　地　主产于莫桑比克、塞内加尔及坦桑尼亚

气 干 密 度　1.00 ～ 1.33 g/cm³

木材特征

原木外表呈深沟槽，空洞、扭曲、腐朽，包节较多，端头呈菊瓣式开裂，出材率极低，木材新切面似灰乌色带明显的紫色，成器后呈大片黄褐色、深咖啡色或近黑色。黑色条纹清晰，顺滑如丝，打磨后光亮如镜。

东非黑黄檀卷足几（设计：沈平，制作与工艺：北京梓庆山房）

古夷苏木

BUBINGA

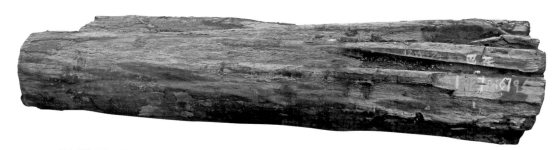

原木（2014年5月11日，江苏张家港） 尾径约200 cm 的古夷苏木原木，长约10 m。

1　开料　正在开锯的原木，上侧浅色者为边材。

2　火焰纹　纹如火焰，此种美纹于古夷苏木中并不
常见，现多用于办公桌或茶桌。

3　心材　古夷苏木多以宽大取胜，花纹平淡无奇
者居多，如图纹理即属佳品。

2
1	3

基本资料	中 文 名 称	特氏古夷苏木
	拉 丁 文 名 称	*Guibourtia tessmannii*
	中 文 别 称	布宾加、巴花、巴西花梨、红贵宝、非洲花梨、高棉花梨
	英 文 别 称	Bubinga。除特氏古夷苏木外，较著名的商品材还有阿诺古夷苏木（*Guibourtia arnoldiana*）、德莱古夷苏木（*Guibourtia demeusei*）、佩莱古夷苏木（*Guibourtia pellegriniana*）、爱里古夷苏木（*Guibourtia ehie*）、鞘籽古夷苏木（*Guibourtia coleosperma*）
	科　　　属	豆科古夷苏木属
	原 产 地	原产喀麦隆、赤道几内亚、加蓬、刚果、扎伊尔
	气 干 密 度	约 0.910 g/cm³

木材特征　　古夷苏木边材浅黄透白，心材红褐色，常具深咖啡色条纹，花纹炫丽，久则暗淡。多数心材不见美丽花纹，极少数具有惊艳的水草纹、贝壳纹、波浪纹，色泽亮丽。

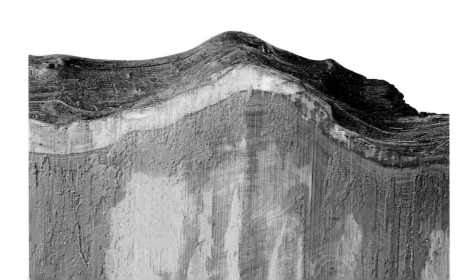

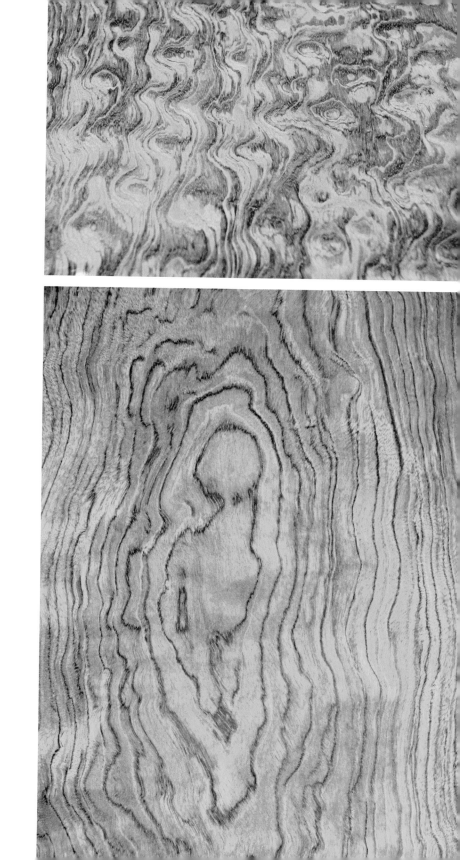

刀状黑黄檀

BURMA BLACKWOOD

原木（西双版纳喜事红木，2014年8月3日）　源于老挝、缅甸的刀状黑黄檀原木，多短小杂乱，大径且长者少，出材率极低。

1　虫蚀现象　刀状黑黄檀的边材如其他名木一样易受虫蚀，心材部分则有酸醋味，极少受到虫害。
2　杂色　土黄色与深紫色交替，生成鸡翅纹。成器后色泽趋于一致，呈深紫黑色或深咖啡色。
3　鱼鳞纹　原木削开表皮，露出紫黑色鱼鳞纹。

2
1　3

基本资料

中 文 名 称	刀状黑黄檀
拉 丁 文 名 称	*Dalbergia cultrate*
中 文 别 称	英黛、黑檀、牛角木、牛筋木、缅甸黑檀
英 文 别 称	Burma blackwood、Indian cocobolo、Yindaik、Zaunyi、Mai-viet
科　　　　属	豆科黄檀属
原 　产 　地	主要分布于缅甸、印度
气 干 密 度	约 0.89 ~ 1.14 g/cm³

木材特征　心材棕色或如紫葡萄色，新切面颜色深浅不一，具酸香气。心材局部或大部分有明显的灪鹅纹，常被黑色或深褐色条纹所分割。其缺点即大材较少，材色深浅不一，木材干涩，不易加工，是目前不受市场欢迎的主要原因。成器后色泽趋同，与格木易混。

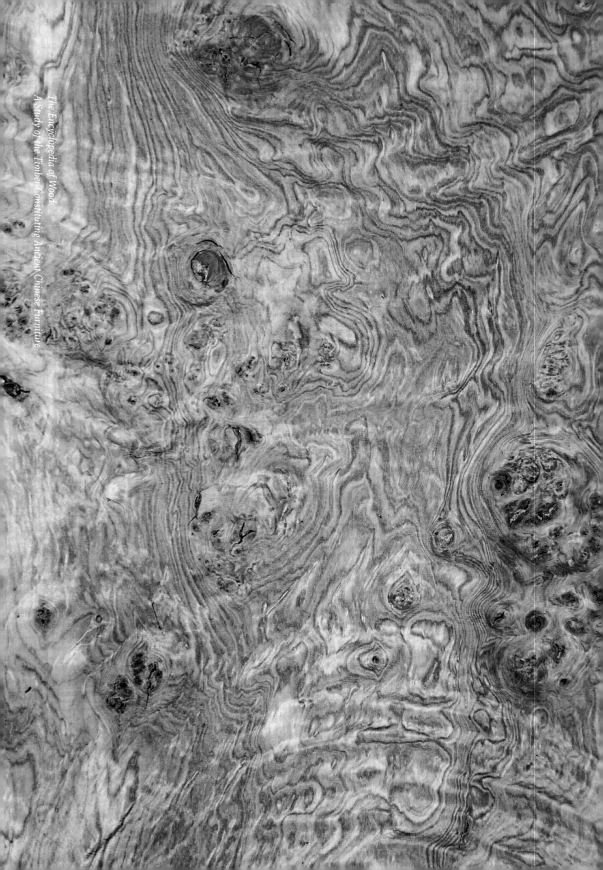

紫油木

YUNNAN PISTACHE

炮台山紫油木 （2014 年 7 月 9 日）生
长于广西龙州县金龙镇高山村板闲屯
炮台山峭壁之上的紫油木，树高约 7
m，树冠直径 15 m，主干高 2 m，分
枝短散。

基本资料	中 文 名 称	紫油木
	拉 丁 文 名 称	*Pistacia weinmannifolia*
	中 文 别 称	细叶楷木，四川楷木、昆明乌木、梅江、清香木、对节皮、紫柚木、紫叶、香叶树、虎斑木、广西黄花梨、紫檀、越南紫檀木、黑花梨（越北）、紫花梨（因其色紫褐而纹近似黄花梨）
	英 文 别 称	Pistache
	科 属	漆树科黄连木属
	原 产 地	主要分布于云南、广西、四川、贵州，越南、老挝、缅甸等地也产
	气 干 密 度	1.190 g/cm^3

木材特征　心材径级较小，弯曲者多，紫褐色，新切面如紫檀色，久则呈黑褐色、深咖啡色；具酸香气味；弦切面上深黑色带状纹理与紫褐本色交织如彩云飘移、处处惊变，有时色杂或纹理模糊，是其致命之处。油性强，心材富集油脂，且呈紫褐色，故称紫油木。

1 树叶　紫油木树叶及红色腰锥形果，村民称之为"腰开红色九重皮"，无籽，是当地有名的中药。

2 主干及树根　炮台山顶的紫油木，根植于岩石缝隙之中，根系深远、发达。

3 侧生　炮台山顶的紫油木主干弯曲侧生，满树长满石斛及其他不知名的植物。

1　考察小组　登上炮台山顶的广西大学李英健教授、作者本人、赵元忠先生（从右至左），后蹲者为板闭屯向导谭雄飞先生。身后为紫油木。

2　炮台山原貌　炮台山，因山顶有一明代炮台及附属石头建筑而得名，特有的喀斯特地貌而孤峰林立，互不相连，紫油木多生长于山巅之上的岩石缝隙之中，极少生于山腰、山脚或平地。因其生长缓慢及特殊的环境要求，木之花纹也变幻莫测，异常秀妍，故又有"广西黄花梨"之美誉。

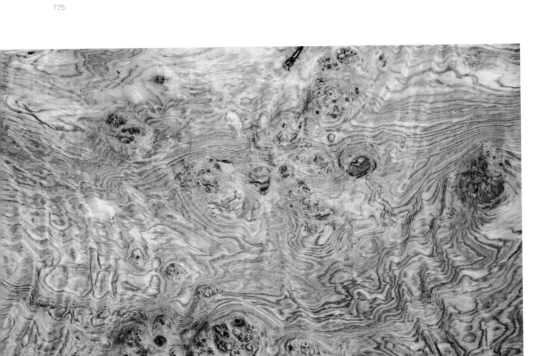

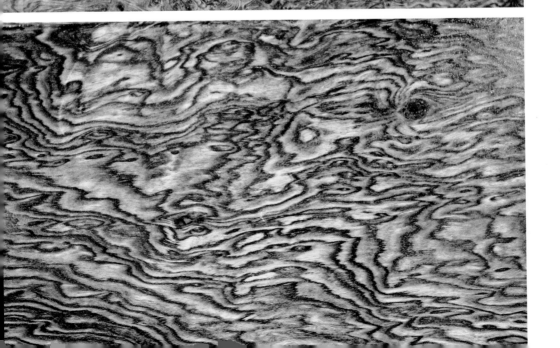

1 瘿纹（标本：赵元忠） 未打磨的紫油木瘿纹。

2 豹纹斑（标本：赵元忠）

3 树皮边材及心材 树干表皮灰黑色，嫩皮肉红色，边材白里泛红，中间色深之圆点即为心材。

1　原木垛　源于老挝的紫油木，径小而短者居多。
2　横切面（标本：赵元忠，广西大新县桃城镇下对屯，
2014 年 7 月 8 日）　紫油木的边材较厚，厚者达
6 ～ 10 cm。
3　瘿纹　依活节而生的呈正态分布的峰纹，纹
理灰黑，浑浊不清，这是紫油木最大的缺陷。
4　弦切面

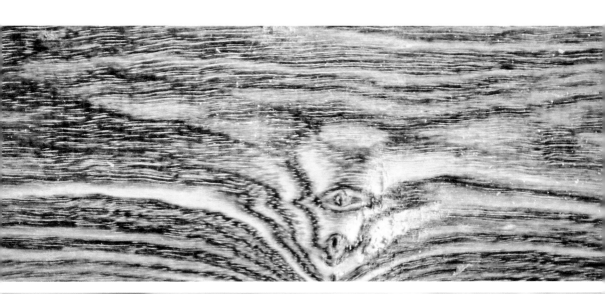

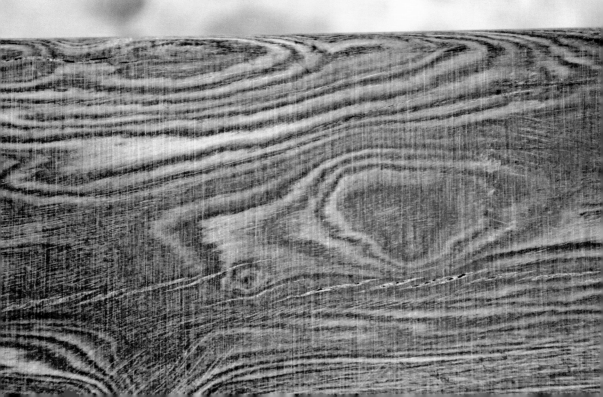

炮台石壁（摄影：李英健，2014年7月9日上午） 炮台山顶石垒的炮台保存完好，向导谭雄飞、农忠平自带国旗悬挂于树杆之上，对面便是越南连片的山峰、树木（自左至右：赵元忠、农忠平、谭雄飞及作者本人。）

附1
中文索引

附 2
外文索引

参考书目

1. 程俊英 蒋见元 著《诗经注析》（上下册），中华书局，2017

2.（汉）毛亨 传；（汉）郑玄 笺；（唐）陆德明 音义；孔祥军 点校，《毛诗传笺》，中华书局，2018

3. 石声汉 辑《辑徐衷南方草物状》，农业出版社，1990

4. 袁珂 校注《山海经校注》，上海古籍出版社，1980

5. 栾保群 详注《山海经详注》，中华书局，2019

6.（晋）崔豹 撰《古今注》，商务印书馆（上海），1956

7. 靳士英 主编；靳朴 刘淑婷副主编《＜南方草木状＞释析》，学苑出版社，2017

8. 靳士英 主编；靳朴 刘淑婷副主编《＜异物志＞释析》，学苑出版社，2017

9.（晋）常璩 著，任乃强校注《华阳国志校补图注》，上海古籍出版社，1987

10.（晋）王嘉 撰；（梁）萧琦录 齐治平校注，《拾遗记校注》，中华书局，1981

11.（晋）张华 撰《博物志》全一册，台湾中华书局，1967

12.（三国）沈莹《临海异物志（及其他三种）》，中华书局，1991

13.（唐）苏鹗 纂《苏氏演义》，商务印书馆（上海），1956

14.（唐）段成式 撰《酉阳杂俎》，中华书局，1981

15.（唐）刘恂 撰，商壁 潘博《岭表录异校补》，广西民族出版社，1991

16.（唐）欧阳询 撰；汪昭楹校《艺文类聚》（全四册），中华书局，1965

17.（唐）徐坚 等著《初学记》（全三册），中华书局，1962

18.（唐）郑处海 撰《明皇杂录（及其他五种）》，中华书局，1985

19.（五代）李珣 原著；尚志钧辑校《海药本草》，人民卫生出版社，1997

20.（后唐）马缟 集《中华古今注》，商务印书馆（上海），1956

21.（宋）李昉 等编《文苑英华》，中华书局，1966

22.（宋）朱彧 撰；李伟国点校《萍州可谈》中华书局，2007

23.（宋）李昉 等编《太平广记》（全十册），中华书局，1962

24.（宋）何薳 撰；张明华点校《春渚纪闻》，中华书局，1983

25.（宋）蔡絛 撰；冯惠民 沈锡麟 校《铁围山丛谈》中华书局，1983

26. 中国科学技术大学 合肥钢铁公司《梦溪笔谈》译注组《〈梦溪笔谈〉译注（自然科学部分）》，安徽科学技术出版社，1979

27.（宋）寇宗奭 撰《本草衍义》，商务印书馆（上海），1937

28.（宋）陶穀 撰《清异录（及其他一种）》（全二册），中华书局，1991

29.（元）陈大震 编纂《大德南海志残本》，广州地方志研究所印，1986

30.（元）陶宗仪 撰《南村辍耕录》，中华书局，1959

31.（明）范濂 撰《云间据目抄》，奉贤诸氏重刊民国戊辰五月

32.（明）邝露 著 蓝鸿恩考释《赤雅考释》，广西民族出版社，1995

33.（明）谢肇淛 撰《五杂组》，上海书店出版社，2009

34.（明）沈德符 撰《万历野获编》（全二册），中华书局，1959

35.（明）李昭祥 撰《龙江船厂志》，江苏古籍出版社，1999

36.（明）费信 著《星槎胜览校注》，华文出版社，2019

37.（明）王士性 撰；吕景琳点校《广志绎》，中华书局，1981

38.（明）朗瑛 撰《七修类稿》，上海书店出版社，2009

39.（明）李时珍 编纂；刘衡如 刘山永 校注《本草纲目》（全二册），华夏出版社，2002

40.（明）曹昭 著；舒敏 编；王佐 增《新增格古要论》，商务印书馆，1939

41.（明）高濂 著《遵生八笺》，甘肃文化出版社，2004

42.（清）陈元龙 撰《格致镜原》（上下册），江苏广陵古籍刻印社，1989

43.（清）屈大均 撰《广东新语》（全三册），中华书局，1985

44.（清）梁廷枏 撰；骆驿 刘晓点校《海国四说》，中华书局，1993

45.（清）汪灏 著《广群芳谱》（全十八册），商务印书馆万有文库版

46.（清）谢清高口述；杨炳南笔录；安京校释《海录校释》，商务印书馆，2002

47.（清）谷应泰 撰；绵州李调元辑《博物要览》，商务印书馆，1939

48.（清）陶澍 万年淳修纂；何培金点校《洞庭湖志》，岳麓书社，2003

49. 王辑五 著《中国日本交通史》，商务印书馆，1937

50. 冯承钧 著《中国南洋交通史》，商务印书馆，1937

51. 赵令扬 陈璋 赵学霖 罗文 著《明实录中之东南亚史料》（上下册），（香港）学津出版社，1968

52. 商承祚 著《长沙古物闻见记·续记》，中华书局，1996

53. 张星德 戴成萍 著《中国古代物质文化史·史前》，开明出版社，2015

54. 李梅田 著《中国古代物质文化史·魏晋南北朝》，开明出版社，2014

55. 赵伟 著《中国古代物质文化史·绘画·寺观壁画》（上下），开明出版社，2015

56. 孙机 著《中国古代物质文化》，中华书局，2014

57. 陈嵘 编著《中国树木分类学》，上海科学技术出版社，1959

58. 陈嵘 著《中国森林史料》，中国林业出版社，1983

59. 中国农业科学院 南京农学院 中国农业遗产研究室编著《中国农学史（初稿）》（上下册），科学出版社，1984

60. 南京林业大学遗产研究室主编 熊大桐等编著《中国近代林业史》，中国林业出版社，1989

61. 熊大桐 主编；李霆 黄枢副主编《中国林业科学技术史》，中国林业出版社，1995

62. 王长富 编著《东北近代林业科技史料研究》，东北林业大学出版社，2000

63. 温贵常 编著《山西林业史料》，中国林业出版社，1988

64. 干铎 主编；陈植修订；马大浦审校《中国林业技术史料初步研究》，农业出版社，1964

65.（日）农林省林业试验场木材部 编；孟广润 关福临 译《世界有用木材 300 钟》，中国林业出版社，1984

66. 吴幸 沈英 戚家伟 译；何仲麟校《南洋木材一百种》，上海木材应用技术研究所，1983

67.（日）正宗严敬《海南岛植物志》（改订增补版），井上书店，1975

68. 陈焕镛 主编；张肇骞 副主编《海南植物志》第二卷，科学出版社，1965

69. 广东省植物研究所编《海南植物志》第三卷，科学出版社，1974

70. 候宽昭 主编《广州植物志》，科学出版社，1965

71. 唐燿 著；胡先骕校《中国木材学》，商务印书馆，1936

72. 牛春山 著《陕西树木志》，西北农学院印，1952

73. 广西林业勘测设计院 广西林学分院木材研究室 编著《广西珍贵树木》第一集，

1978

74. 郑天汉 兰思仁、江希钿 著《红豆树研究》，中国林业出版社，2013

75. 陈嘉宝 编著《马来西亚商用木材性质和用途》，中国物资出版社，1989

76. 叶如欣 莫树门 邹寿青 主编《中国云南阔叶树及木材图鉴》（全三册），云南大学出版社，1999

77. 罗良才 著《云南经济木材志》，云南人民出版社，1989

78.（美）爱德华·谢弗 著；吴玉贵译《唐代的外来文明》，陕西师范大学出版社，2005

79. 张应强 著《木材之流动——清代清水江下游地区的市场、权力与社会》，三联书店，2006

80. 仓田悟《原色日本林业树木图鉴》（1—5卷），地球出版株式会社，1973

81. 李世晋 著《亚洲黄檀》，科学出版社，2017

82. 程必强 喻学俭 丁靖垲 孙汉董 著《中国樟属植物资源及其芳香成分》，云南科技出版社，1997

83. 刘鹏 姜笑梅 张立非 编著《非洲热带木材》（第2版），中国林业出版社，2008

84. 刘鹏 杨家驹 卢鸿俊 编著《东南亚热带木材》（第2版），中国林业出版社，2008

85. 姜笑梅 张立非 刘鹏 编著《拉丁美洲热带木材》（第2版），中国林业出版社，2008

86. 江泽慧 王慷林 主编《中国棕榈藤》，科学出版社，2013

87.（美）孟泽思 著；赵珍 译；曹荣湘审校《清代森林与土地管理》，中国人民大学出版社，2009

88. 郭德焱 著《清代广州的巴斯商人》，中华书局，2005

89. 邹晓丽 编著《基础汉字形义释源——〈说文〉部首今读本义》（修订本)，中华书局，2007

90.（斐济）T·A·唐纳利 著；林尔蔚 陈江 周陵生 包森铭 译《斐济地理》，商务印书馆，1982

91.（苏联）B·H·安季波夫 著；福建师范大学外语系编译室译《印度尼西亚经济地理》，福建人民出版社，1978

92. 卢嘉锡 总主编；董恺忱 范楚玉 主编《中国科学技术史·农学卷》，科学出版社，2000

93. 卢嘉锡 总主编；罗桂环 汪子春 主编《中国科学技术史·生物学卷》，科学出版社，2005

94. 林明体 主编《广东工艺美术史料》，广东省工艺美术公司 广东省工艺美术学会，1988

95. 张燕 著《扬州漆器史》，江苏科学技术出版社，1995

跋

1983 年大学毕业分配于国家林业部，至今使我不能心平气和的事情有 3 件：

日本丸红株式会社的木材专家与我们谈判购买东北的红松、柞木、水曲柳及陕西红桦，当时中方谈判专家也是 20 世纪 50 年代林学院毕业的，应该知识储备深厚，但我们几乎回答不了任何一个技术问题，如每一种木材哪一个林区或林业局的质量最佳、气候、土壤及其他生长环境，木材的材色，每 1cm 的年轮有多少道，干形、缺陷，可以径切、弦切的比例等问题。呆若木鸡，则为常态。

法国尼斯一木材商从吉林省汪清县及其他周边县进口约三个货柜的山槐木，到了法国，所有木材蓝变发霉，法国商人除了退货外，追加索赔。山槐木致密硬重，采伐后含水率较高，没有采取任何人工干预措施，便直接发往法国，从寒冷的冬天发货，到达法国已是春暖花开的季节，闷在集装箱中的山槐全部变质。

榧木，有数种，主要用于围棋棋盘、棋墩、棋盒及其他器物的制作，对于其原产地、干形、生长环境，特别是生长于阴坡还是阳坡都有极为严格的要求。1990 年冬天，日本三菱物产来电传询问是否可以提供香榧木的资料，有无出口日本的可能性，其他并无详细说明。我们并不清楚榧木的最终用途，查资料只知道南方多地分布，如四川、贵州、云南、江西、安徽、浙江、江苏、福建等地。将基本情况回传日本，他们只要产于云南西部、西南部或缅甸西北部的榧木。电话咨询云南省林业厅办公室，他们也并不清楚具体的产地，也从未见过或采伐过。过了几天，日本依据 1889 年日本情报机构有关缅北、中国云南的地形地貌、植物、矿产的分布资料，准确地告诉我们在大理以西的剑川县或丽江，据其古旧地名判读，即今大理以西的红旗林业局分布有大量野生的云南榧木。自此，中国最优质的、野生的榧木遭到最野蛮的采伐，并以不断下降的低价成交，源源不断运往日本。据称，日本进口的榧木原料，可供日本全国使用一百年。

我并不是林学院木材学专业毕业，大学本科专业为经济学，受到外国木材商的蔑视与嘲讽，腰杆是直不起来的，必须从头开始学习。半年之内将当时林学院木材及木材加工产业的相关课本找来一一研读，做笔记，提问题，掌握相关术语与理论基础知识。同时向林业工人学习不同的原木、方材、板材的栓尺方法、质量标准及缺陷的识别。能与外国木材商平等谈判，除了有适合于国际市场的高品质木材外，须懂得每一种树木的生长环境与习性，不同产地的木材特征及采伐、运输条件，更为重要的是必须熟稔每一种木材在不同国家或地区最终的用途与市场价格，有针对性地寻找相应的木材。外商只会告诉你木材规格、质量要求，其他的很少涉及。

1991 年 11 月，天寒地冻，浙江富阳的一条山沟里长满了并不以收获香榧籽为目的的野生或人工种植的榧树，径级 1 米左右，高数米。我们花了 7 天时间在阳坡找到了 4 棵合乎山田先生要求的榧树。山田先生早年毕业于日本东京帝国大学农学部，自称其博士论文为《榧树辨识、采伐与运输之正确途径》，约 27 万字左右。我想学问入口如此狭窄，其心必定细如牛毛，并具有敏锐而不为常人所具备的观察外物之能力。一棵一棵长在山沟里的大树都被山田先生测量，转着圈的仰望、观看，7 天才选中 4 棵，可见其认真与用心。给我印象最深的是，4 棵中竟有一棵距地面 90cm 的主干上有大拇指粗的 1 个蚂蚁洞，连着阴天，山田一直观察蚂蚁的走向，天冷几乎不见蚂蚁踪迹。等到天晴，气温稍升至 11 度左右，当地山民用火升温，有 10 来只蚂蚁外出，先向下爬，后又往上走，然后又回至地面，一直至下午 3 点，蚂蚁来回无数次。山田拍照、记录，得出完整的几页数据，并以高价确定购买此树。其实在山田的心中，此树能做几块几面径切或一个大看面径切的棋盘、棋墩，余料能做多少个练习用棋盘，收益多少，早已了然于心。如何采伐，山田画了 37 页纸，主干、侧枝何处系绳，树向何方放倒，树蔸周围刨土半径为 1.5m，坑深 1m 左右，树蔸主根、侧根用斧头或电锯断开，主干从何处下锯，锯成几段，长度多少，如何减湿、排水，均有细得不能再细的交待。

观木，是一门大学问，若非数十年的真实经验与积累，只怕是不可能成功的。

2007 年 11 月初，我在香港中文大学中国文化研究所做"紫檀的历史"学术讲座，有听者问："您所讲的前所未闻，根源于何种文献？"我不假思索地回答："我所有的讲座内容在书本上是找不到的，完全是依靠自己不停顿的双脚、双手、双眼与大脑。"

盲女作家海伦·凯勒在《假如给我三天光明》中说："我常这样的想，如果人们在早年有一段时间瞎了眼或聋了耳，那也许是一件幸福的事。因为黑暗将使他更了解光明，无声将使他更能享受音籁。"顾城诗中说："黑夜给了我黑色的眼睛，我却用它寻找光明。"

海伦、顾城所言似乎契合于《庄子·齐物论》"吾丧我"一说，"吾"即真我，完全摆脱了偏执的自我。吴经熊认为"唯有失了，你才能真有所得；唯有瞎了，你才能真有所见；唯有聋了，你才能真有所闻；唯有离了家，你才能真正地回家。简而言之，唯有死了，你才能真活。生命是吾和我之间永恒的对语。"

百合重跗而不敢息。对于木材的历史与文化之研究，应是一门年轻的学问，真正艰苦的研究还在后头。本书的完成也是一个完整的、真实的生命体验过程，在这一温暖、阳光的过程中，一直受到恩师朱良志教授、徐天进教授的指点与鼓励，好朋友与老师李忠恕、刘江、范育昕、李明辉、魏希望、崔憶、马燕宁、符集玉、冯运天、王明珍、蒋承忠、陈建鹏、吉承宏提供了长期的具体的帮助。还有不少老师、朋友提供木材标本及对本书的内容提供了不少非常具体的建议，云南纪杨纪林、梁涤、刘永平、杨明、玉应军、刘庆、寸建强、赵卫文、罗明国（丘北）、王伟忠、聂广军、番启富（腾冲）、熊旭东（大理），广西李英健、陈韶敏、叶柳、梁善杰、蔡春江、徐福成、夏飞、夏志杰，海南洪林、王好玉、邹鸿、邹平、杨淋、符海瑞、肖奕亮，四川童永泉，浙江刘希尔、丁强、李旭东、尤飞君、杨奕（海宁）、梁有才（象山鹤浦），福建傅文明、陈华平、陈明清、刘明星，江苏周新军、祝叶、尹哲霞、姚向东，上海张国仪（永通木业），山东胡丽虹，吉林田树旭，河北邵庆劳，河南李谕，山西冀君（掬月汀），北京张旭、罗震、李韵峥、李春江等。江苏南京正大拍卖及李恪然女史、龚雅闻先生提供了大量实质性的帮助，如提供图片资料及与凤凰出版传媒集团的沟通。同时也应特别感谢江苏凤凰美术出版社的陈敏社长及责编左佐老师，他们对本书的总体结构、文字、图片甚至书名，均有独立的见解与建议，使得本书更加好读、好看，面貌与内容更加清新、可爱。任何美好不绝的谢语，应该为今后研究与实践作向导。只有具备扎实的功夫与澄澈不染之心，才能遇见密林中透射过来可以辨识出山方向的一缕阳光。

周默

北京．顺义．东府村．梓庆山房

二〇二〇年十月十一日